国家中等职业教育示范建设项目成果
中职中专计算机网络技术专业系列教材

综合布线工程设计与施工

徐林峰　主编
杨　飞　张震宇　王　珊　副主编

科学出版社
北　京

内 容 简 介

本教材为理论与实习一体化教材。教材内容主要根据综合布线工程设计与施工工作过程为主线，设置了包括综合布线系统方案设计、综合布线工程施工、综合布线工程维护、综合布线工程测试、综合布线工程验收等项目。同时，根据综合布线工程实施过程将各项目分为若干工作任务，包括系统需求分析、方案设计、各子系统施工维护技术、测试验收技术。

本教材可作为中等职业学校计算机网络等技术专业及相关专业。也可用于综合布线施工技术人员培训教材。

图书在版编目（CIP）数据

综合布线工程设计与施工/徐林峰主编．—北京：科学出版社，2014

（国家中等职业教育示范建设项目成果·中职中专计算机网络技术专业系列教材）

ISBN 978-7-03-040774-0

Ⅰ.①综…　Ⅱ.①徐…　Ⅲ.①计算机网络－布线－中等专业学校－教材　Ⅳ.①TP393.03

中国版本图书馆CIP数据核字（2014）第111971号

责任编辑：任加林　何舒民/责任校对：马英菊

责任印制：吕春珉/封面设计：耕者设计工作室

科学出版社 出版

北京东黄城根北街16号

邮政编码：100717

http://www.sciencep.com

北京中科印刷有限公司 印刷

科学出版社发行　各地新华书店经销

*

2014年8月第 一 版　开本：787×1092　1/16

2020年8月第四次印刷　印张：13 3/4

字数：291 000

定价：29.00元

（如有印装质量问题，我社负责调换〈中科〉）

销售部电话 010-62134988　编辑部电话 010-62137026（HA08）

序言

贵州省电子工业学校作为第二批国家中等职业教育改革发展示范学校建设单位，在推动人才培养模式与课程体系改革上表现了“真做示范、做成真示范”的思想境界，取得了丰硕的实践成效。

该校在推进人才培养模式与课程体系建设中，重视发挥行业指导作用，建立了由行业、企业共同参与的专业建设团队和运行机制；专业建设调研报告规范，有特色，有创新。围绕专业建设，形成了较为系统、完备的人才培养模式，成效显著，且有较强的引领性、示范性和较高的推广价值。课程体系设计的要素完整，与人才培养模式相呼应，在精品课程建设、校本教材开发、数字化教学资源库建设等方面成效显著，信息技术与教育过程、内容、方法和质量评价深度融合，并取得显著进展。

教材，是教师和学生教学的主要依据和载体。新形势下，教材建设从理念到技术、从路径到方法、从形式到内容都在发生重大变化。

贵州省电子工业学校的教材建设，从行业需求调研起步，循序开展工作任务与职业能力分析、课程结构设计、课程标准制定，在此前提下进行教材编写，在编写教材的过程中，聘请科学出版社和重庆市教育科学研究院职业教育与成人教育研究所的专家进行指导，确保了教材编写工作的规范性和编写成果的科学性。从总体上讲，编写理念先进，体现了以就业为导向，以学生为主体，着眼于学生职业生涯发展和职业素养培养；教学内容科学合理，注重了与职业岗位、工作任务和职业能力要求的对接；教材结构有所创新且体现了反映工作逻辑，载体选择适当，内容编排合理，适合中职学生认知，具有较强的交互性。呈现形式新颖多样，学生喜闻乐见。

在此，我向贵州省电子工业学校取得如此丰硕的成果表示祝贺，更要向主持和参与教材编写的教师们致敬，他们为编写教材付出了辛勤的劳动，贡献了聪明才智。

相信本套教材对提高贵州省电子工业学校的教学质量，一定能够发挥重要作用；对其他地区学校相关专业课程教学，具有重要的参考和借鉴价值。

谭绍华

前言

我国现阶段职业教育主要矛盾是什么？职业教育课程改革如何展开？中等职业教育的面临的最大挑战是什么？相信所有的职业教育工作者每天都在思考，都在探索……再探索、实践的过程中，相关专家提出了很多很多教学模式、教学方法。本书的编者在教材编写过程中，吸取很多专家学者的优秀思想、成功的教学模式，并借鉴师徒培养模式，提出“基于工作过程的项目教学模式”。本教材的编写就遵循此模式思想进行。

“综合布线工程设计与施工”是一门中等学校计算机网络技术专业学生必修的专业课程。本书以职业能力培训为目标，以设计、施工、测试、验收和维护综合布线系统的项目实施过程为编写主线，以项目为载体，将职业岗位所需的知识和技能要求有机结合到具体的工作任务中，按照综合布线项目的实际实施过程来组织教学，即教学过程就是工作过程。

根据综合布线项目实施的工作过程，全书基于综合布线工程的工作过程顺序，共搭建了4个工作项目场景，即综合布线系统方案设计、综合布线工程施工、综合布线工程维护、综合布线工程测试与验收。每个项目按照工作过程分解为多个工作任务，努力实现工作任务的组织及教学过程即是行业的实际工作过程，体现职业教育必须贴近行业需求，实现“基于工作过程的项目教学模式”的教学思想。

由于综合布线行业发展的日新月异，技术不断更新，本书在编写过程中难免会有所疏漏和不足，欢迎广大专家、读者不吝赐教！

编　者

2014年1月

目 录

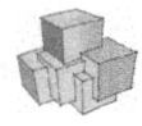

项目 1 综合布线系统方案设计

项目目标

知识目标 ☞

理解综合布线基本常识；综合布线系统工程设计规范（GB 50311—2007）；熟悉综合布线常见产品规格、型号、性能。

能力目标 ☞

理解综合布线各子系统设计方法、设计流程，阅读 CAD 图纸，制作简单 CAD 设计图，设计简单布线系统方案。

任务1.1 需求分析

【教学目标】

1. 理解需求分析的主要技巧及方法；
2. 理解综合布线相关标准；
3. 描述综合布线产品常见品牌、特点。

【技能要求】

1. 能识读简单CAD建筑设计图；
2. 能熟练进行现场勘查；
3. 能准确评估项目风险；
4. 编写综合布线工程项目需求分析报告。

【任务分析】

通过用户交流、现场勘查，查阅建筑图纸，分析用户需求，编写完成综合布线工程需求分析报告。

【流程图】

1.1.1 综合布线系统基本概述

网络综合布线是一门新发展起来工程技术，它涉及许多理论和技术问题，是一个多学科交叉的新领域，也是计算机技术、通信技术、控制技术与建筑技术紧密结合的产物。现在，我们生活在一个信息化时代，人们的生活已经离不开计算机网络系统了。无论是政府机关、企事业单位，还是商住楼、写字楼，都离不开现代化的办公及信息传输系统，而这些系统全部由网络综合布线系统来支持的。

1. 网络综合布线技术的发展

1968年，美国国防部高级研究计划局主持研制的ARPA计算机网络诞生。

20世纪80年代，产生了局域网Internet的飞速发展。

1984年，世界上第一座智能大厦在美国产生。1985年初，计算机工业协会（CCIA）提出对大楼布线系统标准化的倡议，美国电子工业协会（EIA）和美国电信工业协会（TIA）开始标准化制定工作。

1991年7月，ANSI/EIA/TIA 568即《商业大楼电信布线标准》问世，同时，与布线通道及空间、管理、电缆性能及连接硬件性能等有关的相关标准也同时推出。

1995年底，EIA/TIA 568标准正式更新为EIA/TIA 568A，同时，国际标准化组织（ISO）推出相应标准ISO/IEC 11801。

1997年TIA出台6类布线系统草案，同期基于光纤的千兆网络标准推出。

1999年到今，TIA又陆续推出了6类布线系统正式标准。

现阶段主流综合布线系统包括以下几种。

（1）6类综合布线系统

2002年6月17日，综合布线6类双绞线传输标准正式获得了通过。6类标准规定了铜缆布线系统应用所能提供的最高性能，规定允许使用的线缆及连接类型为UTP或STP。6类产品及系统的频率范围应当在1～250MHz，最高可到达到350MHz。6类/E级是目前不采用单独线对屏蔽形式而提供最高传输性能的技术。

（2）7类综合布线系统

7类标准是一套在100Ω双绞线上支持最高600MHz带宽传输的布线标准。1997年9月，ISO/IEC确定开始进行7类布线标准的研发。

与4类、5类、超5类和6类相比，7类具有更高的传输带宽（至少600MHz）。从7类标准开始，布线历史上出现了"RJ"型和"非RJ"型接口的划分。由于"RJ型"接口目前达不到600MHz的传输带宽，7类标准还没有最终论断，目前国际上正在积极研讨7类标准草案。7类布线的竞争优势：至少600MHz的传输速率，是"RJ型"接口目前所达不到的传输带宽。"非-RJ型"7类部件的链路和信道标准将提供过去的双绞线布线系统不可比拟的传输速率，而且要求"全屏蔽"的电缆，即每线对都单独屏蔽而且总体也屏蔽的双绞电缆，以保证最好的屏蔽效果。

（3）光纤网络综合布线系统

全光纤网络综合布线系统从原理上讲就是网络中一直到终端用户节点之间的信号通道全部保持着光的形式，即端到端的全光路，中间没有光电转化器。数据从源节点到目的节点的传输过程都在光域内进行。全光网的基本结构可以分为光网络层和电网络层。全光纤网络将成为宽带接入成为必然趋势。

2. 常见综合布线器材和工具

（1）网络传输介质

目前，在通信线路上使用的传输介质有：双绞线（图1-1和图1-2）、大对数双绞线（图1-3）、光缆（图1-4）、同轴电缆（图1-5）等。

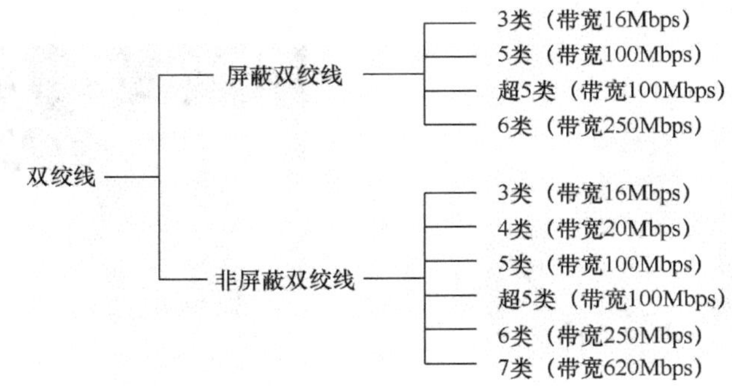

图1-1　双绞线种类

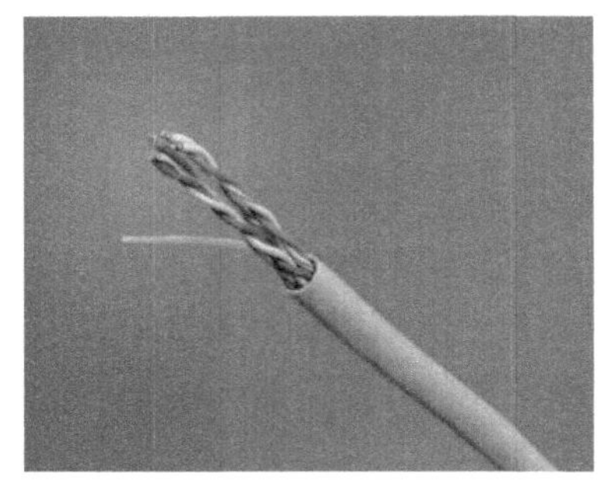

图 1-2　非屏蔽双绞线

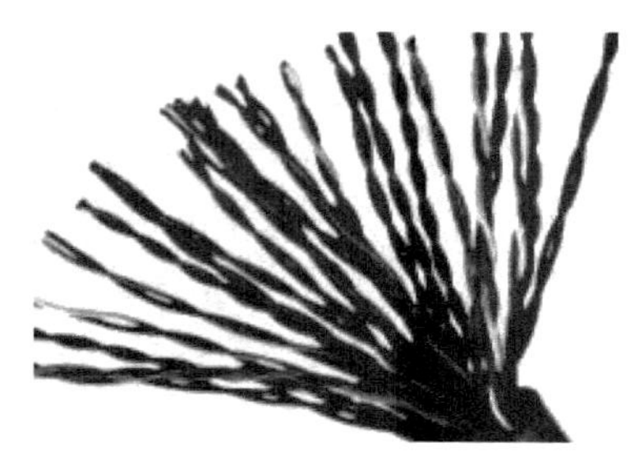

图 1-3　大对数线

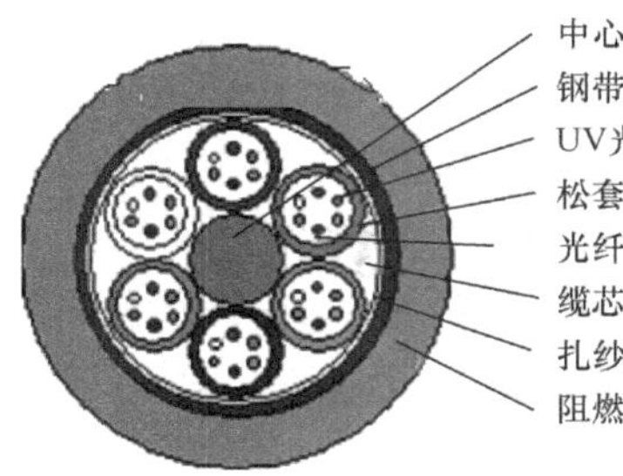

图 1-4　光缆及其结构

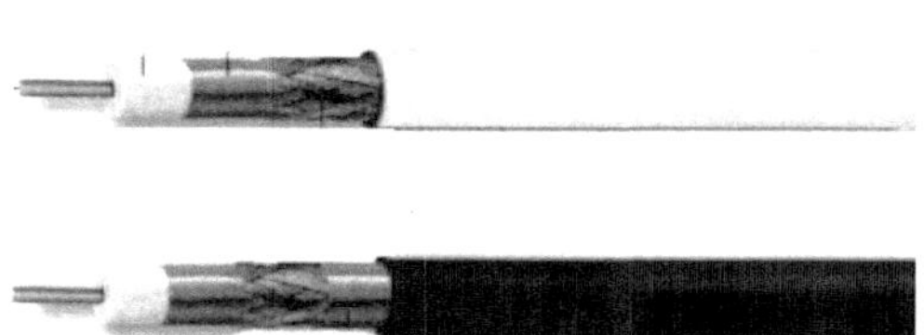

图 1-5　同轴电缆

(2) 常见连接器件

常见连接器件如图 1-6～图 1-8 所示。

图 1-6　信息模块

图 1-7　信息面板

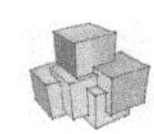

图 1-8　多媒体式双绞线配线架

3. 综合布线系统工程常用标准

国内主要标准有：《综合布线系统工程设计规范》（GB 50311—2007）。

国际标准组织与机构有：ANSI 美国国家标准协会（American National Standards Institute）、BICSI 国际建筑业咨询服务（Building Industry Consulting Service International）、CCITT 国际电报和电话协商委员会（Consultative Committee on International Telegraphy and Telephony）、EIA 电子行业协会（Electronic Industries Association）、ICEA 绝缘电缆工程师协会（Insulated Cable Engineers Association）、IEC 国际电工委员会（International Electrotechnical Commission）、IEEE 美国电气与电子工程师协会（Institute of Electrical and Electronics Engineers）、ISO 国际标准化组织（International Standards Organization）、ITU-TSS 国际电信联盟——电信标准化分部（International Telecommunications Union——Telecommunications Standardization Section）、NEMA 美国国家电气制造商协会（National Electrical Manufacturers Association）、NFPA 美国国家防火协会（National Fire Protection Association）、TIA 美国电信行业协会（Telecommunications Industry Association）、UL 安全实验室（Underwriters Laboratories）、ETL 电子测试实验室（Electronic Testing Laboratories）、FCC 美国联邦电信委员会［Federal Communications Commission（U. S. ）］NEC 美国国家电气规范［National Electrical Code（issued by the NFPA in the U. S. ）］、CSA 加拿大标准协会（Canadian Standards Association）、ISC 加拿大工业技术协会（Industry and Science Canada）、SCC 加拿大标准委员会（Standards Council of Canada）。

目前常用的综合布线国际标准有：国际布线标准《ISO/IEC 11801：1995（E）信息技术—用户建筑物综合布线》。

国际标准 ISO/IEC 11801 是由联合技术委员会 ISO/IEC JTC1 的 SC 25/WG 3 工作组在 1995 年制定发布的，这个标准把有关元器件和测试方法归入国际标准。目前该标准有三个版本：ISO/IEC 11801：1995、ISO/IEC 11801：2000 和 ISO/IEC 11801：2000+（目前是草案）。

欧洲标准《EN 50173 建筑物布线标准》、美国国家标准协会《TIA/EIA 568A 商业建筑物电信布线标准》、美国国家标准协会《TIA/EIA 569A 商业建筑物电信布线路径及空间距标准》、美国国家标准协会《TIA/EIA TSB—67 非屏蔽双绞线布线系统传输性能现场测试规范》、美国国家标准协会《TIA/EIA TSB—72 集中式光缆布线准则》、美国国家标准协会《TIA/EIA TSB—75 大开间办公环境的附加水平布线惯例》、ISO/IEC 11801 的修订稿 ISO/IEC 11801：2000 修正了对链路的定义。

ISO/IEC 即将推出第 2 版的 ISO/IEC 11801 规范。

ISO/IEC 11801：2000+。

ISO/IEC 11801：Draft Amendment 2 to ISO/IEC 11801 ClassD（1995 FDAM2）、PROPOSED ISO/IEC 11801-A（即将公布的 ISO/IEC 11801-A）。

综合布线系统指用数据和通信电缆、光缆、各种软电缆及有关连接硬件构成的通用布线系统，它能支持语音、数据、影像和其他信息技术的标准应用系统。

综合布线系统与智能大厦的发展紧密相关，是智能大厦的实现基础。另一方面，综合布线系统是生活小区智能化的基础。

《综合布线系统工程设计规范》（GB 50311—2007）国家标准规定在智能建筑与智能建筑园区的工程设计中宜将综合布线系统分为基本型、增强型和综合型三种常用形式。

基本型综合布线系统大多数能支持话音/数据，其特点是一种富有价格竞争力的综合布线方案，能支持所有话音和数据的应用，能支持多种计算机系统数据的传输。

增强型综合布线系统不仅具有增强功能，而且还可提供发展余地，是一个能为多个数据应用部门提供服务的经济有效的综合布线方案。

综合型综合布线系统的主要特点是引入光缆，可适用于规模较大的智能大楼，其余特点与基本型或增强型相同。

《综合布线系统工程设计规范》（GB 50311—2007）规定，在综合布线系统工程设计中，宜按照下列七个部分进行，即工作区、配线子系统、干线子系统、建筑群子系统、设备间、进线间、管理。

为了教学和实训需要，同时兼顾以前教材中综合布线按照 6 个子系统划分的习惯，将综合布线系统按照以下七个子系统介绍，即工作区子系统、水平区子系统、管理间子系统、垂直主干子系统、设备间子系统、建筑群子系统、进线间。综合布线工程中各子系统间示意图如图 1-9 所示。

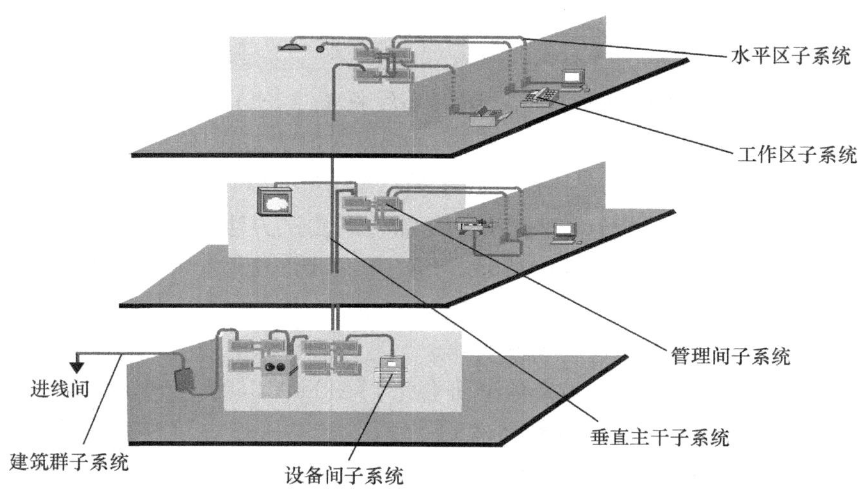

图 1-9　各子系统间示意图

1.1.2　计算机网络与综合布线关系

综合布线系统的主要用途就是作为计算机网络的基础设施，为计算机网络提供数据传输链路，综合布线系统的拓扑结构、传输介质、布线距离、传输指标等都是根据计算网络的要求来确定的。因此，综合布线系统的设计必须考虑用户计算机网络系统的应用要求，必须满足用户计算机网络的传输需要。用户计算机网络系统的应用要求就是综合布线系统设计的依据，所以在需求分析阶段应详细了解用户计算机网络系统的应用要求，包括传输带宽（100M、1000M、10000M 等）、网络拓扑结构（星形拓扑、环形拓扑、总线型拓扑、数型拓扑）、组网技术（以太网、令牌环网、FDDI、ATM、光纤通道）等。

1.1.3　综合布线与建筑物整体工程关系

由于综合布线系统所需要的电缆竖井、暗敷管道、线槽孔洞以及设备间等都属于永久性建筑设施，都与建筑物同时设计和施工，综合布线系统是依附于建筑物进行建设的，在具体的设计施工过程中必须与建筑物整体工程相互配合完成。所以，在综合布线设计阶段需要详细了解建筑物整体情况，包括建筑物类型（砖木结构、砖混结构、钢混结构、钢结构等）和建筑物构造（基础、墙体、地面与楼板等）。

综合布线工程设计施工时还必须积极与建筑工程，建筑物装潢工程相互配合，合理进行设计施工。

1.1.4　综合布线工程用户需求的调查预测

综合布线工程用户需求的调查预测，主要是通信引出端（即信息插座）的数量、位置以及通信业务需要进行调处预测，如果用户能提供详细的信息点建设资料，并且可以作为设计的基本依据，此项工作可以不做。

用户需求的调查预测主要包括以下内容：

1）用户信息点数量。

2）用户信息点类型。

3）用户信息点的分布情况。

4）原有系统的应用及分布情况。

5）设备间的位置。

6）建筑物的建筑平面图及相关管线分布图等。

用户需求的调查预测的基本要求：

1）以工作区为核心，提供用户需求预测的准确性。

2）以近期需求为主，结合今后发展需要，提供扩展空间。

3）多方征求意见（包括普通用户、网络主管、主管领导等）。

用户需求的调查预测的基本方法：

1）多方用户访谈。

2）组织调查座谈会。

3）专家论证。

1.1.5　建筑物现场勘查

综合布线系统的设计施工比较复杂，所以必须要建筑物结构及相关环境。除了通过查阅用户的建筑图纸来了解之外，还需要进行现场勘查。单纯通过查阅图纸不能完全了解现场实际环境，所以还必须进行现场勘查以确定具体的设计施工方案。

现场勘查的主要内容：

1）具体建筑物实际情况与建筑图纸是否有差别。

2）建筑物所处物理环境是否特殊（主要了解对布线施工有较大影响的电磁环境等）。

1.1.6　编写需求分析文档

通过以上工作，编写出综合布线工程项目的需求分析文档。需求分析文档内容主要包括：

1）建筑群功能及布线系统技术要求。

2）实现该功能的网络技术及所需带宽。

3）实现该网络技术所需要的传输介质。

4）用户布线规模。

5）用户土建进度。

6）项目风险评估。

1.1.7　巩固训练

1. 对当地布线企业进行调查，写出本地主要布线产品的品牌及其特点和相关产品的参考价格。

2. 写出本校校园网建设需求分析报告。

任务1.2　工作区子系统设计

【教学目标】

1. 理解工作区信息点配置原则；

2. 理解工作区子系统设计标准；

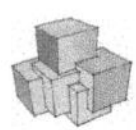

3. 描述线缆类型、模块、面板类型、用途。

【技能要求】

1. 能统计建筑物的类型和功能，并进行分类；
2. 能根据楼层平面图计算每层楼布线面积，制作工作区面积划分表；
3. 能准确统计信息点数量，并制作工作区信息点统计表；
4. 能准确进行工程预算；
5. 能绘制工作区设计图。

【任务分析】

通过现场勘查，用户交流，查阅建筑图纸，分析用户需求，完成工作区子系统设计方案，对建筑物的类型和功能进行分类，并制作工作区面积划分表，工作区信息点统计表，进行工程预算，绘制工作区设计图。

【流程图】

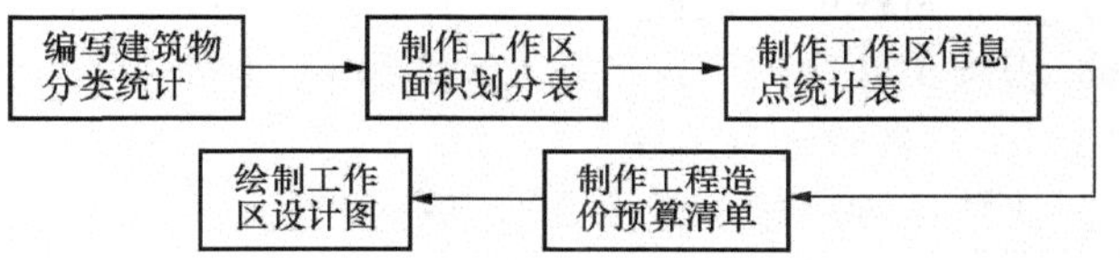

1.2.1　相关知识：工作区子系统的基本概念与设计原则

1. 工作区子系统的基本概念

(1) 工作区的概念

工作区子系统是指从信息插座延伸到终端设备的整个区域，即一个独立的需要设置终端的区域划分为一个工作区（图 1-10）。工作区域可支持电话机、数据终端、计算机、电视机、监视器以及传感器等终端设备。它包括信息插座、信息模块、网卡和连接所需的跳线，并在终端设备和输入/输出（I/O）之间搭接，相当于电话配线系统中连接话机的用户线及话机终端部分。

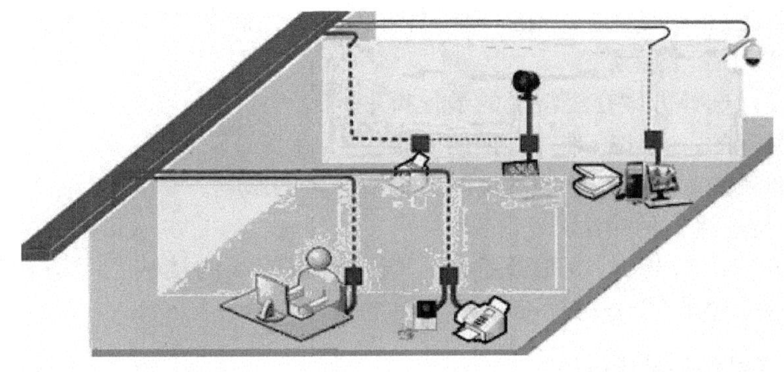

图 1-10　典型的工作区子系统示意图

(2) 工作区的划分原则

按照 GB 50311 国家标准规定，工作区是一个独立的需要设置终端设备的区域。工作区应由配线（水平）布线系统的信息插座延伸到终端设备处的连接电缆及适配器组成。一个工作区的服务面积可按 5～10m^2 估算，也可按不同的应用环境调整面积的大小。

(3) 工作区适配器的选用原则

适配器的选用应遵循以下原则：

1) 在设备连接器采用不同于信息插座的连接器时，可用专用电缆及适配器。

2) 在单一信息插座上进行两项服务时，可用“Y”型适配器。

3) 在配线（水平）子系统中选用的电缆类别（介质）不同于设备所需的电缆类别（介质）时，宜采用适配器。

4) 在连接使用不同信号的数模转换设备、光电转换设备及数据速率转换设备等装置时，宜采用适配器。

5) 为了特殊的应用而实现网络的兼容性时，可用转换适配器。

6) 根据工作区内不同的电信终端设备（如 ADSL 终端）可配备相应的适配器。

(4) 工作区设计要点

1) 工作区内线槽的敷设要合理、美观。

2) 信息插座设计在距离地面 30cm 以上。

3) 信息插座与计算机设备的距离保持在 5m 范围内。

4) 网卡接口类型要与线缆接口类型保持一致。

5) 所有工作区所需的信息模块、信息插座、面板的数量要准确。

工作区设计时，具体操作可按以下三步进行：

第一步，根据楼层平面图计算每层楼布线面积。

第二步，估算信息引出插座数量。

第三步，确定信息引出插座的类型。

(5) 信息插座连接技术要求

信息插座与终端的连接形式：信息插座是终端（工作站）与水平子系统连接的接口。其中最常用的为 RJ45 信息插座，即 RJ45 连接器。在实际设计时，必须保证每个 4 对双绞线电缆终接在工作区中一个 8 脚（针）的模块化插座（插头）上。

必须考虑以下三个因素：

1) 各种设计选择方案在经济上的最佳折中。

2) 系统管理的一些比较难以捉摸的因素。

3) 在布线系统寿命期间移动和重新布置所产生的影响。

信息插座与连接器的接法：

对于 RJ45 连接器与 RJ45 信息插座，与 4 对双绞线的接法主要有两种，一种是 568A 标准，另一种是 568B 的标准。

2. 工作区子系统的设计原则

工作区子系统设计的步骤一般为：首先与用户进行充分的技术交流和了解建筑物

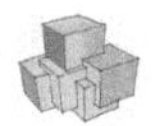

用途，然后要认真阅读建筑物设计图纸，其次进行初步规划和设计，最后进行概算和预算。

一般工作流程如图1-11所示。

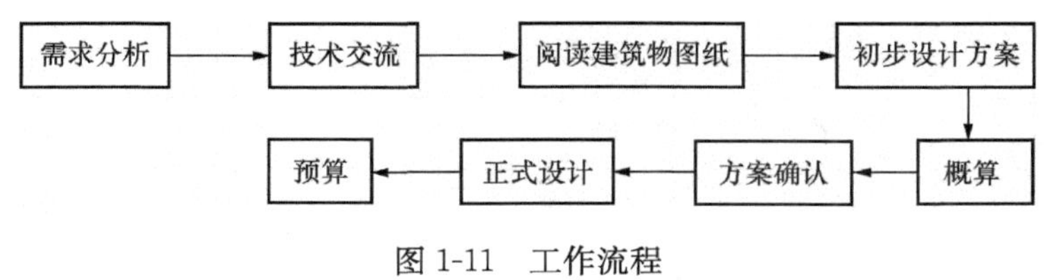

图1-11 工作流程

(1) 需求分析

需求分析主要掌握用户的当前用途和未来扩展需要，目的是把设计对象归类，按照写字楼、宾馆、综合办公室、生产车间、会议室、商场、等类别进行归类，为后续设计确定方向和重点。现在的建筑物往往有多种用途和功能，例如：一栋18层的建筑物可能会有这些用途，－2层为空调机组等设备安装层，－1层为停车场，1～2层为商场，3～4层为餐厅，5～10层写字楼，11～18层为宾馆。

(2) 技术交流

在进行需求分析后，要与用户进行技术交流，这是非常必要的。不仅要与技术负责人交流，也要与项目或者行政负责人进行交流，进一步充分和广泛的了解用户的需求，特别是未来的发展需求。在交流中重点了解每个房间或者工作区的用途、工作区域、工作台位置、工作台尺寸、设备安装位置等详细信息。在交流过程中必须进行详细的书面记录，每次交流结束后要及时整理书面记录，这些书面记录是初步设计的依据。

(3) 阅读建筑物图纸和工作区编号

索取和认真阅读建筑物设计图纸是不能省略的程序，通过阅读建筑物图纸掌握建筑物的土建结构、强电路径、弱电路径，特别是主要电器设备和电源插座的安装位置，重点掌握在综合布线路径上的电器设备、电源插座、暗埋管线等。

工作区信息点命名和编号是非常重要的一项工作，命名首先必须准确表达信息点的位置或者用途，要与工作区的名称相对应，这个名称从项目设计开始到竣工验收及后续维护最好一致。如果出现项目投入使用后用户改变了工作区名称或者编号时，必须及时制作名称变更对应表，作为竣工资料保存。

(4) 初步设计

1) 工作区面积的确定。工作区子系统包括办公室、写字间、作业间、技术室等需用电话、计算机终端、电视机等设施的区域和相应设备的统称，如表1-1所示。

表1-1 工作区面积划分表（GB 50311—2007）

建筑物类型及功能	工作区面积/m^2
网管中心、呼叫中心、信息中心等终端设备较为密集的场地	3～5

续表

建筑物类型及功能	工作区面积/m²
办公区	5～10
会议、会展	10～60
商场、生产机房、娱乐场所	20～60
体育场馆、候机室、公共设施区	20～100
工业生产区	60～200

2）工作区信息点的配置。一个独立的需要设置终端设备的区域宜划分为一个工作区，每个工作区需要设置一个计算机网络数据点或者语音电话点，或按用户需要设置。每个工作区信息点数量可按用户的性质、网络构成和需求来确定，如表 1-2 所示。

表 1-2　常见工作区信息点配置原则

工作区类型及功能	安装位置	安装数量	
		数据	语音
网管中心、呼叫中心、信息中心等终端设备较为密集的场地	工作台处墙面或者地面	1～2 个/工作台	2 个/工作台
集中办公区域的写字楼、开放式工作区等人员密集场所	工作台处墙面或者地面	1～2 个/工作台	2 个/工作台
董事长、经理、主管等独立办公室	工作台处墙面或者地面	2 个/间	2 个/间
小型会议室/商务洽谈室	主席台处地面或者台面 会议桌地面或者台面	2～4 个/间	2 个/间
大型会议室，多功能厅	主席台处地面或者台面 会议桌地面或者台面	5～10 个/间	2 个/间
＞5000m² 的大型超市或者卖场	收银区和管理区	1 个/100m²	1 个/100m²
2000～3000m² 中小型卖场	收银区和管理区	1 个/30～50m²	1 个/30～50m²
餐厅、商场等服务业	收银区和管理区	1 个/50m²	1 个/50m²
宾馆标准间	床头或写字台或浴室	1 个/间，写字台	1～3 个/间
学生公寓（4 人间）	写字台处墙面	4 个/间	4 个/间
公寓管理室、门卫室	写字台处墙面	1 个/间	1 个/间
教学楼教室	讲台附近	1～2 个/间	
住宅楼	书房	1 个/套	2～3 个/套

3）工作区信息点点数统计表。工作区信息点点数统计表简称点数表，是设计和统计信息点数量的基本工具和手段。初步设计的主要工作是完成点数统计表，在需求分析和技术交流的基础上，确定每个区域的信息点位置和数量，制作并填写点数统计表，如表 1-3 所示。

表 1-3　建筑物网络综合布线信息点数量统计表

建筑物网络和语音信息点数统计表													
房间或者区域编号													
楼层编号	01		03		05		07		09		数据点数合计	语音点数合计	信息点数合计
	数据	语音	数据	语音	数据	语音	数据	语音	数据	语音			
18 层	3		1		2		3		3		12		
		2		1		2		3		2		10	
17 层	2		2		3		2		3		12		
		2	3	2		2		2		2		13	
16 层	5				5		5		6		24		
		4		3		4		5		4		23	
15 层	2		2		3		2		3		12		
		2	3	2		2		2		2		13	
合计											60		
												49	109

注：1）第一行为设计项目或者对象的名称，第二行为房间或者区域名称，第三行为房间号，第四行为数据或者语音类别，其余行填写每个房间的数据或者语音点数量，为了清楚和方便统计，一般每个房间有两行，一行数据，一行语音。最后一行为合计数量。在点数表填写中，房间编号由大到小按照从左到右顺序填写。

2）第一列为楼层编号，填写对应的楼层编号，中间列为该楼层的房间号，为了清楚和方便统计，一般每个房间有两列，一列数据，一列语音。最后一列为合计数量。在点数表填写中，楼层编号由大到小按照从上往下顺序填写。

（5）概算

在初步设计的最后要给出该项目的概算，这个概算是指整个综合布线系统工程的造价概算，当然也包括工作区子系统的造价。工程概算的计算方法公式如下：

工程造价概算＝信息点数量×信息点的价格

例如：按照表 1-3 点数表统计的 15～18 层网络数据信息点数量为 60 个，每个信息点的造价按照 200 元计算时，该工程分项造价概算＝60×200＝12000（元）。

按照表 1-3 点数表统计的 15～18 层语音信息点数量为 49 个，每个信息点的造价按照 100 元计算时，该工程分项造价概算＝49×100＝4900（元）。

（6）初步设计方案确认

初步设计方案主要包括点数统计表和概算两个文件，因为工作区子系统信息点数量直接决定综合布线系统工程的造价，信息点数量越多，工程造价越大。工程概算的多少与选用产品的品牌和质量有直接关系，工程概算多时宜选用高质量的知名品牌，工程概算少时宜选用区域知名品牌。点数统计表和概算也是综合布线系统工程设计的依据和基本文件，因此必须经过用户确认。

用户确认的一般程序如下（图 1-12）。

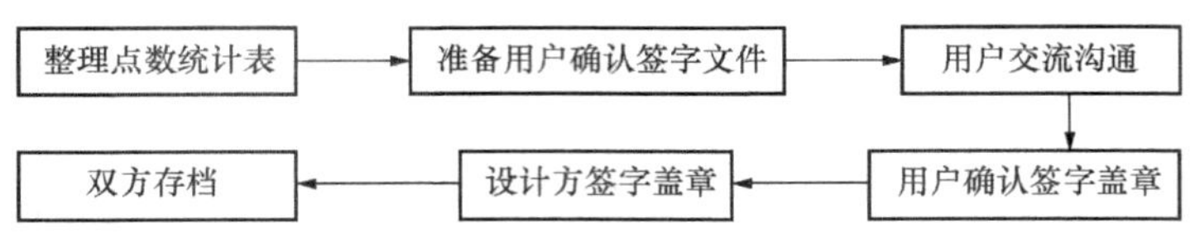

图 1-12　用户确认程序

用户确认签字文件至少一式 4 份，双方各 2 份。设计单位一份存档，一份作为设计资料。

（7）正式设计

1）新建建筑物。随着国家标准 GB 50311—2007 的正式实施，2007 年 10 月 1 日起新建筑物必须设计网络综合布线系统，因此建筑物的原始设计图纸中有完整的初步设计方案和网络系统图。必须认真研究和读懂设计图纸，特别是与弱电有关的网络系统图、通信系统图、电气图等。

如果土建工程已经开始或者封顶时，必须到现场实际勘测，并且与设计图纸对比。

新建建筑物的信息点底盒必须暗埋在建筑物的墙面，一般使用金属底盒，很少使用塑料底盒。

2）旧楼增加网络综合布线系统的设计。当旧楼增加网络综合布线系统时，设计人员必须到现场勘察，根据现场使用情况具体设计信息插座的位置、数量。

旧楼增加信息插座一般多为明装 86 系列插座。

3）信息点安装位置。信息点的安装位置宜以工作台为中心进行设计，如果工作台靠墙布置时，信息点插座一般设计在工作台侧面的墙面，通过网络跳线直接与工作台上的电脑连接。

墙面安装如图 1-13 所示。

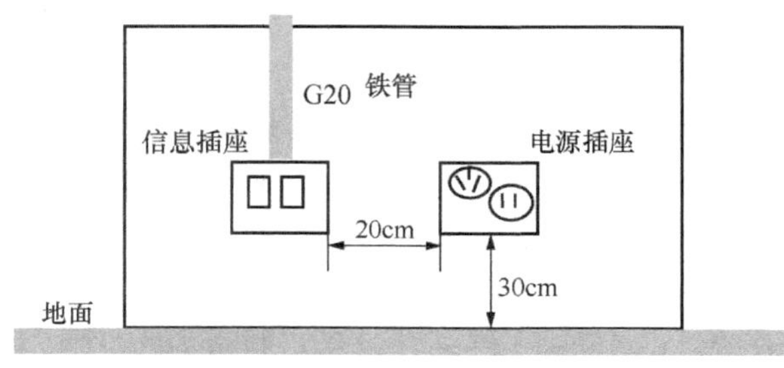

图 1-13　墙面安装

如果工作台布置在房间的中间位置或者没有靠墙时，信息点插座一般设计在工作台下面的地面，通过网络跳线直接与工作台上的电脑连接。

如果是集中或者开放办公区域，信息点的设计应该以每个工位的工作台和隔断为中心，将信息插座安装在地面或者隔断上。在大门入口或者重要办公室门口宜设计门警系统信息点插座。在公司入口或者门厅宜设计指纹考勤机、电子屏幕使用的信息点插座。在会议室主席台、发言席、投影机位置宜设计信息点插座。在各种大卖场的收银区、管理区、出入口宜设计信息点插座。

4）信息点面板。地弹插座面板一般为黄铜制造，只适合在地面安装，每只售价在100～200元，地弹插座面板一般都具有防水、防尘、抗压功能，使用时打开盖板，不使用时，盖好盖板与地面高度相同。

墙面插座面板一般为塑料制造，只适合在墙面安装，每只售价在5～20元，具有防尘功能，使用时打开防尘盖，不使用时，防尘盖自动关闭。

桌面型面板一般为塑料制造，适合安装在桌面或者台面，在综合布线系统设计中很少应用。

信息点插座底盒常见的有两个规格，适合墙面或者地面安装。墙面安装底盒为长86mm，宽86mm的正方形盒子，设置有2个M4螺孔，孔距为60mm，又分为暗装和明装两种，暗装底盒的材料有塑料和金属材质两种，暗装底盒外观比较粗糙。明装底盒外观美观，一般由塑料注塑。

地面安装底盒比墙面安装底盒大，为长100mm，宽100mm的正方形盒子，深度为55mm（或65mm），设置有2个M4螺孔，孔距为84mm，一般只有暗装底盒，由金属材质一次冲压成型，表面电镀处理。面板一般为黄铜材料制成，常见有方型和圆型面板两种，方型的长为120mm，宽120mm。

5）图纸设计。综合布线系统工作区信息点的图纸设计是综合布线系统设计的基础工作，直接影响工程造价和施工难度，大型工程也直接影响工期，因此工作区子系统信息点的设计工作非常重要。

在一般综合布线工程设计中，不会单独设计工作区信息点布局图，而是综合在网络系统图纸中。

1.2.2　案例解析：工作区子系统的设计

工作区子系统的设计案例包含：独立单人办公室信息点设计、独立多人办公室信息点设计、集中办公区信息点设计、会议室信息点设计、学生宿舍信息点设计以及超市信息点设计等。

实例1.1　独立单人办公室信息点设计

设计独立单人办公室（图1-14）信息点布局，单人办公时信息插座可以设计安装在墙面或地面两种。

要点：

1）设计单人办公室信息点时必须考虑有数据点和语音点。

2）当办公桌设计靠墙摆放时，信息插座安装在墙面，中心垂直距地300mm。当办

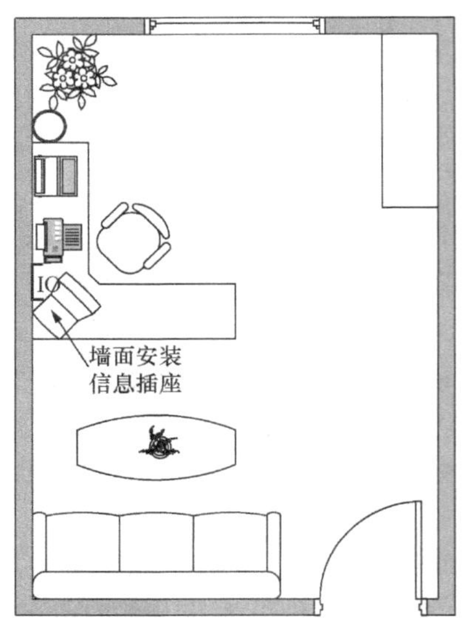

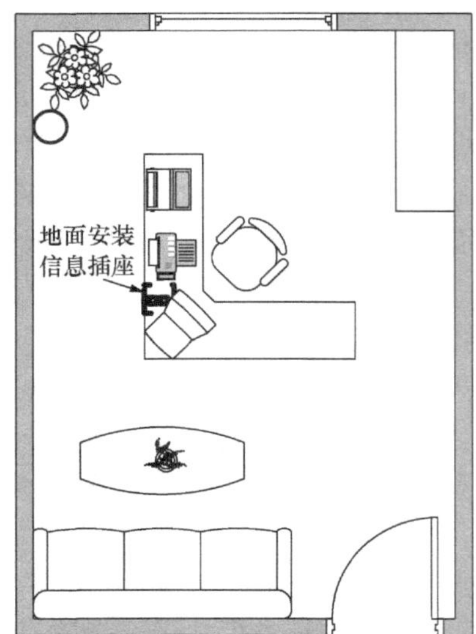

图 1-14　单人办公室信息点设计图

公桌摆放在中间时，信息插座使用地弹式地面插座，安装在地面。

3）办公室内安装设备有：计算机、传真、打印机等。

实例 1.2　独立多人办公室信息点设计

设计独立多人办公室（图 1-15）信息点布局，信息插座可以设计安装在墙面或地面两种。

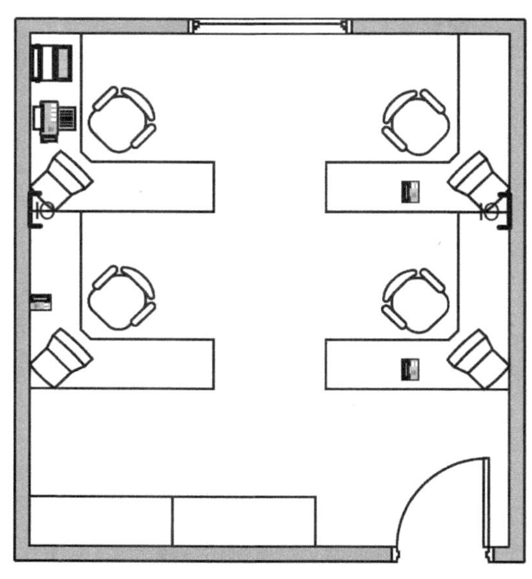

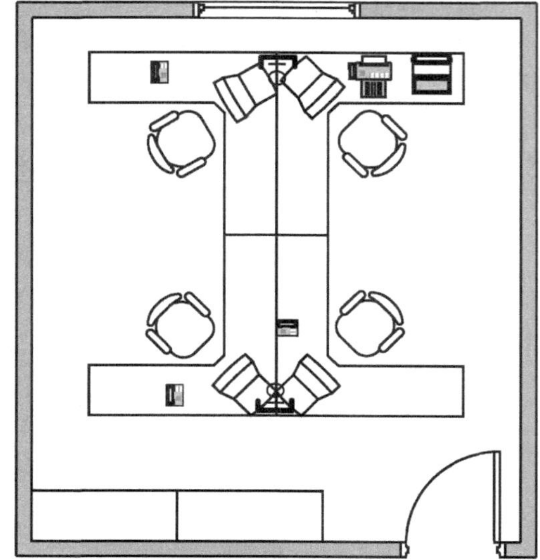

图 1-15　多人办公室信息点设计图

要点：

1）设计多人办公室信息点时必须考虑多个数据点和语音点。

2）当办公桌设计靠墙摆放时，信息插座安装在墙面，中心垂直距地300mm。当办公桌摆放在中间时，信息插座使用地弹式地面插座，安装在地面。

实例1.3　集中办公区信息点设计

设计集中办公区信息点（图1-16）布局时，必须考虑空间的利用率和便于办公人员工作，进行合理的设计，信息插座根据工位的摆放设计安装在墙面和地面。

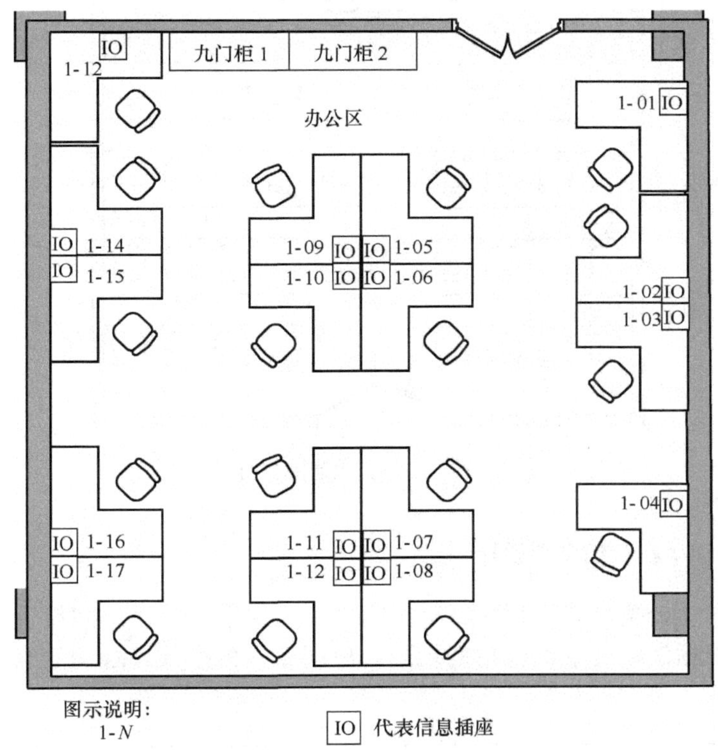

图1-16　集中办公区信息点设计图

要点：

1）该集体办公环境面积60m²，可供17人办公。

2）设计34个信息点，其中17个数据点，17个语音点。每个信息插座上包括1个数据、1个语音。

3）每个点铺设1根4-UTP超5类网线，数据和语音共用一根超5类网线。

4）墙面的9个信息插座安装高度中心垂直距地300mm。中间8个信息点使用地埋式插座安装在地面。

5）所有信息插座使用双口面板安装。

6）所有布线使用PVC管暗埋铺设。

实例 1.4　会议室信息点设计

一般设计会议室（图 1-17）的信息点时，在会议讲台处至少设计 1 个信息点，便于设备的连接和使用。在会议室墙面的四周也可以考虑一些信息点。

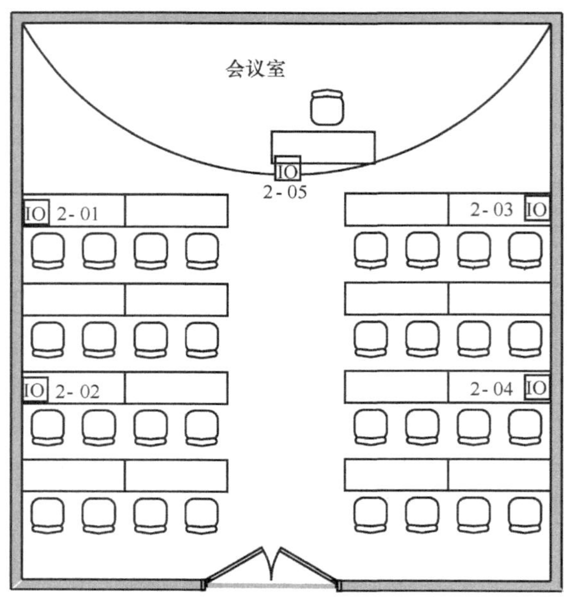

图 1-17　会议室信息点设计图

实例 1.5　学生宿舍信息点设计

如果学校学生公寓（图 1-18）每个房间供 4 人住宿，每个房间设计网络 4 个网络信息点。同时根据学校对生员住宿的规划，房间家具的摆放，合理的设计信息插座位置（图 1-19）。

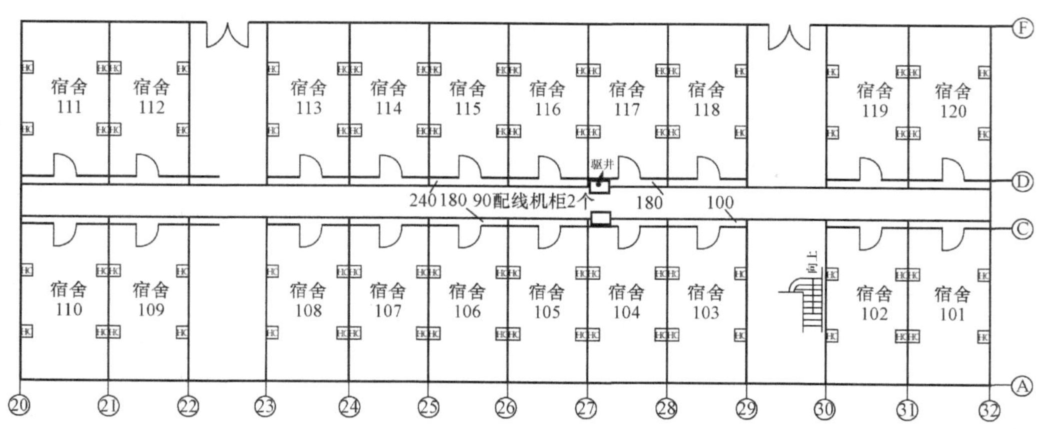

图 1-18　某高校学生公寓网络信息点设计图

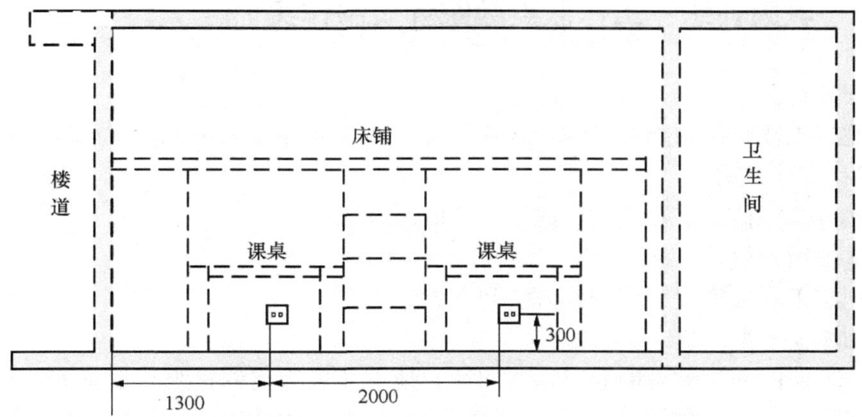

图 1-19　某高校学生信息插座位置设计

实例 1.6　超市信息点设计

一般在大型超市（图 1-20）的综合布线设计中，主要信息点集中在收银区和管理区域。如果不能确定其用途和布局时，可以在建筑物的墙面和柱子上设置一定数量的信息插座，以便今后的使用。

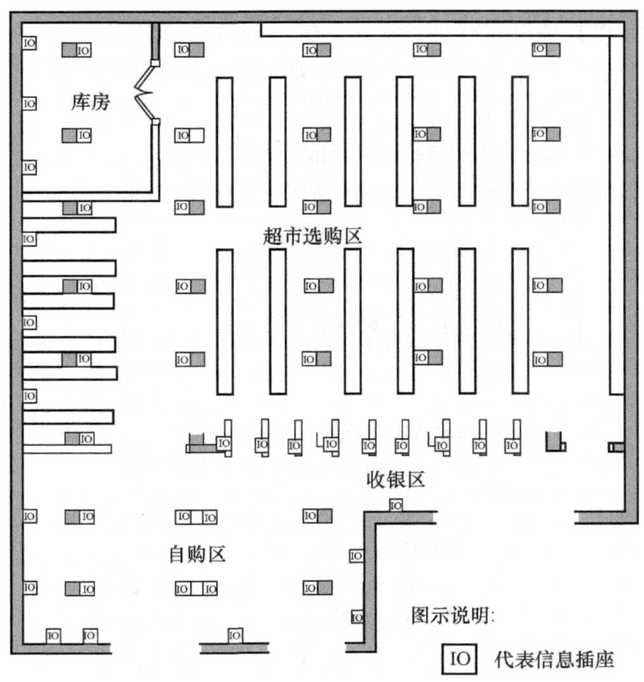

图 1-20　某超市网络信息点的设计

1.2.3 巩固训练：工作区点数统计表制作实训

【实训目的】

1）通过工作区信息点数量统计表项目实训，掌握各种工作区信息点位置和数量的设计要点和统计方法。

2）熟练掌握信息点数统计表的设计和应用方法。

3）掌握项目概算方法。

4）训练工程数据表格的制作方法和能力。

【实训模型一】

一栋18层的建筑物可能会有这些用途，地下2层为空调机组等设备安装层，地下1层为停车场，1～2层为商场，3～4为餐厅，5～10写字楼，11～18层为宾馆。

给出可以进行点数统计表的必要条件，注意设置一些变化原因。

【实训模型二】

给出一栋7层研究大楼。可以进行点数统计表的必要条件，注意设置一些变化原因。

【实训模型三】

学生比较熟悉的本校的教学楼或者宿舍楼。给出可以进行点数统计表的必要条件，注意设置一些变化原因。

【实训要求与步骤】

1）在上述三个模型中选择一个，完成多功能智能化建筑网络综合布线系统工程信息点的设计。

2）使用 Microsoft Excel 工作表软件完成点数统计表。

3）借鉴市场上常见中高低端产品价格完成工程概算。

任务1.3 水平子系统设计

【教学目标】

1. 理解水平子系统设计标准；
2. 理解水平子系统材料规格型号。

【技能要求】

1. 能合理选择水平子系统敷设方案；
2. 能准确统计水平系统材料表；
3. 能制作水平系统设计图。

【任务分析】

通过现场勘查，与用户进行技术交流，查阅建筑图纸，分析用户需求，完成水平子系统设计方案，编制水平子系统所需材料清单，绘制水平子系统设计图。

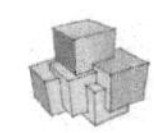

【流程图】

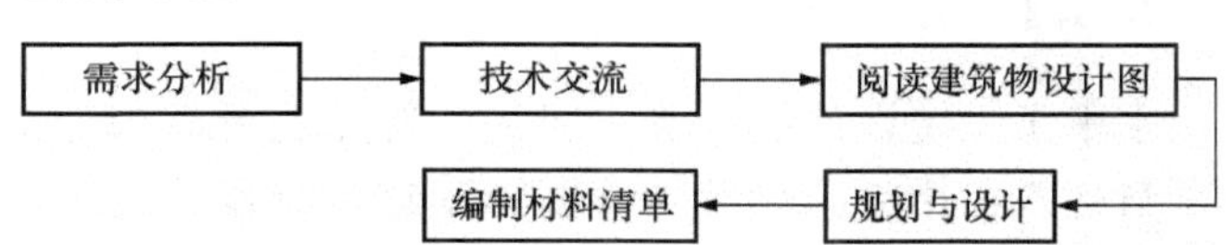

1.3.1　相关知识：水平子系统的基本概念与设计原则

1. 水平子系统的基本概念

(1) 水平子系统的基本结构

水平子系统是综合布线结构的一部分，它将垂直子系统线路延伸到用户工作区，实现信息插座和管理间子系统的连接，包括工作区与楼层配线间之间的所有电缆、连接硬件（信息插座、插头、端接水平传输介质的配线架、跳线架等）、跳线线缆及附件。它与垂直子系统的区别是：水平子系统总是在一个楼层上，仅与信息插座、管理间子系统连接。

(2) 水平子系统的布线基本要求

相对于垂直子系统而言，水平线子系统一般安装得十分隐蔽。在智能大厦交工后，该子系统很难接近，因此更换和维护水平线缆的费用很高、技术要求也很高。如果我们经常对水平线缆进行维护和更换的话，就会影响大厦内用户的正常工作，严重者就要中断用户的通信系统。由此可见，水平子系统的管路敷设、线缆选择将成为综合布线系统中重要的组成部分。

水平布线应采用星型拓朴结构，每个工作区的信息插座都要和管理区相连。每个工作区一般需要提供语音和数据两种信息插座。

(3) 水平子系统设计应考虑的几个问题

1）水平子系统应根据楼层用户类别及工程提出的近、远期终端设备要求确定每层的信息点（TO）数，在确定信息点数及位置时，应考虑终端设备将来可能产生的移动、修改、重新安排，以便于对一次性建设和分期建设的方案选定。

2）当工作区为开放式大密度办公环境时，宜采用区域式布线方法，即从楼层配线设备（FD）上将多对数电缆布至办公区域，根据实际情况采用合适的布线方法，也可通过集合点（CP）将线引至信息点（TO）。

3）配线电缆宜采用八芯非屏蔽双绞线，语音口和数据口宜采用5类、超5类或6类双绞线，以增强系统的灵活性，对高速率应用场合，宜采用多模或单模光纤，每个信息点的光纤宜为四芯。

4）信息点应为标准的RJ45型插座，并与线缆类别相对应，多模光纤插座宜采用SC接插形式，单模光纤插座宜采用FC插接形式。信息插座应在内部做固定连接，不得空线、空脚。要求屏蔽的场合，插座须有屏蔽措施。

5）水平子系统可采用吊顶上、地毯下、暗管、地槽等方式布线。

6）信息点面板应采用国际标准面板。

2. 水平子系统的设计原则

水平子系统设计的步骤一般为：首先进行需求分析，与用户进行充分的技术交流和了解建筑物用途，然后要认真阅读建筑物设计图纸，确定工作区子系统信息点位置和数量，完成点数表，其次进行初步规划和设计，确定每个信息点的水平布线路径，最后进行确定布线材料规格和数量，列出材料规格和数量统计表。一般的工作流程如图 1-21 所示。

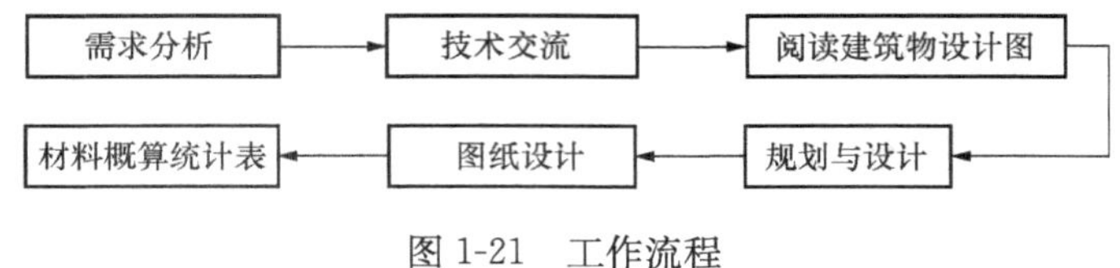

图 1-21　工作流程

（1）需求分析

需求分析是综合布线系统设计的首项重要工作，水平子系统是综合布线系统工程中最大的一个子系统，使用的材料最多，工期最长，投资最大，也直接决定每个信息点的稳定性和传输速度。主要涉及布线距离、布线路径、布线方式和材料的选择，对后续水平子系统的施工是非常重要的，也直接影响网络综合布线系统工程的质量、工期，甚至影响最终工程造价。

智能化建筑每个楼层的使用功能往往不同，甚至同一个楼层不同区域的功能也不同，有多种用途和功能，这就需要针对每个楼层，甚至每个区域进行分析和设计。例如：地下停车场、商场、餐厅、写字楼、宾馆等楼层信息点的水平子系统有非常大的区别。

需求分析首先按照楼层进行分析，分析每个楼层的设备间到信息点的布线距离、布线路径，逐步明确和确认每个工作区信息点的布线距离和路径。

（2）技术交流

在进行需求分析后，要与用户进行技术交流，这是非常必要的。由于水平子系统往往覆盖每个楼层的立面和平面，布线路径也经常与照明线路、电器设备线路、电器插座、消防线路、暖气或者空调线路有多次的交叉或者并行，不仅要与技术负责人交流，也要与项目或者行政负责人进行交流。在交流中重点了解每个信息点路径上的电路、水路、气路和电器设备的安装位置等详细信息。在交流过程中必须进行详细的书面记录，每次交流结束后要及时整理书面记录。

（3）阅读建筑物图纸

索取和认真阅读建筑物设计图纸是不能省略的程序，通过阅读建筑物图纸掌握建筑物的土建结构、强电路径、弱电路径，特别是主要电器设备和电源插座的安装位置，重点掌握在综合布线路径上的电器设备、电源插座、暗埋管线等。在阅读图纸时，进行记录或者标记，正确处理水平子系统布线与电路、水路、气路和电器设备的直接交叉或者路径冲突问题。

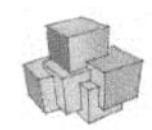

(4) 水平子系统的规划和设计

1) 水平子系统缆线的布线距离规定。按照国家标准 GB 50311—2007 的规定，水平子系统属于配线子系统中，对于缆线的长度做了统一规定，配线子系统各缆线长度应符合图1-22的划分并应符合下列要求：

a. 配线子系统信道的最大长度不应大于100m。其中水平缆线长度不大于90m，一端工作区设备连接跳线不大于5m，另一端设备间（电信间）的跳线不大于5m，如果两端的跳线之和大于10m时，水平缆线长度（90m）应适当减少，保证配线子系统信道最大长度不应大于100m。

b. 信道总长度不应大于2000m。

信道总长度包括了综合布线系统水平缆线和建筑物主干缆线及建筑群主干三部分缆线之和。

c. 建筑物或建筑群配线设备之间（FD与BD、FD与CD、BD与BD、BD与CD之间）组成的信道出现4个连接器件时，主干缆线的长度不应小于15m。

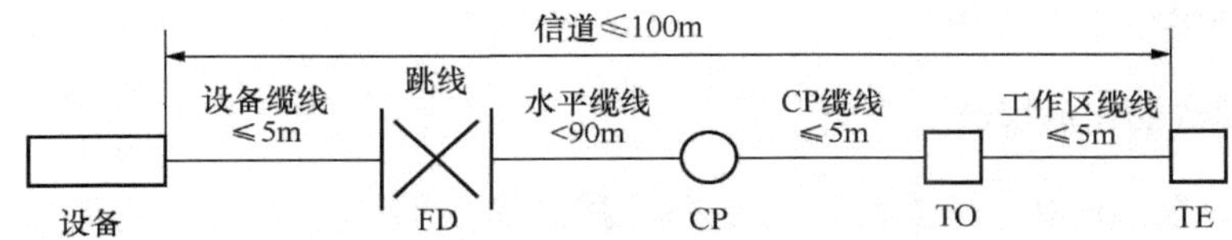

图1-22　配线子系统缆线划分

2) 开放型办公室布线系统长度的计算。对于商用建筑物或公共区域大开间的办公楼、综合楼等的场地，由于其使用对象数量的不确定性和流动性等因素，宜按开放办公室综合布线系统要求进行设计，并应符合下列规定：

采用多用户信息插座时，每一个多用户插座包括适当的备用量在内，宜能支持12个工作区所需的8位模块通用插座；各段缆线长度可按表1-4选用，也可按下式计算，即

$$C=(102-H)/1.2$$
$$W=C-5$$

式中，$C=W+D$——工作区电缆、电信间跳线和设备电缆的长度之和；

D——电信间跳线和设备电缆的总长度；

W——工作区电缆的最大长度，且$W\leqslant 22$m；

H——水平电缆的长度。

表1-4　各段缆线长度限值

电缆总长度 C/m	水平布线电缆 H/m	工作区电缆 W/m	电信间跳线和设备电缆 D/m
100	90	5	5
99	85	9	5
98	80	13	5

续表

电缆总长度 C/m	水平布线电缆 H/m	工作区电缆 W/m	电信间跳线和设备电缆 D/m
97	75	17	5
97	70	22	5

3. CP 集合点的设置

如果在水平布线系统施工中，需要增加 CP 集合点时，同一个水平电缆上只允许一个 CP 集合点，而且 CP 集合点与 FD 配线架之间水平线缆的长度应大于 15m。

CP 集合点的端接模块或者配线设备应安装在墙体或柱子等建筑物固定的位置，不允许随意放置在线槽或者线管内，更不允许暴露在外边。

CP 集合点只允许在实际布线施工中应用，规范了缆线端接做法，适合解决布线施工中个别线缆穿线困难时中间接续，实际施工中尽量避免出现 CP 集合点。在前期项目设计中不允许出现 CP 集合点。

4. 管道缆线的布放根数

在水平布线系统中，缆线必须安装在线槽或者线管内。在建筑物墙或者地面内暗设布线时，一般选择线管，不允许使用线槽。在建筑物墙明装布线时，一般选择线槽，很少使用线管。选择线槽时，建议宽高之比为 2∶1，这样布出的线槽较为美观、大方。选择线管时，建议使用满足布线根数需要的最小直径线管，这样能够降低布线成本。缆线布放在管与线槽内的管径与截面利用率，应根据不同类型的缆线做不同的选择，如表 1-5 所示。管内穿放大对数电缆或 4 芯以上光缆时，直线管路的管径利用率应为 50%～60%，弯管路的管径利用率应为 40%～50%。管内穿放 4 对对绞电缆或 4 芯光缆时，截面利用率应为 25%～35%。布放缆线在线槽内的截面利用率应为 30%～50%。常规通用线槽内布放线缆的最大条数表可以按照表 1-6 选择。

表 1-5　线管规格型号与容纳

线管类型	线管规格/mm	容纳双绞线最多条数	截面利用率/%
PVC、金属	16	2	30
PVC	20	3	30
PVC、金属	25	5	30
PVC、金属	32	7	30
PVC	40	11	30
PVC、金属	50	15	30
PVC、金属	63	23	30
PVC	80	30	30
PVC	100	40	30

表 1-6　线槽规格型号与容纳双绞线最多条数表

线槽（或桥架）类型	线槽（或桥架）规格/(mm×mm)	容纳双绞线最多条数	截面利用率/%
PVC	20×12	2	30
PVC	25×12.5	4	30
PVC	30×16	7	30
PVC	39×19	12	30
金属、PVC	50×25	18	30
金属、PVC	60×30	23	30
金属、PVC	75×50	40	30
金属、PVC	80×50	50	30
金属、PVC	100×50	60	30
金属、PVC	100×80	80	30
金属、PVC	150×75	100	30
金属、PVC	200×100	150	30

5. 布线弯曲半径要求

布线中如果不能满足最低弯曲半径要求，双绞线电缆的缠绕节距会发生变化，严重时，电缆可能会损坏，直接影响电缆的传输性能。缆线的弯曲半径（表 1-7）应符合下列规定：

1）非屏蔽 4 对对绞电缆的弯曲半径应至少为电缆外径的 4 倍。

2）屏蔽 4 对对绞电缆的弯曲半径应至少为电缆外径的 8 倍。

3）主干对绞电缆的弯曲半径应至少为电缆外径的 10 倍。

4）2 芯或 4 芯水平光缆的弯曲半径应大于 25mm。

5）光缆容许的最小曲率半径在施工时应当不小于光缆外径的 20 倍，施工完毕应当不小于光缆外径的 15 倍。其他芯数的水平光缆、主干光缆和室外光缆的弯曲半径应至少为光缆外径的 10 倍。

表 1-7　管线敷设允许的弯曲半径

缆线类型	弯曲半径 mm/倍
4 对非屏蔽电缆	不小于电缆外径的 4 倍
4 对屏蔽电缆	不小于电缆外径的 8 倍
大对数主干电缆	不小于电缆外径的 10 倍
2 芯或 4 芯室内光缆	＞25mm
其他芯数和主干室内光缆	不小于光缆外径的 10 倍
室外光缆、电缆	不小于缆线外径的 20 倍

6. 网络缆线与电力电缆的间距

在水平子系统中，经常出现综合布线电缆与电力电缆平行布线的情况，为了减少电力电缆电磁场对网络系统的影响，综合布线电缆与电力电缆接近布线时，必须保持一定的距离。国家标准 GB 50311—2007 规定的间距应符合表 1-8 的规定。①当 380V 电力电缆＜2kV・A，双方都在接地的线槽中，且平行长度≤10m 时，最小间距可为 10mm；②双方都在接地的线槽中，系指两个不同的线槽，也可在同一线槽中用金属板隔开。

表 1-8 综合布线电缆与电力电缆的间距

类别	与综合布线接近状况	最小间距/mm
380V 以下电力电缆＜2kV・A	与缆线平行敷设	130
	有一方在接地的金属线槽或钢管中	70
	双方都在接地的金属线槽或钢管中	10
380V 电力电缆 2～5kV・A	与缆线平行敷设	300
	有一方在接地的金属线槽或钢管中	150
	双方都在接地的金属线槽或钢管中	80
380V 电力电缆＞5kV・A	与缆线平行敷设	600
	有一方在接地的金属线槽或钢管中	300
	双方都在接地的金属线槽或钢管中	150

7. 缆线与电器设备的间距

综合布线电缆与附近可能产生高电平电磁干扰的电动机、电力变压器、射频应用设备等电器设备之间应保持必要的间距，为了减少电器设备电磁场对网络系统的影响，综合布线电缆与这些设备布线时，必须保持一定的距离。国家标准 GB 50311—2007 规定的综合布线系统缆线与配电箱、变电室、电梯机房、空调机房之间的最小净距宜符合表 1-9 的规定。

表 1-9 综合布线缆线与电气设备的最小净距

名称	最小净距/m	名称	最小净距/m
配电箱	1	电梯机房	2
变电室	2	空调机房	2

当墙壁电缆敷设高度超过 6000mm 时，与避雷引下线的交叉间距应按下式计算，即

$$S \geqslant 0.05L$$

式中，S——交叉间距（mm）；

L——交叉处避雷引下线距地面的高度（mm）。

8. 缆线与其他管线的间距

墙上敷设的综合布线缆线及管线与其他管线的间距应符合表 1-10 的规定。

表 1-10 综合布线缆线及管线与其他管线的间距

其他管线	平行净距/mm	垂直交叉净距/mm
避雷引下线	1000	300
保护地线	50	20
给水管	150	20
压缩空气管	150	20
热力管（不包封）	500	500
热力管（包封）	300	300
煤气管	300	20

9. 其他电气防护和接地

1）综合布线系统应根据环境条件选用相应的缆线和配线设备，或采取防护措施，并应符合下列规定：

① 当综合布线区域内存在的电磁干扰场强低于 3V/m 时，宜采用非屏蔽电缆和非屏蔽配线设备。

② 当综合布线区域内存在的电磁干扰场强高于 3V/m 时，或用户对电磁兼容性有较高要求时，可采用屏蔽布线系统和光缆布线系统。

③ 当综合布线路由上存在干扰源，且不能满足最小净距要求时，宜采用金属管线进行屏蔽，或采用屏蔽布线系统及光缆布线系统。

2）在电信间、设备间及进线间应设置楼层或局部等电位接地端子板。

3）综合布线系统应采用共用接地的接地系统，如单独设置接地体时，接地电阻不应大于 4Ω。如布线系统的接地系统中存在两个不同的接地体时，其接地电位差不应大于 1Vr・m・s。

4）楼层安装的各个配线柜（架、箱）应采用适当截面的绝缘铜导线单独布线至就近的等电位接地装置，也可采用竖井内等电位接地铜排引到建筑物共用接地装置，铜导线的截面应符合设计要求。

5）缆线在雷电防护区交界处，屏蔽电缆屏蔽层的两端应做等电位连接并接地。

6）综合布线的电缆采用金属线槽或钢管敷设时，线槽或钢管应保持连续的电气连接，并应有不少于两点的良好接地。

7）当缆线从建筑物外面进入建筑物时，电缆和光缆的金属护套或金属件应在入口处就近与等电位接地端子板连接。

8）当电缆从建筑物外面进入建筑物时，GB 50311—2007 规定应选用适配的信号

线路浪涌保护器，信号线路浪涌保护器应符合设计要求。

10. 缆线的选择原则

(1) 系统应用

1) 同一布线信道及链路的缆线和连接器件应保持系统等级与阻抗的一致性。

2) 综合布线系统工程的产品类别及链路、信道等级确定应综合考虑建筑物的功能、应用网络、业务终端类型、业务的需求及发展、性能价格、现场安装条件等因素，应符合表 1-11 要求。

表 1-11　布线系统等级与类别的选用

业务种类	配线子系统		干线子系统		建筑群子系统	
	等级	类别	等级	类别	等级	类别
语音	D/E	5e/6	C	3（大对数）	C	3（室外大对数）
数据	D/E/F	5e/6/7	D/E/F	5e/6/7（4 对）		
	光纤（多模或单模）	62.5μm 多模/50μm 多模/＜10μm 单模	光纤	62.5μm 多模/50μm 多模/＜10μm 单模	光纤	62.5μm 多模/50μm 多模/＜1μm 单模
其他应用	可采用 5e/6 类 4 对对绞电缆和 62.5μm 多模/50μm 多模/＜10μm 多模、单模光缆					

3) 综合布线系统光纤信道应采用标称波长为 850nm 和 1300nm 的多模光纤及标称波长为 1310nm 和 1550nm 的单模光纤。

4) 单模和多模光缆的选用应符合网络的构成方式、业务的互通互连方式及光纤在网络中的应用传输距离。楼内宜采用多模光缆，建筑物之间宜采用多模或单模光缆，需直接与电信业务经营者相连时宜采用单模光缆。

5) 为保证传输质量，配线设备连接的跳线宜选用产业化制造的各类跳线，在电话应用时宜选用双芯对绞电缆。

6) 工作区信息点为电端口时，应采用 8 位模块通用插座（RJ45），光端口宜采用 SFF 小型光纤连接器件及适配器。

7) FD、BD、CD 配线设备应采用 8 位模块通用插座或卡接式配线模块（多对、25 对及回线型卡接模块）和光纤连接器件及光纤适配器（单工或双工的 ST、SC 或 SFF 光纤连接器件及适配器）。

8) CP 集合点安装的连接器件应选用卡接式配线模块或 8 位模块通用插座或各类光纤连接器件和适配器。

(2) 屏蔽布线系统

1) 综合布线区域内存在的电磁干扰场强高于 3V/m 时，宜采用屏蔽布线系统进行防护。

2) 用户对电磁兼容性有较高的要求（电磁干扰和防信息泄漏）时，或网络安全保密的需要，宜采用屏蔽布线系统。

3) 采用非屏蔽布线系统无法满足安装现场条件对缆线的间距要求时，宜采用屏蔽

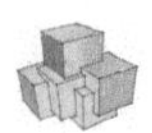

布线系统。

4）屏蔽布线系统采用的电缆、连接器件、跳线、设备电缆都应是屏蔽的，并应保持屏蔽层的连续性。

11. 缆线的暗埋设计

水平子系统缆线的路径，在新建筑物设计时宜采取暗埋管线。暗管的转弯角度应大于90°，在路径上每根暗管的转弯角度不得多于2个，并不应有S弯出现，有弯头的管段长度超过20m时，应设置管线过线盒装置；在有2个弯时，不超过15m应设置过线盒。设置在墙面的信息点布线路径宜使用暗埋钢管或PVC管，对于信息点较少的区域管线可以直接铺设到楼层的设备间机柜内，对于信息点比较多的区域先将每个信息点管线分别铺设到楼道或者吊顶上，然后集中进入楼道或者吊顶上安装的线槽或者桥架。新建公共建筑物墙面暗埋管的路径一般有两种做法，第一种做法是从墙面插座向上垂直埋管到横梁，然后在横梁内埋管到楼道本层墙面出口，如图1-23所示。第二种做法是从墙面插座向下垂直埋管到横梁，然后在横梁内埋管到楼道下层墙面出口，如图1-24所示。

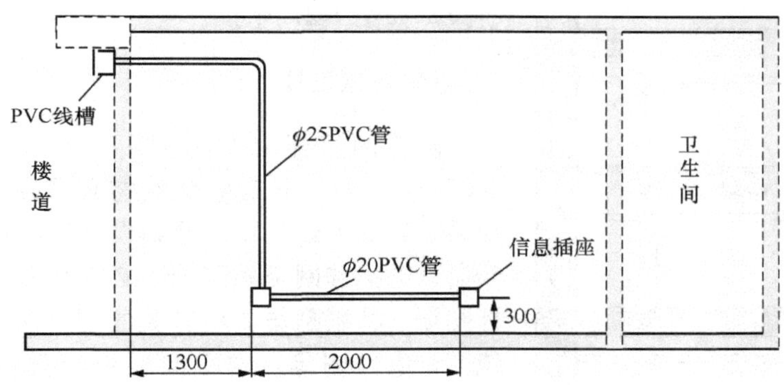

图1-23　同层水平子系统暗埋管（单位：mm，下同）

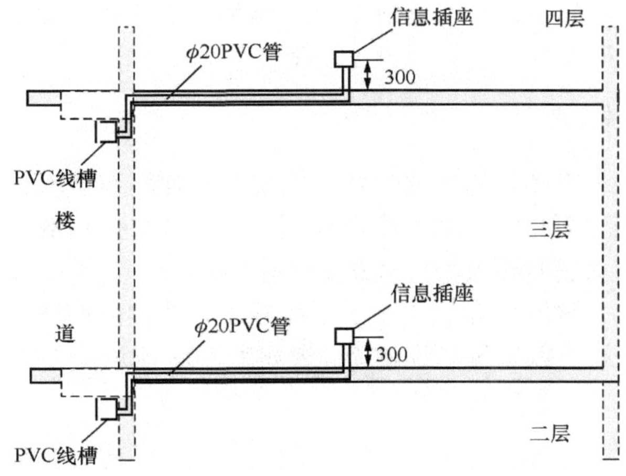

图1-24　不同层水平子系统暗埋管

12. 缆线的明装设计

住宅楼、老式办公楼、厂房进行改造或者需要增加网络布线系统时，一般采取明装布线方式（图 1-25）。学生公寓、教学楼、实验楼等信息点比较密集的建筑物一般也采取隔墙暗埋管线，楼道明装线槽或者桥架的方式（工程上也称暗管明槽方式）。住宅楼增加网络布线常见的做法是，将机柜安装在每个单元的中间楼层，然后沿墙面安装 PVC 线管或者线槽到每户入户门上方的墙面固定插座。使用线槽外观美观，施工方便，但是安全性比较差，使用线管安全性比较好。

楼道明装布线时，宜选择 PVC 塑料线槽，线槽盖板边缘最好是直角，特别在北方地区不宜选择斜角盖板，斜角盖板容易落灰，影响美观。采取暗管明槽方式布线时，每个暗埋管在楼道的出口高度必须相同，这样暗管与明装线槽直接连接，布线方便和美观，如图 1-26 所示。

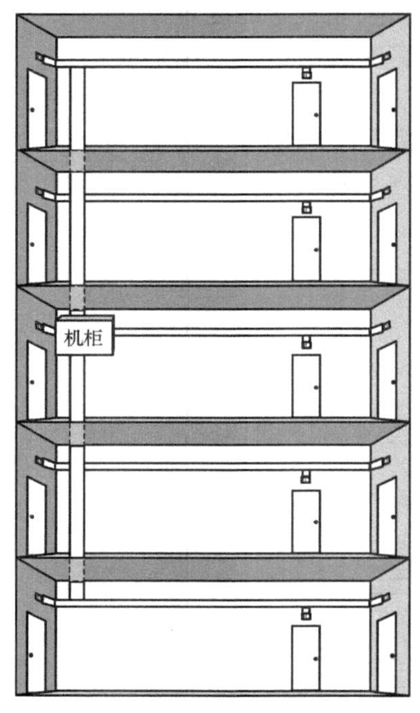

图 1-25　住宅楼水平子系统铺设线槽（明装设计）

楼道采取金属桥架时，桥架应该紧靠墙面，高度低于墙面暗埋管口，直接将墙面出来的线缆引入桥架。如图 1-27 所示。

13. 图纸设计

随着国家标准 GB 50311—2007 的正式实施，2007 年 10 月 1 日起新建筑物必须设计网络综合布线系统，因此建筑物的原始设计图纸中有完整的初步设计方案和网络系统图。必须认真研究和读懂设计图纸，特别是与弱电有关的网络系统图、通信系统图、电气图等，虚心向项目经理或者设计院咨询。如果土建工程已经开始或者封顶时，必须到现场实际勘测，并且与设计图纸对比。新建建筑物的水平管线宜暗埋在建筑物的墙面，一般使用金属或者 PVC 管。

14. 材料概算和统计表

对于水平子系统材料的计算，我们首先确定施工使用布线材料类型，列出一个简单的统计表，统计表主要是针对某个项目分别列出了各层使用的材料的名称，对数量进行统计，避免计算材料时漏项，从而方便材料的核算。

例如，某六层办公楼网络布线水平子系统施工，线槽明装铺设。水平布线主要材料有：线槽、线槽配件、线缆等。具体统计表如表 1-12 所示。

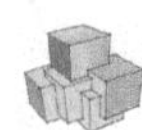

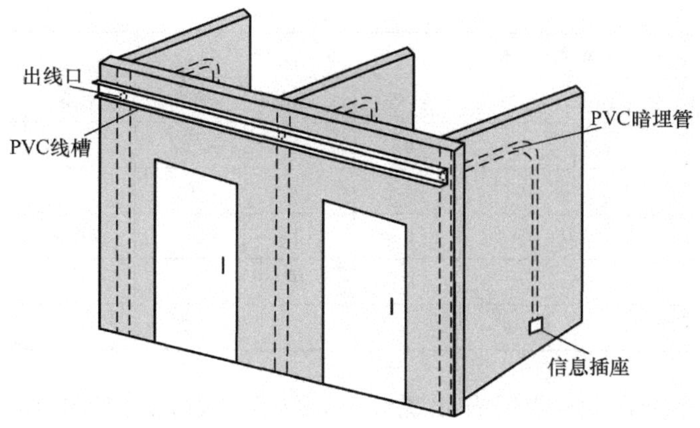

图 1-26　楼道内铺设明装 PVC 线槽图

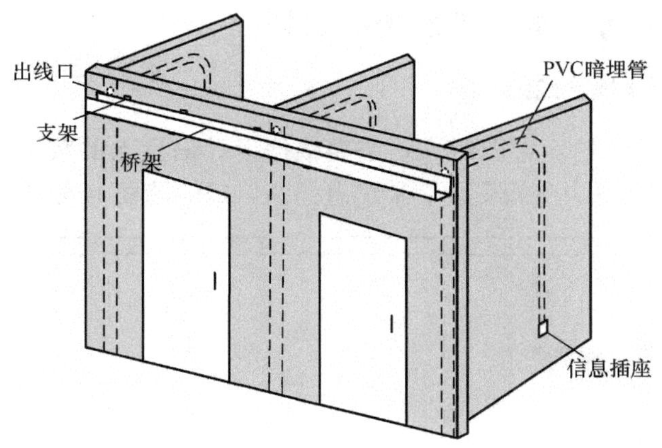

图 1-27　楼道安装桥架布线

表 1-12　一层网络信息点材料统计表

材料 信息点	4-UTP 双绞线/m	PVC 线槽/(m×m)		20×10/个			60×22/个		
		20×10	60×22	阴角	阳角	直角	阴角	阳角	堵头
101-1	64	4	60	1	0	0	0	0	1
101-2	60	4	0	0	0	1	0	0	0
102-1	60	0	0	0	0	0	0	0	0
102-2	56	4	0	0	1	0	0	0	0
103	52	4	0	0	0	1	2	2	0
104	48	4	0	1	0	0	0	0	0
105	44	4	0	1	0	0	0	0	0
106-1	44	0	0	0	0	0	0	0	0
106-2	40	4	0	1	1	0	0	0	0

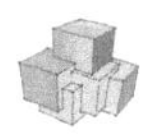

续表

材料信息点	4-UTP双绞线/m	PVC线槽/(m×m)		20×10/个			60×22/个		
		20×10	60×22	阴角	阳角	直角	阴角	阳角	堵头
107	36	4	0	0	0	1	2	2	0
108	32	4	0	1	0	0	0	0	0
109	28	4	0	0	0	1	0	0	0
110	24	4	0	0	0	1	0	0	0
合计	588	44	60	5	2	5	4	4	1

根据上表逐个列出 2～6 层布线统计表，然后进行总计计算出整栋楼水平布线数量。

1.3.2 案例解析：水平子系统的设计

实例 1.7 墙面暗埋管线施工图

在设计水平子系统的埋管图时，一定要根据设计信息点的数量，从而确定埋管规格，如图 1-28 所示。每个房间安装 2 个信息插座，每侧墙面上安装 2 个信息插座。

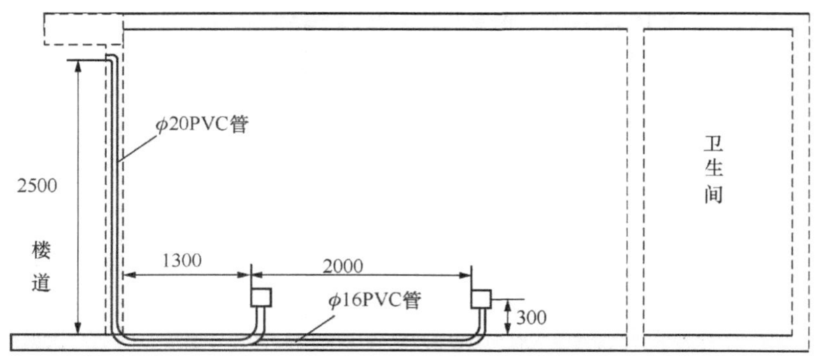

图 1-28 墙面暗埋管线施工图

注意：预埋在墙体中间暗管的最大管外径不宜超过 50mm，楼板中暗管的最大管外径不宜超过 25mm，室外管道进入建筑物的最大管外径不宜超过 100mm。

实例 1.8 墙面明装线槽施工图

水平子系统明装线槽安装时要保持线槽的水平，必须确定统一的高度（图 1-29）。

实例 1.9 地面线槽铺设施工图

地面线槽铺设就是从楼层管理间引出的线缆走地面线槽到地面出线盒或由分线盒引出的支管到墙上的信息出口，如图 1-30 所示。由于地面出线盒或分线盒不依赖于墙或柱体直接走地面垫层，因此这种布线方式适用于大开间或需要隔断的场合。

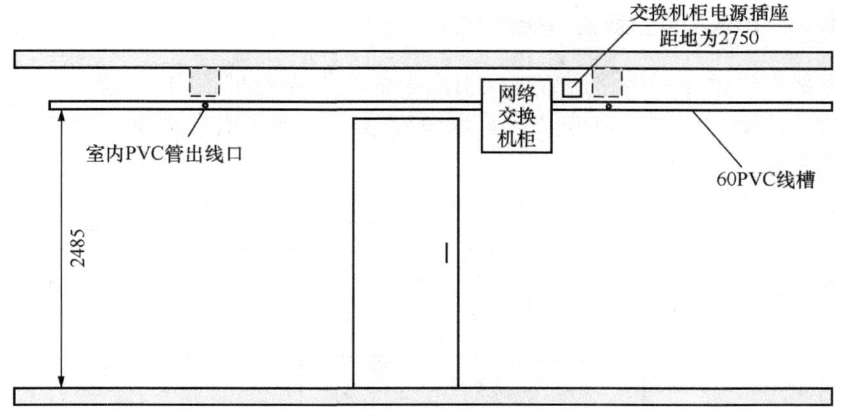

图 1-29　墙面明装线槽施工图

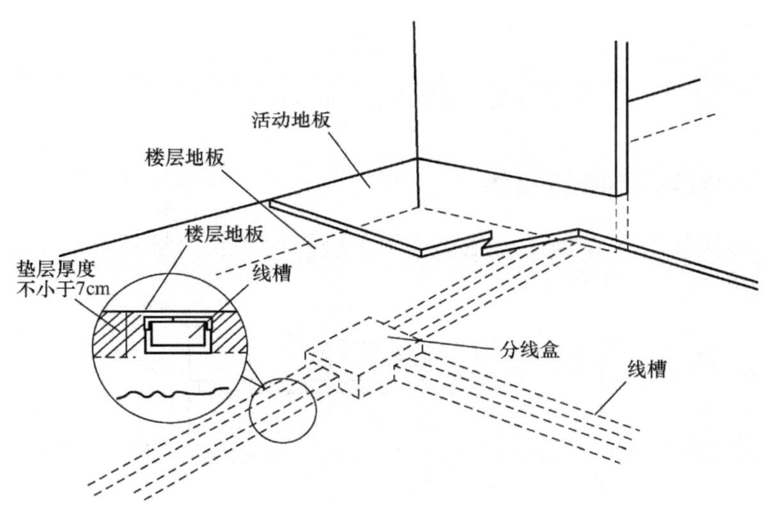

图 1-30　地面线槽铺设

在地面线槽铺设布线方式中，把长方形的线槽打在地面垫层中，每隔 4～8cm 设置一个过线盒或出线盒，直到信息出口的接线盒。分线盒与过线盒有两槽和三槽两类，均为正方形，每面可接两根或三根地面线槽，这样分线盒与过线盒能起到将 2～3 路分支线缆汇成一个主路的功能或起到 90°转弯的功能。

要注意的是，地面线槽布线方式不适合于楼板较薄或楼板为石质地面或楼层中信息点特别多的场合。一般来说，地面线槽布线方式的造价比吊顶内线槽布线方式要贵 3～5倍，目前主要应用在资金充裕的金融业或高档会议室等建筑物中。

注意：在活动地板下敷设缆线时，地板内净空应为 150～300mm。若空调采用下送风方式则地板内净高应为 300～500mm。

实例 1.10　吊顶上架空线槽布线施工图

吊顶上架空线槽布线由楼层管理间引出来的线缆先走吊顶内的线槽，到各房间后，经分支线槽从槽梁式电缆管道分叉后将电缆穿过一段支管引向墙壁，沿墙而下到房内信息插座的布线方式，如图 1-31 所示。

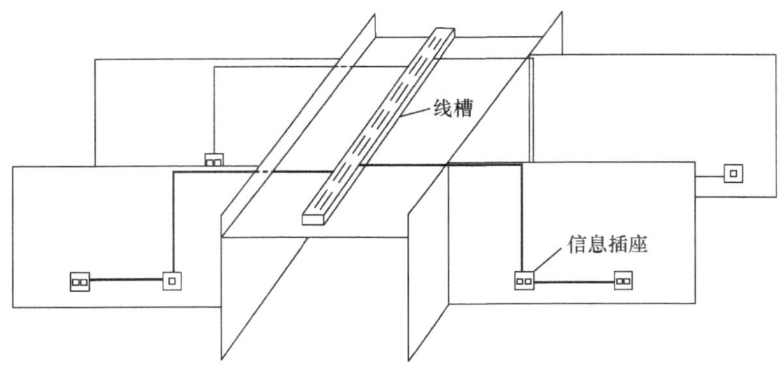

图 1-31　吊顶内线槽布线施工图

实例 1.11　楼道桥架布线示意图

楼道桥架布线如图 1-32 所示，主要应用于楼间距离较短且要求采用架空的方式布放干线线缆的场合。

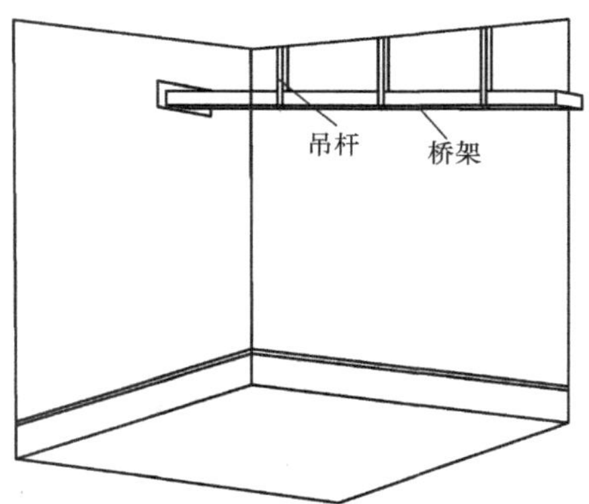

图 1-32　楼道桥架布线示意图

1.3.3　巩固训练

1. 制作学校网络中心机房布线设计图及材料预算表。
2. 学校学生机房布线规划与设计。

任务1.4　管理间子系统的设计

【教学目标】

1. 理解管理间作用；
2. 理解管理间电源要求；
3. 理解管理局按物理环境要求。

【技能要求】

1. 能准确选择管理间物理位置；
2. 能根据水平系统设计方案确定管理间所需设备类型清单；
3. 能制作管理间设计图。

【任务分析】

通过现场勘查，用户技术交流，查阅建筑图纸，分析用户需求，完成管理间子系统设计方案，对管理间的位置、数量、编号，并制作管理间设计图。

【流程图】

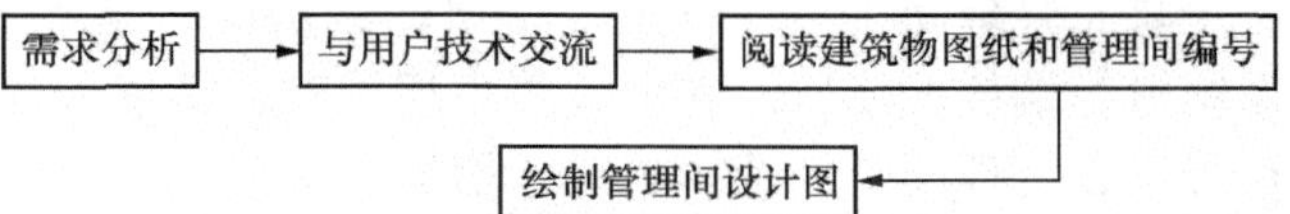

1.4.1　相关知识：管理间子系统的基本概念与设计原则

1. 管理间子系统的基本概念

管理间子系统（administration subsystem）由交连、互联和I/O组成。管理间为连接其它子系统提供手段，它是连接垂直干线子系统和水平干线子系统的设备，其主要设备是配线架、交换机、机柜和电源。管理间子系统如图1-33所示。

在综合布线系统中，管理间子系统包括了楼层配线间、二级交接间、建筑物设备间的线缆、配线架及相关接插跳线等组成。通过综合布线系统的管理间子系统，可以直接管理整个应用系统终端设备，从而实现综合布线的灵活性、开放性和扩展性。

2. 管理间子系统的划分原则

管理间（电信间）主要为楼层安装配线设备（为机柜、机架、机箱等安装方式）和楼层计算机网络设备（HUB或SW）的场地，并可考虑在该场地设置缆线竖井等电位接地体、电源插座、UPS配电箱等设施。在场地面积满足的情况下，也可设置建筑物安防、消防、建筑设备监控系统、无线信号等系统的布缆线槽和功能模块的安装。如果综合布线系统与弱电系统设备合设于同一场地，从建筑的角度出发，一般也称为

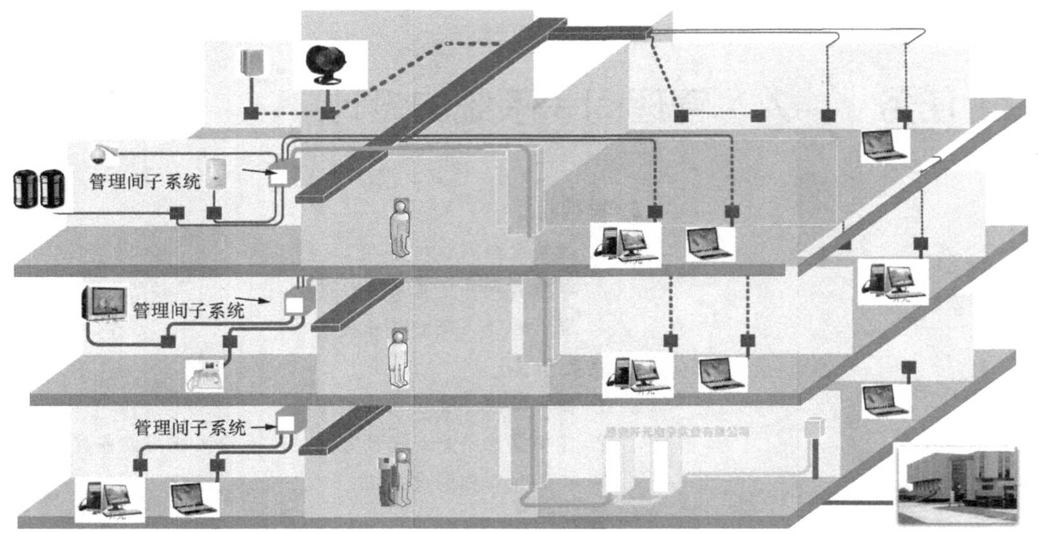

图 1-33　管理间子系统示意图

弱电间。现在，许多大楼在综合布线时都考虑在每一楼层都设立一个管理间，用来管理该层的信息点，改变了以住几层共享一个管理间子系统的做法，这也是综合布线的发展趋势。管理间子系统设置在楼层配线房间，是水平系统电缆端接的场所，也是主干系统电缆端接的场所。它由大楼主配线架、楼层分配线架、跳线、转换插座等组成。用户可以在管理间子系统中更改、增加、交接、扩展缆线，从而改变缆线路由。

管理间子系统中以配线架为主要设备，配线设备可直接安装在 19in（in＝0.0254m）机架或者机柜上。

管理间房间面积的大小一般根据信息点多少安排和确定，如果信息点多，就应该考虑一个单独的房间来放置，如果信息点很少时，也可采取在墙面安装机柜的方式。

3. 管理间子系统的设计原则

（1）设计步骤

管理间子系统一般根据楼层信息点的总数量和分布密度情况设计，首先按照各个工作区子系统需求，确定每个楼层工作区信息点总数量，然后确定水平子系统缆线长度，最后确定管理间的位置，完成管理间子系统设计。

（2）需求分析

管理间的需求分析围绕单个楼层或者附近楼层的信息点数量和布线距离进行，各个楼层的管理间最好安装在同一个位置，也可以考虑功能不同的楼层安装在不同的位置。根据点数统计表分析每个楼层的信息点总数，然后估算每个信息点的缆线长度，特别注意最远信息点的缆线长度，列出最远和最近信息点缆线的长度，宜把管理间布置在信息点的中间位置，同时保证各个信息点双绞线的长度不要超过 90m。

（3）技术交流

在进行需求分析后，要与用户进行技术交流，不仅要与技术负责人交流，也要与

项目或者行政负责人进行交流，进一步充分和广泛的了解用户的需求，特别是未来的扩展需求。在交流中重点了解规划的管理间子系统附近的电源插座、电力电缆、电器管理等情况。在交流过程中必须进行详细的书面记录，每次交流结束后要及时整理书面记录，这些书面记录是初步设计的依据。

(4) 阅读建筑物图纸和管理间编号

在管理间位置的确定前，索取和认真阅读建筑物设计图纸是必要的，通过阅读建筑物图纸掌握建筑物的土建结构、强电路径、弱电路径，特别是主要电器管理和电源插座的安装位置，重点掌握管理间附近的电器管理、电源插座、暗埋管线等。

管理间的命名和编号也是非常重要的一项工作，也直接涉及每条缆线的命名，因此管理间命名首先必须准确表达清楚该管理间的位置或者用途，这个名称从项目设计开始到竣工验收及后续维护必须保持一致。如果出现项目投入使用后用户改变名称或者编号时，必须及时制作名称变更对应表，作为竣工资料保存。

管理间子系统使用色标来区分配线设备的性质，标明端接区域、物理位置、编号、容量、规格等，以便维护人员在现场一目了然地加以识别。综合布线使用三种标记：电缆标记、场标记和插入标记。电缆和光缆的两端应采用不易脱落和磨损的不干胶条标明相同的编号。

管理间子系统的标识编制，应按下列原则进行：

1）规模较大的综合布线系统应采用计算机进行标识管理，简单的综合布线系统应按图纸资料进行管理，并应做到记录准确、及时更新、便于查阅。

2）综合布线系统的每条电缆、光缆、配线设备、端接点、安装通道和安装空间均应给定唯一的标志。标志中可包括名称、颜色、编号、字符串或其他组合。

3）配线设备、线缆、信息插座等硬件均应设置不易脱落和磨损的标识，并应有详细的书面记录和图纸资料。

4）同一条缆线或者永久链路的两端编号必须相同。

5）设备间、交接间的配线设备宜采用统一的色标区别各类用途的配线区。

(5) 管理间设计原则

1）管理间数量的确定。每个楼层一般宜至少设置 1 个管理间（电信间）。如果特殊情况下，每层信息点数量较少，且水平缆线长度不大于 90m 情况下，宜几个楼层合设一个管理间。

管理间数量的设置宜按照以下原则：如果该层信息点数量不大于 400 个，水平缆线长度在 90m 范围以内，宜设置一个管理间，当超出这个范围时宜设两个或多个管理间。在实际工程应中，为了方便管理和保证网络传输速度或者节约布线成本，如学生公寓，信息点密集，使用时间集中，楼道很长，也可以按照 100～200 个信息点设置一个管理间，将管理间机柜明装在楼道。

2）管理间面积。GB 50311—2007 中规定管理间的使用面积不应小于 $5m^2$，也可根据工程中配线管理和网络管理的容量进行调整。一般新建楼房都有专门的垂直竖井，楼层的管理间基本都设计在建筑物竖井内，面积在 $3m^2$ 左右。在一般小型网络综合布线系统工程中管理间也可能只是一个网络机柜。一般旧楼增加网络综合布线系统时，可以将管理间选择在楼道中间位置的办公室，也可以采取壁挂式机柜直接明装在楼道，作为楼层管理间。管理间安装落地式机柜时，机柜前面的净空不应小于 800mm，后面的净空不应小于 600mm，方便施工和维修。安装壁挂式机柜时，一般在楼道安装高度不小于 1.8m。

3）管理间电源要求。管理间应提供不少于两个 220V 带保护接地的单相电源插座。管理间如果安装电信管理或其它信息网络管理时，管理供电应符合相应的设计要求。

4）管理间门要求管理间应采用外开丙级防火门，门宽大于 0.7m。

5）管理间环境要求。管理间内温度应为 10～35℃，相对湿度宜为 20%～80%。一般应该考虑网络交换机等设备发热对管理间温度的影响，在夏季必须保持管理间温度不超过 35℃。

（6）管理子系统连接器件

管理子系统的管理器件根据综合布线所用介质类型分为两大类管理器件，即铜缆管理器件和光纤管理器件。这些管理器件用于配线间和设备间的缆线端接，以构成一个完整的综合布线系统。

1）铜缆管理器件。铜缆管理器件（图 1-34）主要有配线架、机柜及线缆相关管理附件。配线架主要有 110 系列配线架和 RJ45 模块化配线架两类。110 系列配线架可用于电话语音系统和网络综合布线系统，RJ45 模块化配线架主要用于网络综合布线系统。

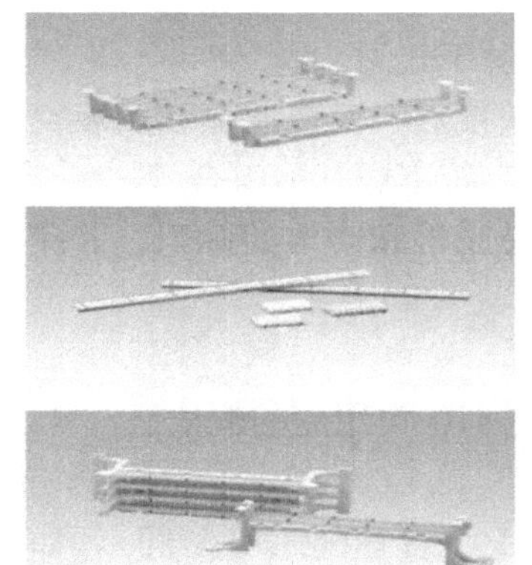
(a) 110配线架及附件

(b) 6类集成非集成配线架

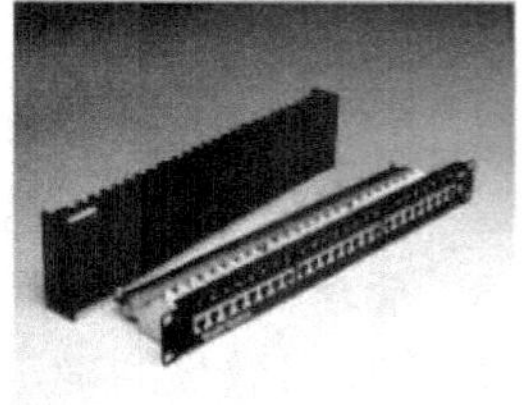
(c) 超5类集成非集成配线架

图 1-34　铜缆管理器件

2）光纤管理器件。光纤管理器件根据光缆布线场合要求分为两类，即光纤配线架和光纤接线箱。光纤配线架适合于规模较小的光纤互连场合，如图 1-35 所示，而光纤接线箱适合于光纤互连较密集的场合，如图 1-36 所示。光纤配线架又分为机架式光纤配线架和墙装式光纤配线架两种，机架式光纤配线架宽度为 19 英寸（1 英寸≈0.025 米），可直接安装于标准的机柜内，墙装式光纤配线架体积较小，适合于安装在楼道内（图 1-37）。

图 1-35　光纤配线盒

图 1-36　墙挂式光纤配线盒

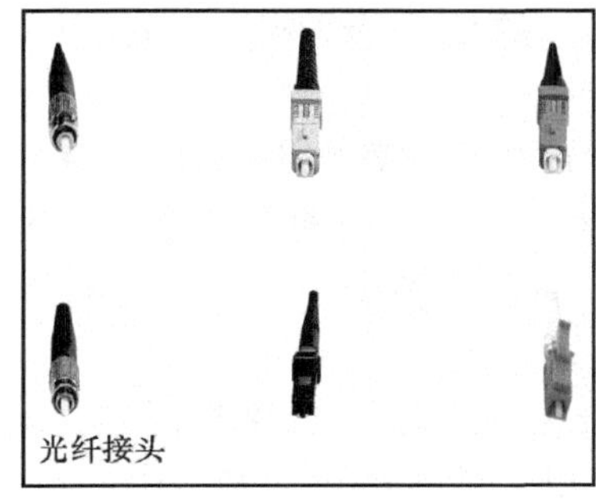

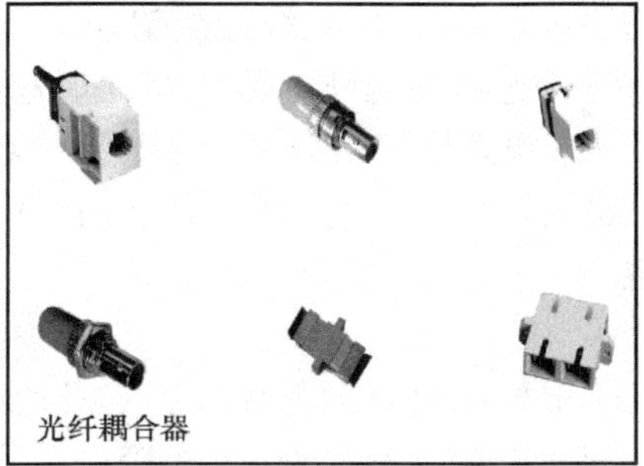

图 1-37　光纤连接器件

(7) 铜缆布线管理子系统设计

铜线布线系统的管理子系统主要采用 110 配线架或 BIX 配线架作为语音系统的管理器件，采用模块数据配线架作为计算机网络系统的管理器件。下面通过举例说明管理子系统的设计过程。

例 1.1：已知某一建筑物的某一个楼层有计算机网络信息点 100 个，语音点有 50 个，请计算出楼层配线间所需要使用 IBDN 的 BIX 安装架的型号及数量，以及 BIX 条的个数。

提示：IBDN BIX 安装架的规格有：50 对、250 对、300 对。常用的 BIX 条是 1A4，可连接 25 对线。

解答：根据题目得知总信息点为 150 个。①总的水平线缆总线对数＝150×4＝600 对。②配线间需要的 BIX 安装架应为 2 个 300 对的 BIX 安装架。③BIX 安装架所需的 1A4 的 BIX 条数量＝600/25＝24（条）。

例 1.2：已知某幢建筑物的计算机网络信息点数为 200 个且全部汇接到设备间，那么在设备间中应安装何种规格的 IBDN 模块化数据配线架？数量多少？

提示：常用的模块化数据配线架规格有 24 口和 48 口两种。

解答：根据题目已知汇接到设备间的总信息点为 200 个，因此设备间的模块化数据配线架应提供不少于 200 个 RJ45 接口。如果选用 24 口的模块化数据配线架，则设

备间需要的配线架个数应为 9 个（200/24＝8.3，向上取整应为 9 个）。

（8）光缆布线管理子系统设计

光缆布线管理子系统主要采用光纤配线箱和光纤配线架作为光缆管理器件。下面通过实例说明光缆布线管理子系统的设计过程。

例 1.3：已知某建筑物其中一楼层采用光纤到桌面的布线方案，该楼层共有 40 个光纤点，每个光纤信息点均布设一根室内 2 芯多模光纤至建筑物的设备间，请问设备间的机柜内应选用何种规格的 IBDN 光纤配线架？数量多少？需要订购多少个光纤耦合器？

提示：IBDN 光纤配线架的规格为 12 口、24 口、48 口。

解答：根据题目得知共有 40 个光纤信息点，由于每个光纤信息点需要连接一根双芯光纤，因此设备间配备的光纤配线架应提供不少于 80 个接口，考虑网络以后的扩展，可以选用 3 个 24 口的光纤配线架和 1 个 12 口的光纤配线架。光纤配线架配备的耦合器数量与需要连接的光纤芯数相等，即为 80 个。

例 1.4：已知某校园网分为三个片区，各片区机房需要布设一根 24 芯的单模光纤至网络中心机房，以构成校园网的光纤骨干网络。网管中心机房为管理好这些光缆应配备何种规格的光纤配线架？数量多少？光纤耦合器多少个？需要订购多少根光纤跳线？

解答：①根据题目得知各片区的三根光纤合在一起总共有 72 根纤芯，因此网管中心的光纤配线架应提供不少于 72 个接口。②由以上接口数可知网管中心应配备 24 口的光纤配线架 3 个。③光纤配线架配备的耦合器数量与需要连接的光纤芯数相等，即为 72 个。④光纤跳线用于连接光纤配线架耦合器与交换机光纤接口，因此光纤跳线数量与耦合器数量相等，即为 72 根。

1.4.2 案例解析：管理间子系统的设计

实例 1.12 建筑物竖井内安装方式

近年来，随着网络的发展和普及，在新建的建筑物中每层都考虑到管理间，并给网络等留有弱电竖井，便于安装网络机柜等管理设备。如图 1-38 所示在竖井管理间中安装网络机柜。这样方便设备的统一维修和管理。

实例 1.13 建筑物楼道明装方式

在学校宿舍信息点比较集中、数量相对多的情况下，我们考虑将网络机柜安装在楼道的两侧，如图 1-39 所示。这样可以减少水平布线的距离，同时也方便网络布线施工的进行。图 1-39 楼道明装网络机柜示意图。

实例 1.14 建筑物楼道半嵌墙安装方式

在特殊情况下，需要将管理间机柜半嵌墙安装，机柜露在外的部分主要是便于设备的散热。这样的机柜需要单独设计、制作。具体安装如图 1-40 所示。

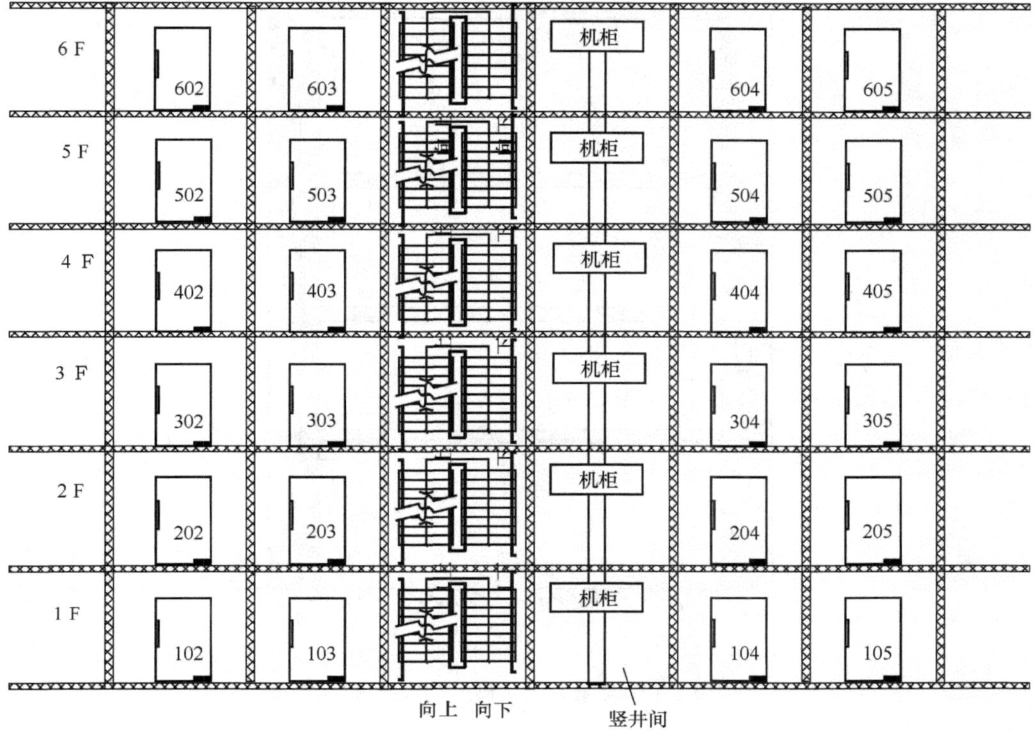

图 1-38　建筑物竖井间安装网络机柜示意图

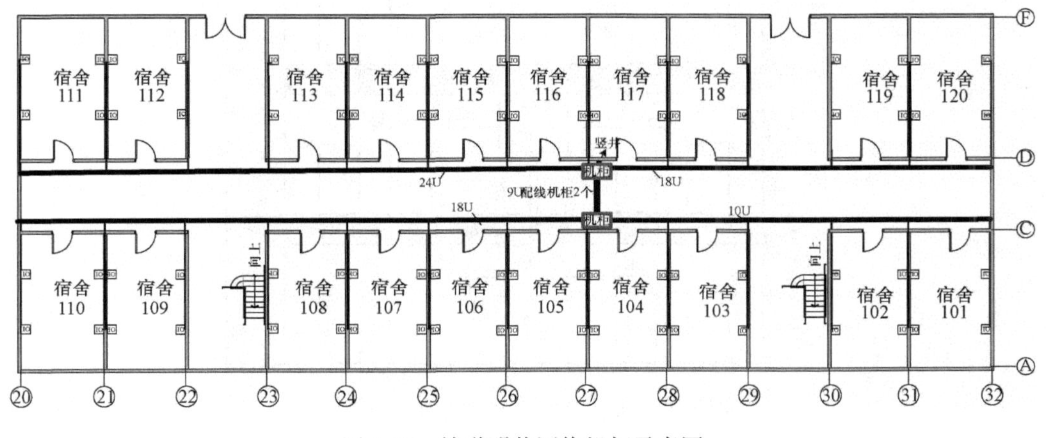

图 1-39　楼道明装网络机柜示意图

实例 1.15　住宅楼改造增加综合布线系统

在已有住宅楼中需要增加网络综合布线系统时，一般每个住户考虑 1 个信息点，这样每个单元的信息点数量比较少，一般将一个单元作为一个管理间，往往把网络管理间机柜设计安装在该单元的中间楼层，如图 1-41 所示。

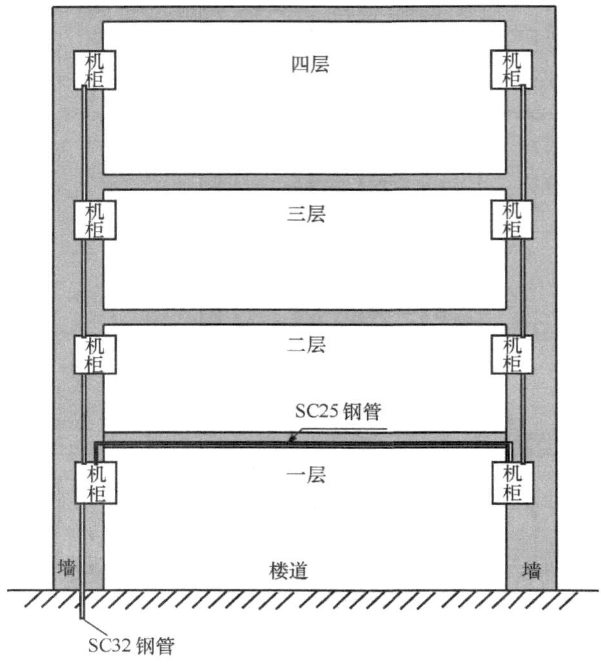

图 1-40　半嵌墙安装网络机柜示意图

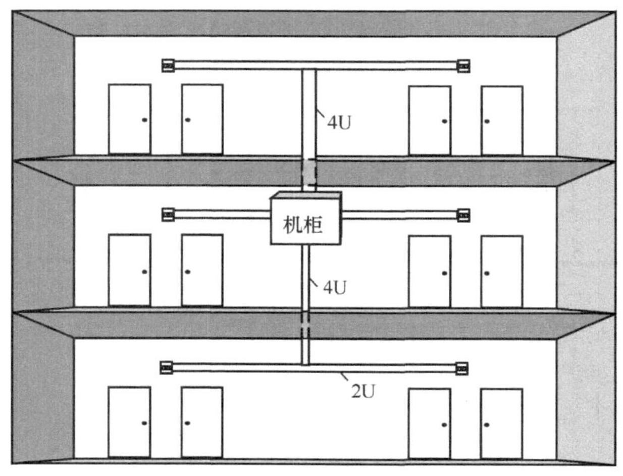

图 1-41　旧住宅楼安装网络机柜示意图

1.4.3　巩固训练

1. 调查学校相关管理间设备清单及品牌有哪些?
2. 绘制学校相关管理间设计图。

任务1.5　垂直干线子系统的设计

【教学目标】

1. 理解线缆光缆类型用途等；
2. 描述干线施工方式；
3. 理解线缆容量计算方法。

【技能要求】

1. 能确定干线线缆类型及对数；
2. 能根据标准确定线缆容量；
3. 能制作干线设计图。

【任务分析】

通过现场勘查，用户技术交流，查阅建筑图纸，分析用户需求，完成垂直子系统设计方案，并制作垂直干线子系统设计图。

【流程图】

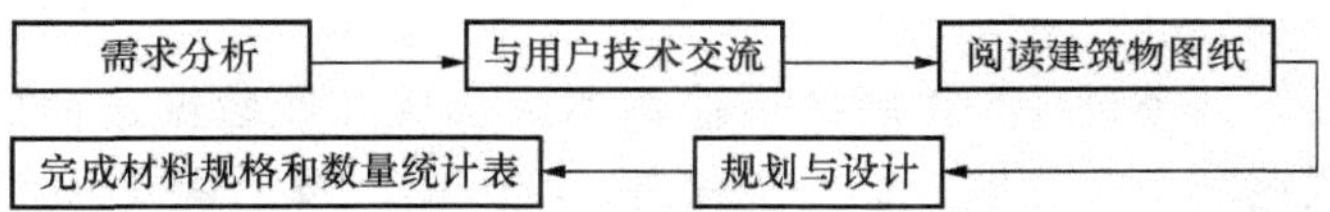

1.5.1　相关知识：垂直干线子系统的基本概念与设计原则

1. 垂直干线子系统的基本概念

垂直干线子系统（图1-42）是综合布系统中非常关键的组成部分，它由设备间子系统与管理间子系统的引入口之间的布线组成，采用大对数电缆或光缆。两端分别连接在设备间和楼层配线间的配线架上。它是建筑物内综合布线的主馈缆线，是楼层配线间与设备间之间垂直布放（或空间较大的单层建筑物的水平布线）缆线的统称。

垂直干线子系统包括：

1）供各条干线接线间之间的电缆走线用的竖向或横向通道。

2）主设备间与计算机中心间的电缆。垂直干线子系统的任务是通过建筑物内部的传输电缆，把各个服务接线间的信号传送到设备间，直到传送到最终接口，再通往外部网络。垂直干线子系统的结构是一个星型结构。

2. 垂直干线子系统主要器材

（1）大对数双绞线

1）大对数双绞线的组成。大对数双绞线是由25对具有绝缘保护层的铜导线组成的。它有3类25对大对数双绞线，5类25对大对数双绞线，为用户提供更多的可用线

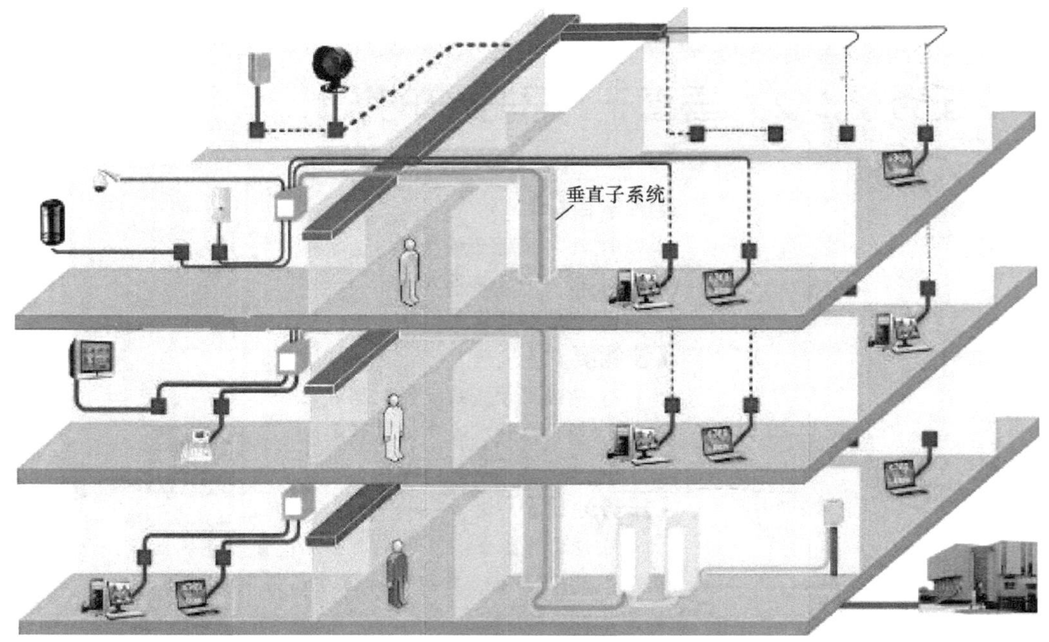

图 1-42　垂直干线子系统示意图

对，并被设计为扩展的传输距离上实现高速数据通信应用，传输速度为 100MHz。导线色彩由蓝、橙、棕、灰和白、红、黑、黄、紫编码组成。

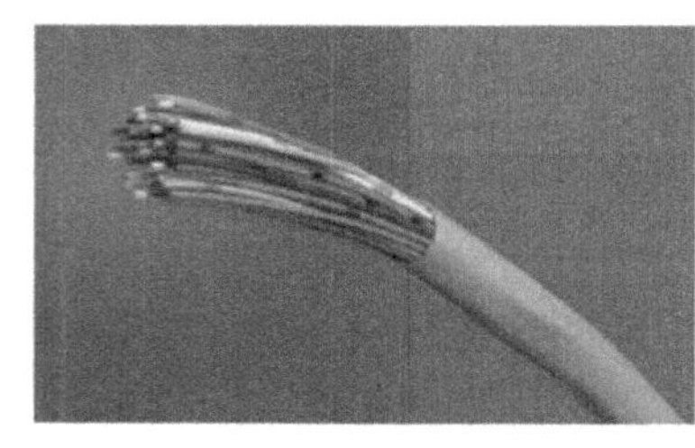

图 1-43　大对数线

2）大对数线品种。大对数线品种分为屏蔽大对数线和非屏蔽大对数线，如图 1-43 所示。

（2）光缆

光导纤维是一种传输光束的细而柔韧的媒质。光导纤维电缆由一捆纤维组成，简称为光缆，如图 1-44 所示。光缆是数据传输中最有效的一种传输介质，本节介绍光纤的结构、光纤的种类、光纤通信系统的简述和基本构成。光纤通常是由石英玻璃制成，其横截面积很小的双层同心圆柱体，也称为纤芯，它质地脆，易断裂，由于这一缺点，需要外加一保护层，其结构如图 1-44 所示。

3. 垂直子系统的设计原则

（1）设计步骤

垂直子系统设计的步骤一般为，首先进行需求分析，与用户进行充分的技术交流和了解建筑物用途，然后要认真阅读建筑物设计图纸，确定管理间位置和信息点数量，其次进行初步规划和设计，确定每条垂直系统布线路径，最后进行确定布线材料规格和数量，列出材料规格和数量统计表。一般工作流程如图 1-45 所示。

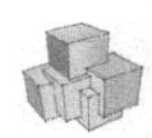

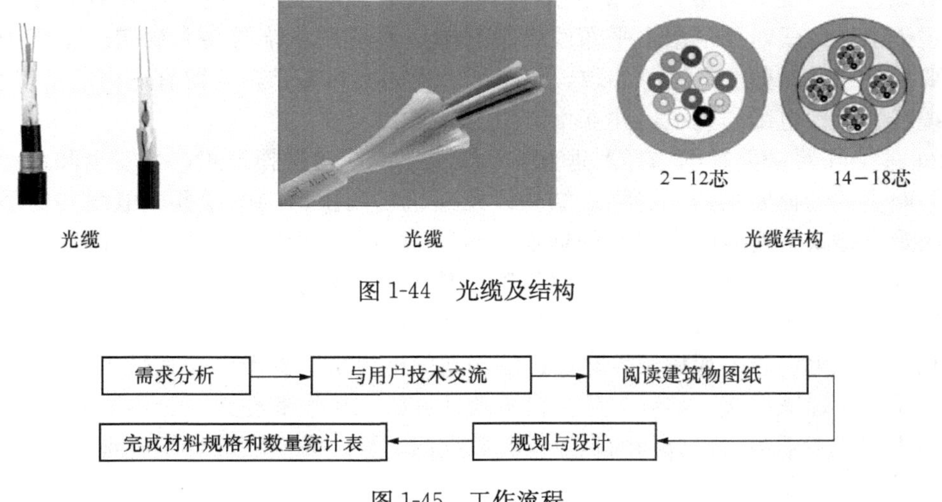

图 1-44　光缆及结构

图 1-45　工作流程

（2）需求分析

需求分析是综合布线系统设计的首项重要工作，垂直子系统是综合布线系统工程中最重要的一个子系统，直接决定每个信息点的稳定性和传输速度。主要涉及布线路径、布线方式和材料的选择，对后续水平子系统的施工是非常重要的。

需求分析首先按照楼层高度进行分析，分析设备间到每个楼层的管理间的布线距离、布线路径，逐步明确和确认垂直子系统的布线材料的选择。

（3）技术交流

在进行需求分析后，要与用户进行技术交流，这是非常必要的。不仅要与技术负责人交流，也要与项目或者行政负责人进行交流，进一步充分和广泛的了解用户的需求，特别是未来的发展需求。在交流中重点了解每个房间或者工作区的用途、要求运行环境等因数。在交流过程中必须进行详细的书面记录，每次交流结束后要及时整理书面记录，这些书面记录是初步设计的依据。

（4）阅读建筑物图纸

索取和认真阅读建筑物设计图纸是不能省略的程序，通过阅读建筑物图纸掌握建筑物的土建结构、强电路径、弱电路径，重点掌握在综合布线路径上的电器设备、电源插座、暗埋管线等。在阅读图纸时，进行记录或者标记，这有助于将网络竖井设计在合适的位置，避免强电或者电器设备对网络综合布线系统的影响。

（5）垂直子系统的规划和设计

垂直子系统的线缆直接连接着几十或几百个用户，因此一旦干线电缆发生故障，则影响巨大。为此，我们必须十分重视干线子系统的设计工作。

根据综合布线的标准及规范，应按下列设计要点进行垂直子系统的设计工作。

1）确定干线线缆类型及线对。垂直子系统线缆主要有铜缆和光缆两种类型，具体选择要根据布线环境的限制和用户对综合布线系统设计等级的考虑。计算机网络系统的主干线缆可以选用 4 对双绞线电缆或 25 对大对数电缆或光缆，电话语音系统的主干电缆可以选用 3 类大对数双绞线电缆，有线电视系统的主干电缆一般采用 75Ω 同轴电缆。主干电缆的线对要根据水平布线线缆对数以及应用系统类型来确定。垂直子系统所需要的电缆总对数和光纤总芯数，应满足工程的实际需求，并留有适当的备份容量。主干缆线宜设置电缆与光缆，并互相作为备份路由。

2）垂直子系统路径的选择。垂直子系统主干缆线应选择最短、最安全和最经济的路由。路由的选择要根据建筑物的结构以及建筑物内预留的电缆孔、电缆井等通道位置而决定。建筑物内有两大类型的通道：封闭型和开放型。宜选择带门的封闭型通道敷设干线线缆。开放型通道是指从建筑物的地下室到楼顶的一个开放空间，中间没有任何楼板隔开。封闭型通道是指一连串上下对齐的空间，每层楼都有一间，电缆竖井、电缆孔、管道电缆、电缆桥架等穿过这些房间的地板层。主干电缆宜采用点对点终接，也可采用分支递减终接。如果电话交换机和计算机主机设置在建筑物内不同的设备间，宜采用不同的主干缆线来分别满足语音和数据的需要。在同一层若干管理间（电信间）之间宜设置干线路由。

3）线缆容量配置。主干电缆和光缆所需的容量要求及配置应符合以下规定：

① 对语音业务，大对数主干电缆的对数应按每一个电话 8 位模块通用插座配置 1 对线，并在总需求线对的基础上至少预留约 10%的备用线对。

② 对于数据业务应以集线器（HUB）或交换机（SW）群（按 4 个 HUB 或 SW 组成 1 群）；或以每个 HUB 或 SW 设备设置 1 个主干端口配置。每 1 群网络设备或每 4 个网络设备宜考虑 1 个备份端口。主干端口为电端口时，应按 4 对线容量；为光端口时则按 2 芯光纤容量配置。

③ 当工作区至电信间的水平光缆延伸至设备间的光配线设备（BD/CD）时，主干光缆的容量应包括所延伸的水平光缆光纤的容量在内。

④ 建筑物与建筑群配线设备处各类设备缆线和跳线的配备宜符合如下规定：

a. 设备缆线和各类跳线宜按计算机网络设备的使用端口容量和电话交换机的实装容量、业务的实际需求或信息点总数的比例进行配置，比例范围为 25%～50%。

b. 各配线设备跳线可按以下原则选择与配置：电话跳线宜按每根 1 对或 2 对对绞电缆容量配置，跳线两端连接插头采用 IDC 或 RJ45 型。数据跳线宜按每根 4 对对绞电缆配置，跳线两端连接插头采用 IDC 或 RJ45 型。光纤跳线宜按每根 1 芯或 2 芯光纤配置，光跳线连接器件采用 ST、SC 或 SFF 型。

4）垂直子系统缆线敷设保护方式应符合下列要求。

① 缆线不得布放在电梯或供水、供气、供暖管道竖井中，缆线不应布放在强电竖井中。

② 电信间、设备间、进线间之间干线通道应沟通。

5）垂直子系统干线线缆的交接。为了便于综合布线的路由管理，干线电缆、干线光缆布线的交接不应多于两次。从楼层配线架到建筑群配线架之间只应通过一个配线架，即建筑物配线架（在设备间内）。当综合布线只用一级干线布线进行配线时，放置干线配线架的二级交接间可以并入楼层配线间。

6）垂直子系统干线线缆的端接。干线电缆可采用点对点端接，也可采用分支递减

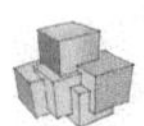

端接以及电缆直接连接。点对点端接是最简单、最直接的接合方法，如图 1-46 所示。干线子系统每根干线电缆直接延伸到指定的楼层配线管理间或二级交接间。分支递减端接是用一根足以支持若干个楼层配线管理间或若干个二级交接间的通信容量的大容量干线电缆，经过电缆接头交接箱分出若干根小电缆，再分别延伸到每个二级交接间或每个楼层配线管理间，最后端接到目的地的连接硬件上，如图 1-47 所示。

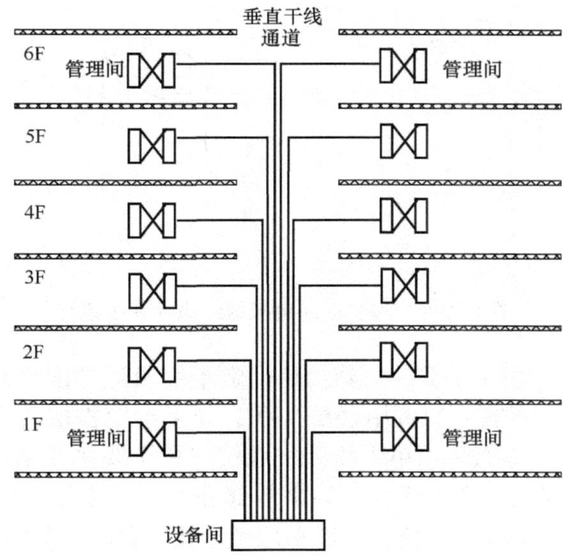

图 1-46　线电缆点至点端接方式

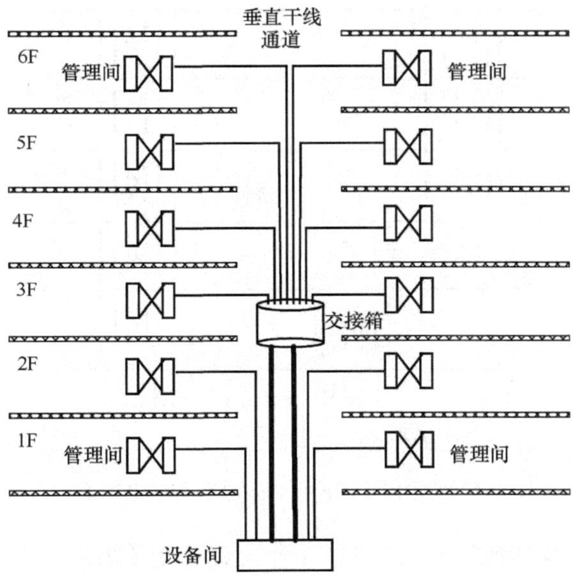

图 1-47　干线电缆分支接合方式

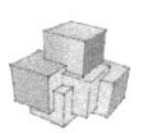

7）确定干线子系统通道规模。垂直子子系统是建筑物内的主干电缆。在大型建筑物内，通常使用的干线子系统通道是由一连串穿过配线间地板且垂直对准的通道组成，穿过弱电间地板的线缆井和线缆孔，如图 1-48 所示。

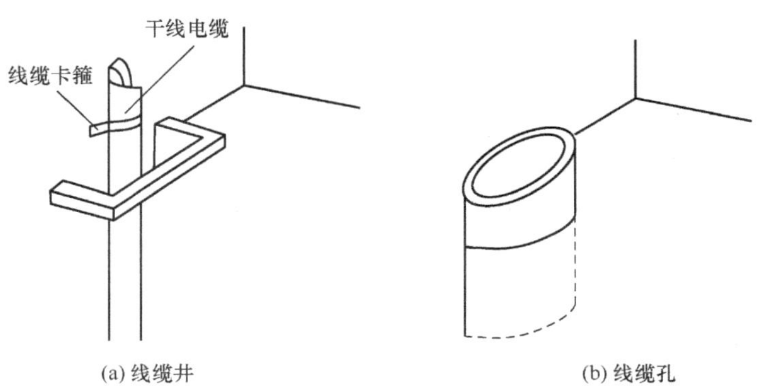

图 1-48　穿过弱电间地板的线缆井和线缆孔

确定干线子系统的通道规模，主要就是确定干线通道和配线间的数目。确定的依据就是综合布线系统所要覆盖的可用楼层面积。如果给定楼层的所有信息插座都在配线间的 75m 范围之内，那么采用单干线接线系统。单干线接线系统就是采用一条垂直干线通道，每个楼层只设一个配线间。如果有部分信息插座超出配线间的 75m 范围之外，那就要采用双通道干线子系统，或者采用经分支电缆与设备间相连的二级交接间。

如果同一幢大楼的配线间上下不对齐，则可采用大小合适的线缆管道系统将其连通，如图 1-49 所示。

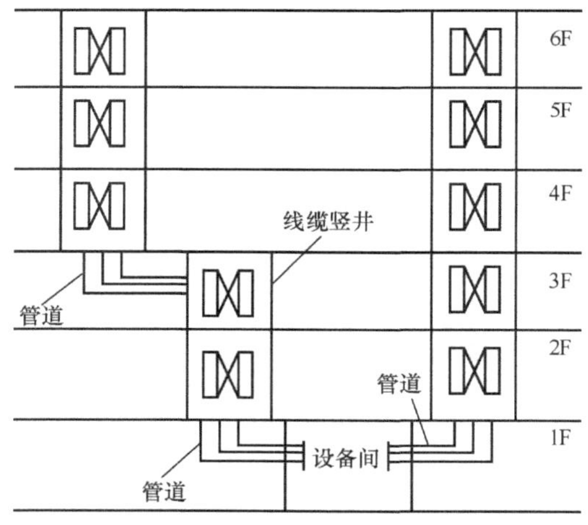

图 1-49　配线间上下不对齐时双干线电缆通道

缆线与电力电缆等间距设计要求参照工作区设计相关内容。

8）图纸设计。随着 GB 50311—2007 国家标准的正式实施，2007 年 10 月 1 日起新建筑物必须设计网络综合布线系统，因此建筑物的原始设计图纸中有完整的初步设计

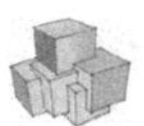

方案和网络系统图。必须认真研究和读懂设计图纸，特别是与弱电有关的网络系统图、通信系统图、电气图等，虚心向项目经理或者设计院咨询。如果土建工程已经开始或者封顶时，必须到现场实际勘测，并且与设计图纸对比。新建建筑物的垂直子系统管线宜安装在弱电竖井中，一般使用金属线槽或者 PVC 线槽。

1.5.2　案例解析：垂直干线子系统的设计

实例 1.16　垂直子系统竖井位置

在设计垂直子系统的时候，必须先确定竖井的位置，从而方便施工的进行。竖井位置图纸的设计如图 1-50 所示。

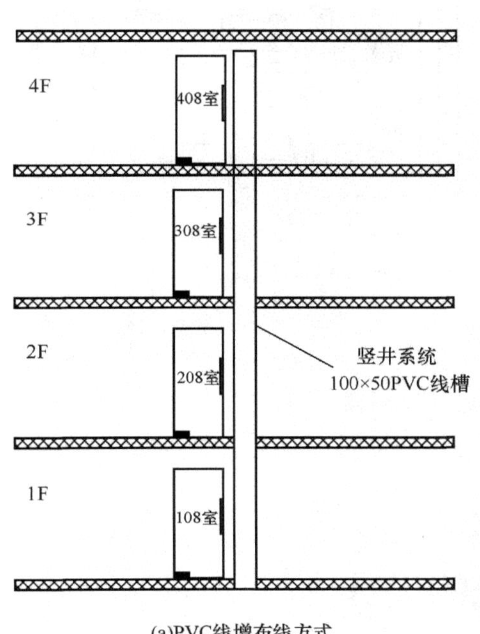

(a)PVC线增布线方式

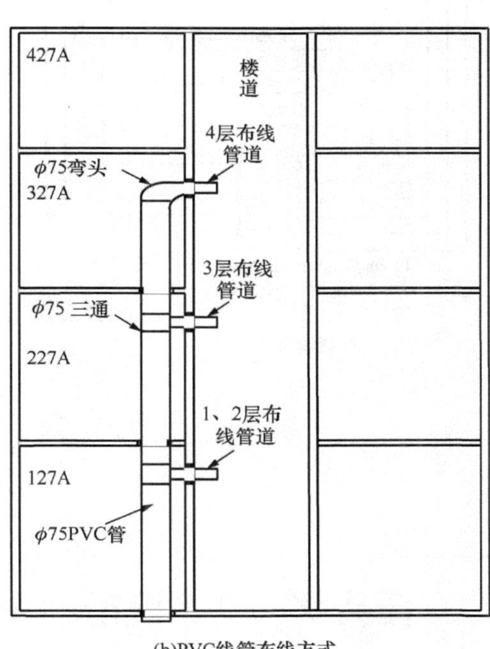

(b)PVC线管布线方式

图 1-50　竖井位置示意图

实例 1.17　布线系统示意图

综合布线系统规划、设计中往往需要设计一些布线系统图垂直系统布线设计如图 1-51所示。

1.5.3　巩固训练

1. 常见光缆的结构及类型有哪些？
2. 制作校园网络垂直干线子系统设计图。

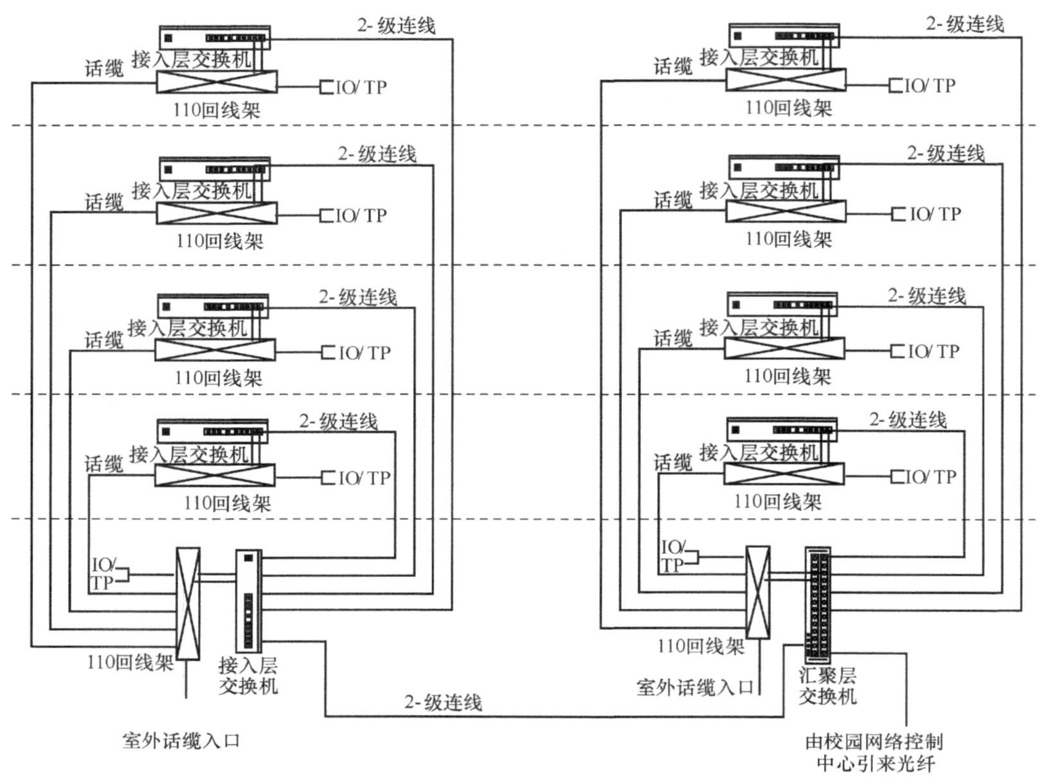

图 1-51　网络、电话系统布线系统图

任务1.6　设备间子系统的设计

【教学目标】

1. 理解设备间位置，环境，面积要求；
2. 理解设备间设备安装方式；
3. 理解设备间安全要求。

【技能要求】

1. 能确定合理设备间位置；
2. 能制作设备间设备清单；
3. 能制作设备间设计图。

【任务分析】

通过现场勘查，用户技术交流，查阅建筑图纸，分析用户需求，完成设备间子系统设计方案，并制作设备间子系统设计图。

【流程图】

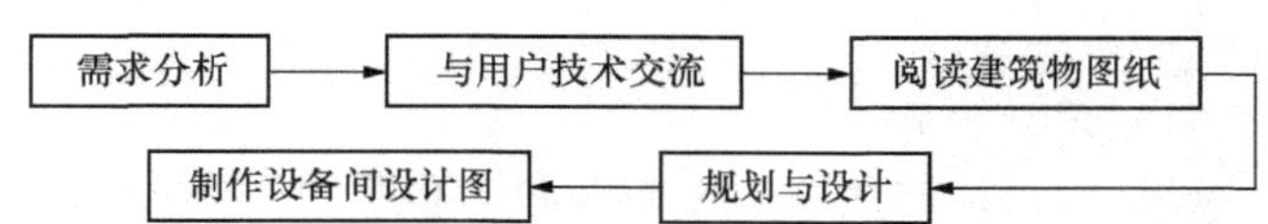

1.6.1 相关知识：设备间子系统的基本概念与设计原则

1. 设备间子系统的基本概念

设备间子系统是一个集中化设备区，连接系统公共设备及通过垂直干线子系统连接至管理子系统，如局域网（LAN）、主机、建筑自动化和保安系统等。设备间子系统是大楼中数据、语音垂直主干线缆终接的场所；也是建筑群的线缆进入建筑物终接的场所；更是各种数据语音主机设备及保护设施的安装场所，如图1-52所示。设备间子系统一般设在建筑物中部或在建筑物的一、二层，避免设在顶层或地下室，位置不应远离电梯，而且为以后的扩展留下余地。建筑群的线缆进入建筑物时应有相应的过流、过压保护设施。设备间子系统空间要按ANSL/TLA/ELA-569要求设计。设备间子系统空间用于安装电信设备、连接硬件、接头套管等。为接地和连接设施、保护装置提供控制环境；是系统进行管理、控制、维护的场所。设备间子系统所在的空间还有对门窗、天花板、电源、照明、接地的要求。

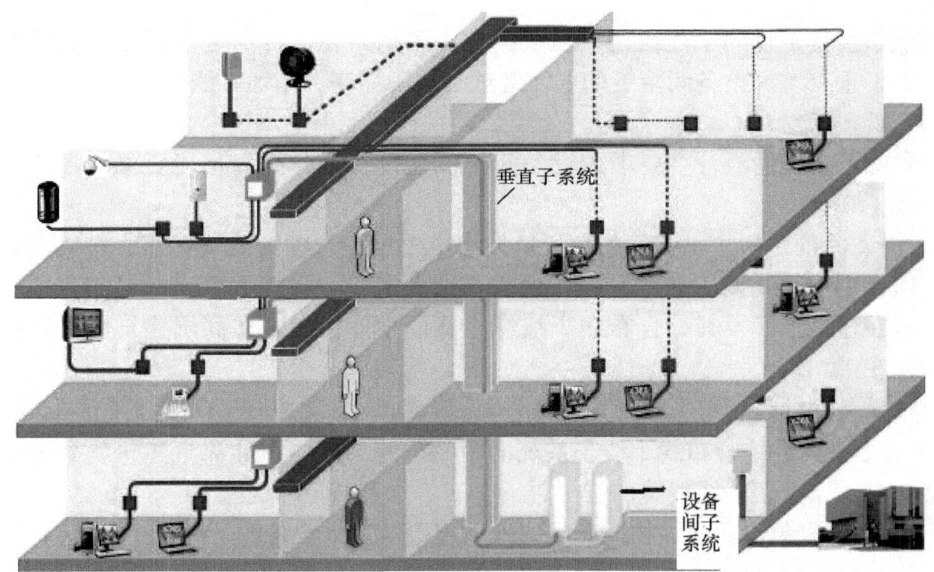

图1-52 设备间子系统示意图

设备间的主要设备有数字程控交换机、计算机等，对于它的使用面积，必须有一个通盘的考虑。

2. 设备间子系统的设计原则

（1）设计步骤

设计人员应与用户方一起商量，根据用户方要求及现场情况具体确定设备间位置的最终位置。只有确定了设备间位置后，才可以设计综合布线的其他子系统，因此用户需求分析时，确定设备间位置是一项重要的工作内容。

（2）需求分析

设备间子系统是综合布线的精髓，设备间的需求分析围绕整个楼宇的信息点数量、设备的数量、规模、网络构成等进行，每幢建筑物内应至少设置 1 个设备间，如果电话交换机与计算机网络设备分别安装在不同的场地或根据安全需要，也可设置 2 个或 2 个以上设备间，以满足不同业务的设备安装需要。

（3）技术交流

在进行需求分析后，要与用户进行技术交流，不仅要与技术负责人交流，也要与项目或者行政负责人进行交流，进一步充分和广泛的了解用户的需求，特别是未来的扩展需求。在交流中重点了解规划的设备间子系统附近的电源插座、电力电缆、电器管理等情况。在交流过程中必须进行详细的书面记录，每次交流结束后要及时整理书面记录，这些书面记录是初步设计的依据。

（4）阅读建筑物图纸

在设备间位置的确定前，索取和认真阅读建筑物设计图纸是必要的，通过阅读建筑物图纸掌握建筑物的土建结构、强电路径、弱电路径，特别是主要与外部配线连接接口位置，重点掌握设备间附近的电器管理、电源插座、暗埋管线等。

（5）设计原则

设备间子系统的设计主要考虑设备间的位置以及设备间的环境要求。具体设计要点请参考下列内容。

1）设备间的位置。设备间的位置及大小应根据建筑物的结构、综合布线规模、管理方式以及应用系统设备的数量等方面进行综合考虑，择优选取。一般而言，设备间应尽量建在建筑平面及其综合布线干线综合体的中间位置。在高层建筑内，设备间也可以设置在 1、2 层。

确定设备间的位置可以参考以下设计规范：

① 应尽量建在综合布线干线子系统的中间位置，并尽可能靠近建筑物电缆引入区和网络接口，以方便干线线缆的进出。

② 应尽量避免设在建筑物的高层或地下室以及用水设备的下层。

③ 应尽量远离强振动源和强噪声源。

④ 应尽量避开强电磁场的干扰。

⑤ 应尽量远离有害气体源以及易腐蚀、易燃、易爆物。

⑥ 应便于接地装置的安装。

2）设备间的面积。设备间的使用面积要考虑所有设备的安装面积，还要考虑预留工作人员管理操作设备的地方。设备间的使用面积可按照下述两种方法之一确定。

方法一：已知 S_b 为综合布线有关的并安装在设备间内的设备所占面积（m^2）；S 为设备间的使用总面积（m^2），那么

$$S=(5\sim7)\sum S_b$$

方法二：当设备尚未选型时，则设备间使用总面积为

$$S=KXA$$

式中，A——设备间的所有设备台（架）的总数（m^2）；

K——系数，取值（4.5～5.5）m^2/台（架）。

设备间最小使用面积不得小于 $20m^2$。

3）建筑结构。设备间的建筑结构主要依据设备大小、设备搬运以及设备重量等因素而设计。设备间的高度一般为 2.5～3.2m。设备间门的大小至少为高 2.1m，宽 1.5m。设备间的楼板承重设计一般分为两级：A 级≥$500kg/m^2$；B 级≥$300kg/m^2$。

3. 设备间的环境要求

设备间内安装了计算机、计算机网络设备、电话程控交换机、建筑物自动化控制设备等硬件设备。这些设备的运行需要相应的温度、湿度、供电、防尘等要求。设备间内的环境设置可以参照国家计算机用房设计标准《电子计算机机房设计规范》（GB 50174—93）、程控交换机的《工业企业程控用户交换机工程设计规范》（CECS09：89）等相关标准及规范。

1）温湿度。综合布线有关设备的温湿度要求可分为 A、B、C 三级，设备间的温湿度也可参照三个级别进行设计，三个级别具体要求见表 1-13 所示。

表 1-13　设备间温湿度要求

项目	A 级	B 级	C 级
温度/℃	夏季：22±4　冬季：18±4	12～30	8～35
相对湿度	40%～65%	35%～70%	20%～80%

设备间的温湿度控制可以通过安装降温或加温、加湿或除湿功能的空调设备来实现控制。选择空调设备时，南方地区主要考虑降温和除湿功能；北方地区要全面具有降温、升温、除湿和加湿功能。空调的功率主要根据设备间的大小及设备多少而定。

2）尘埃。设备间内的电子设备对尘埃要求较高，尘埃过高会影响设备的正常工作，降低设备的工作寿命。设备间的尘埃指标一般可分为 A、B 二级，详见表 1-14。

表 1-14　设备间尘埃指标要求

项目	A 级	B 级
粒度/μm	>0.5	>0.5
个数/(粒/dm^3)	<10 000	<18 000

要降低设备间的尘埃度关键在于定期的清扫灰尘，工作人员进入设备间应更换干净的鞋具。

3）空气。设备间内应保持空气洁净，有良好的防尘措施，并防止有害气体侵入。允许有害气体限值分别见表 1-15。

表 1-15　有害气体限值

有害气体/(mg/m^3)	二氧化硫（SO_2）	硫化氢（H_2S）	二氧化氮（NO_2）	氨气（NH_3）	氯气（Cl_2）
平均限值	0.2	0.006	0.04	0.05	0.01
最大限值	1.5	0.03	0.15	0.15	0.3

4）照明。为了方便工作人员在设备间内操作设备和维护相关综合布线器件，设备间内必须安装足够照明度的照明系统，并配置应急照明系统。设备间内距地面 0.8m 处，照明度不应低于 200lx。设备间配备的事故应急照明，在距地面 0.8m 处，照明度不应低于 5lx。

5）噪声。为了保证工作人员的身体健康，设备间内的噪声应小于 70dB。如果长时间在 70～80dB 噪声的环境下工作，不但影响人的身心健康和工作效率，还可能造成人为的噪声事故。

6）电磁场干扰。根据综合布线系统的要求，设备间无线电干扰的频率应在 0.15～1000MHz 范围内，噪声不大于 120dB，磁场干扰场强不大于 800A/m。

7）供电系统。设备间供电电源应满足以下要求：

① 频率：50Hz。

② 电压：220V/380V。

③ 相数：三相五线制或三相四线制/单相三线制。

设备间供电电源允许变动范围详见表 1-16 所示。

表 1-16　设备间供电电源允许变动的范围

项目	A 级	B 级	C 级
电压变动	−5%～+5%	−10%～+7%	−15%～+10%
频率变动	−0.2%～+0.2%	−0.5%～+0.5%	−1～+1
波形失真率	<±5%	<±7%	<±10%

根据设备间内设备的使用要求，设备要求的供电方式分为三类：

① 需要建立不间断供电系统。

② 需建立带备用的供电系统。

③ 按一般用途供电考虑。

4. 设备间的设备管理

设备间内的设备种类繁多，而且线缆布设复杂。为了管理好各种设备及线缆，设备间内的设备应分类分区安装，设备间内所有进出线装置或设备应采用不同色标，以区别各类用途的配线区，方便线路的维护和管理。

5. 安全分类

设备间的安全分为 A、B、C 三个类别，具体规定详见表 1-17 所示。

表 1-17　设备间的安全要求

安全项目	A类	B类	C类
场地选择	有要求或增加要求	有要求或增加要求	无要求
防火	有要求或增加要求	有要求或增加要求	有要求或增加要求
内部装修	要求	有要求或增加要求	无要求
供配电系统	要求	有要求或增加要求	有要求或增加要求
空调系统	要求	有要求或增加要求	有要求或增加要求
火灾报警及消防设施	要求	有要求或增加要求	有要求或增加要求
防水	要求	有要求或增加要求	无要求
防静电	要求	有要求或增加要求	无要求
防雷击	要求	有要求或增加要求	无要求
防鼠害	要求	有要求或增加要求	无要求
电磁波的防护	有要求或增加要求	有要求或增加要求	无要求

6. 结构防火

为了保证设备使用安全，设备间应安装相应的消防系统，配备防火防盗门。安全级别为 A 类的设备间，其耐火等级必须符合《高层民用建筑设计防火规范》(GB 50045—95) 中规定的一级耐火等级。安全级别为 B 类的设备间，其耐火等级必须符合《高层民用建筑设计防火规范》(GB 50045—95) 中规定的二级耐火等级。安全级别为 C 类的设备间，其耐火等级要求应符合《建筑设计防火规范》(GBJ 16—87) 中规定的二级耐火等级。C 类设备间相关的其余基本工作房间及辅助房间，其建筑物的耐火等级不应低于 TJ16 中规定的三级耐火等级。与 A、B 类安全设备间相关的其余基本工作房间及辅助房间，其建筑物的耐火等级不应低于 TJl6-87 中规定的二级耐火等级。

7. 火灾报警及灭火设施

安全级别为 A、B 类设备间内应设置火灾报警装置。在机房内、基本工作房间、活动地板下、吊顶上方及易燃物附近都应设置烟感和温感探测器。A 类设备间内设置二氧化碳 (CO_2) 自动灭火系统，并备有手提式二氧化碳 (CO_2) 灭火器。B 类设备间内在条件许可的情况下，应设置二氧化碳自动灭火系统，并备有手提式二氧化碳灭火器。C 类设备间内应备有手提式二氧化碳灭火器。A、B、C 类设备间除纸介质等易燃物质外，禁止使用水、干粉或泡沫等易产生二次破坏的灭火器。为了在发生火灾或意外事故时方便设备间工作人员迅速向外疏散，对于规模较大的建筑物，在设备间或机房应设置直通室外的安全出口。

8. 接地要求

设备间设备安装过程中必须考虑设备的接地。根据综合布线相关规范要求，接地要求如下：

1）直流工作接地电阻一般要求不大于 4Ω，交流工作接地电阻也不应大于 4Ω，防雷保护接地电阻不应大于 10Ω。

2）建筑物内部应设有一套网状接地网络，保证所有设备共同的参考等电位。如果综合布线系统单独设置接地系统，且能保证与其他接地系统之间有足够的距离，则接地电阻值规定为小于等于 4Ω。

3）为了获得良好的接地，推荐采用联合接地方式。所谓联合接地方式就是将防雷接地、交流工作接地、直流工作接地等统一接到共用的接地装置上。当综合布线采用联合接地系统时，通常利用建筑钢筋作防雷接地引下线，而接地体一般利用建筑物基础内钢筋网作为自然接地体，使整幢建筑的接地系统组成一个笼式的均压整体。联合接地电阻要求小于或等于 1Ω。

4）接地所使用的铜线电缆规格与接地的距离有直接关系，一般接地距离在 30m 以内，接地导线采用直径为 4mm 的带绝缘套的多股铜线缆。接地铜缆规格与接地距离的关系可以参见表 1-18 所示。

表 1-18 接地铜线电缆规格与接地距离的关系

接地距离/m	接地导线直径	接地导线截面积/mm²
小于 30	4.0	12
30～48	4.5	16
48～76	5.6	25
76～106	6.2	30
106～122	6.7	35
122～150	8.0	50
151～300	9.8	75

9. 内部装饰

设备间装修材料使用符合《建筑设计防火规范》（TJ 16—87）中规定的难燃材料或阻燃材料，应能防潮、吸音、不起尘、抗静电等。

（1）地面

为了方便敷设电缆线和电源线，设备间的地面最好采用抗静电活动地板，其接地电阻应在 0.11～1000MΩ。具体要求应符合国家标准《计算机机房用地板技术条件》（GB 6650—86）。带有走线口的活动地板为异型地板。其走线口应光滑，防止损伤电

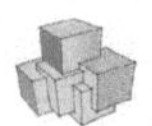

线、电缆。设备间地面所需异形地板的块数由设备间所需引线的数量来确定。设备间地面切忌铺毛制地毯，因为毛制地毯容易产生静电，而且容易产生积灰。放置活动地板的设备间的建筑地面应平整、光洁、防潮、防尘。

(2) 墙面

墙面应选择不易产生灰尘，也不易吸附灰尘的材料。目前大多数是在平滑的墙壁上涂阻燃漆，或在墙面上覆盖耐火的胶合板。

(3) 顶棚

为了吸音及布置照明灯具，一般在设备间顶棚下加装一层吊顶。吊顶材料应满足防火要求。目前，我国大多数采用铝合金或轻钢作龙骨，安装吸音铝合金板、阻燃铝塑板、喷塑石英板等。

(4) 隔断

设备间放置的设备及工作需要，可用玻璃将设备间隔成若干个房间。隔断可以选用防火的铝合金或轻钢作龙骨，安装10mm厚玻璃。或从地板面至1.2m处安装难燃双塑板，1.2m以上安装10mm厚玻璃。

10. 设备间内的线缆敷设

(1) 活动地板方式

这种方式是缆线在活动地板下的空间敷设，由于地板下空间大，因此电缆容量和条数多，路由自由短捷，节省电缆费用，缆线敷设和拆除均简单方便，能适应线路增减变化，有较高的灵活性，便于维护管理。但造价较高，会减少房屋的净高，对地板表面材料也有一定要求，如耐冲击性、耐火性、抗静电、稳固性等。

(2) 地板或墙壁内沟槽方式

这种方式是缆线在建筑中预先建成的墙壁或地板内沟槽中敷设，沟槽的断面尺寸大小根据缆线终期容量来设计，上面设置盖板保护。这种方式造价较活动地板低，便于施工和维护，也有利于扩建，但沟槽设计和施工必须与建筑设计和施工同时进行，在配合协调上较为复杂。沟槽方式因是在建筑中预先制成，因此在使用中会受到限制，缆线路由不能自由选择和变动。

(3) 预埋管路方式

这种方式是在建筑的墙壁或楼板内预埋管路，其管径和根数根据缆线需要来设计。穿放缆线比较容易，维护、检修和扩建均有利，造价低廉，技术要求不高，是一种最常用的方式。但预埋管路必须在建筑施工中进行，缆线路由受管路限制，不能变动，所以使用中会受到一些限制。

(4) 机架走线架方式

这种方式是在设备（机架）上沿墙安装走线架（或槽道）的敷设方式，走线架和槽道的尺寸根据缆线需要设计，它不受建筑的设计和施工限制，可以在建成后安装，便于施工和维护，也有利于扩建。机架上安装走线架或槽道时，应结合设备的结构和布置来考虑，在层高较低的建筑中不宜使用。

1.6.2 案例解析：设备间子系统的设计

实例 1.18 设备间布局设计图

在设计设备间布局时，一定要将安装设备区域和管理人员办公区域分开考虑，这样不但便于管理人员的办公而且便于设备的维护，如图 1-53 所示。设备区域与办公区域使用玻璃隔断分开。

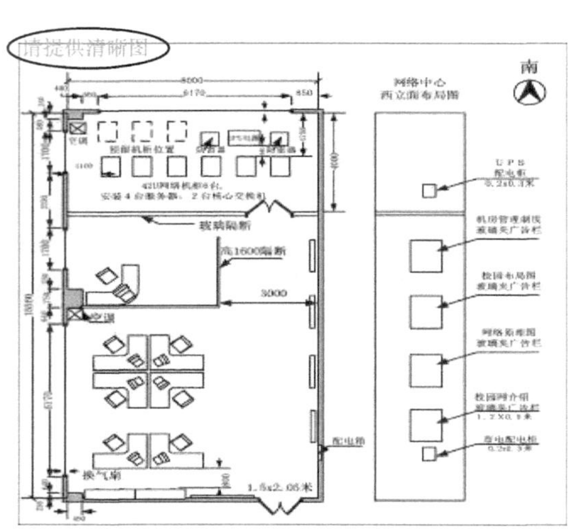

图 1-53 设备间布局设计图

实例 1.19 设备间预埋管路图

设备间的布线管道一般采用暗敷预埋方式，如图 1-54 所示。

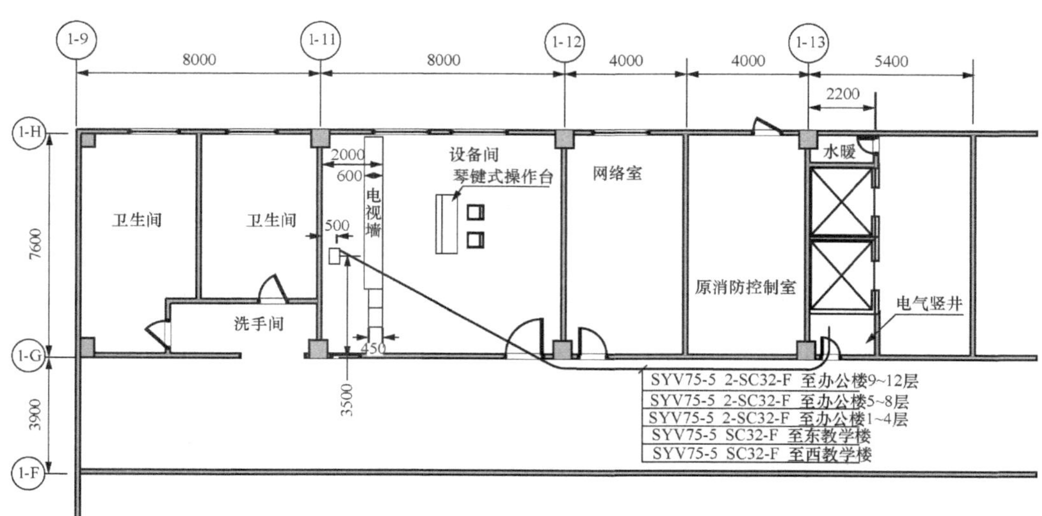

图 1-54 设备间预埋管道图

1.6.3　巩固训练

1. 设备间常见设备有哪些？
2. 制作校园网设备间设计图。
3. 设备间位置选择有哪些原则？

任务1.7　进线间和建筑群子系统的设计

【教学目标】

1. 理解主电缆类型、规格；
2. 理解各种施工方案成本及预算；
3. 理解电缆路由选择方法。

【技能要求】

1. 能确定进线口位置；
2. 能确定入口管孔数量；
3. 能确定主电缆和备用电缆路由；
4. 能确定电缆类型，规格；
5. 能选择合理施工方案；
6. 能制作建筑群设计图。

【任务分析】

通过现场勘查，用户技术交流，查阅建筑图纸，分析用户需求，完成进线间和建筑群子系统设计方案，并制作建筑群子系统设计图。

【流程图】

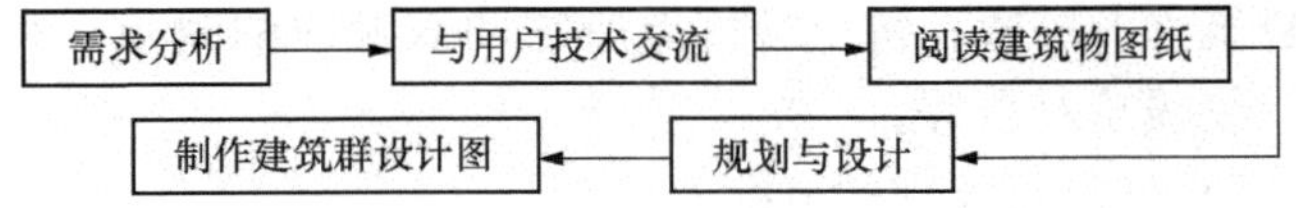

1.7.1　相关知识：进线间和建筑群子系统的设计原则

1. 进线间子系统的设计原则

(1) 进线间的位置

一般一个建筑物宜设置1个进线间，一般是提供给多家电信运营商和业务提供商使用，通常设于地下一层。

(2) 进线间面积的确定

进线间因涉及因素较多，难以统一提出具体所需面积，可根据建筑物实际情况，并参照通信行业和国家的现行标准要求进行设计。

(3) 线缆配置要求

建筑群主干电缆和光缆、公用网和专用网电缆、光缆及天线馈线等室外缆线进入建筑物时，应在进线间成端转换成室内电缆、光缆，并在缆线的终端处可由多家电信业务经营者设置入口设施，入口设施中的配线设备应按引入的电、光缆容量配置。

(4) 入口管孔数量

进线间应设置管道入口。在进线间缆线入口处的管孔数量应留有充分的余量，以满足建筑物之间、建筑物弱电系统、外部接入业务及多家电信业务经营者和其他业务服务商缆线接入的需求，建议留有2～4孔的余量。

(5) 进线间的设计

进线间宜靠近外墙和在地下设置，以便于缆线引入。进线间设计应符合下列规定：

1) 进线间应防止渗水，宜设有抽排水装置。

2) 进线间应与布线系统垂直竖井沟通。

3) 进线间应采用相应防火级别的防火门，门向外开，宽度不小于1000mm。

4) 进线间应设置防有害气体措施和通风装置，排风量按每小时不小于5次容积计算。

5) 进线间如安装配线设备和信息通信设施时，应符合设备安装设计的要求。

6) 与进线间无关的管道不宜通过。

(6) 进线间入口管道处理

进线间入口管道所有布放缆线和空闲的管孔应采取防火材料封堵，做好防水处理。

2. 建筑群子系统的设计原则

(1) 设计步骤

1) 确定敷设现场的特点，包括确定整个工地的大小、工地的地界、建筑物的数量等。

2) 确定电缆系统的一般参数。包括确认起点、端接点位置、所涉及的建筑物及每座建筑物的层数、每个端接点所需的双绞线的对数、有多个端接点的每座建筑物所需的双绞线总对数等。

3) 确定建筑物的电缆入口。

4) 确定明显障碍物的位置。

5) 确定主电缆路由和备用电缆路由。

6) 选择所需电缆的类型和规格。

7) 确定每种选择方案所需的劳务成本。

8) 确定每种选择方案的材料成本。

9) 选择最经济、最实用的设计方案。

(2) 需求分析

用户需求分析是方案设计的重要环节，设计人员要通过多次反复地与用户沟通详细掌握用户的具体需求情况。在建筑群子系统设计时进行需求分析的内容应包括工程的总体概况、工程各类信息点统计数据、各建筑物信息点分布情况、各建筑物平面设

计图、现有系统的状况、设备间位置等。了解以上情况后，具体分析从一个建筑物到另一个的建筑物之间的布线距离、布线路径，逐步明确和确认布线方式和布线材料的选择。

(3) 技术交流

在进行需求分析后，要与用户进行技术交流，这是非常必要的。由于建筑群子系统往往覆盖整个建筑物群的平面，布线路径也经常与室外的强电线路、给（排）水管道、道路和绿化等项目线路有多次的交叉或者并行实施，因此不仅要与技术负责人交流，也要与项目或者行政负责人进行交流。在交流中重点了解每条路径上的电路、水路、气路的安装位置等详细信息。在交流过程中必须进行详细的书面记录，每次交流结束后要及时整理书面记录。

(4) 阅读建筑物图纸

建筑物主干布线子系统的缆线较多，且路由集中，是综合布线系统的重要骨干线路，索取和认真阅读建筑物设计图纸是不能省略的程序，通过阅读建筑物图纸掌握建筑物的土建结构、强电路径、弱电路径，重点掌握在综合布线路径上的强电管道、给（排）水管道、其他暗埋管线等。在阅读图纸时，进行记录或者标记，正确处理建筑群子系统布线与电路、水路、气路和电器设备的直接交叉或者路径冲突问题。

(5) 建筑群子系统的规划和设计

建筑群子系统主要应用于多幢建筑物组成的建筑群综合布线场合，单幢建筑物的综合布线系统可以不考虑建筑群子系统。建筑群子系统的设计主要考虑布线路由选择、线缆选择、线缆布线方式等内容。

建筑群子系统设计要求如下。

1）考虑环境美化要求。

建筑群主干布线子系统设计应充分考虑建筑群覆盖区域的整体环境美化要求，建筑群干线电缆尽量采用地下管道或电缆沟敷设方式。

2）考虑建筑群未来发展需要。

线缆布线设计时，要充分考虑各建筑需要安装的信息点种类、信息点数量，选择相对应的干线电缆的类型以及电缆敷设方式，使综合布线系统建成后，保持相对稳定，能满足今后一定时期内各种新的信息业务发展需要。

3）线缆路由的选择。

考虑到节省投资，线缆路由应尽量选择距离短、线路平直的路由。但具体的路由还要根据建筑物之间的地形或敷设条件而定。在选择路由时，应考虑原有已铺设的地下各种管道，线缆在管道内应与电力线缆分开敷设，并保持一定间距。

4）电缆引入要求。

建筑群干线电缆、光缆进入建筑物时，都要设置引入设备，并在适当位置终端转换为室内电缆、光缆。引入设备应安装必要保护装置以达到防雷击和接地的要求。干线电缆引入建筑物时，应以地下引入为主，如果采用架空方式，应尽量采取隐蔽方式引入。

5）建筑群子系统布线线缆的选择。

建筑群子系统敷设的线缆类型及数量由综合布线连接应用系统种类及规模来决定。

一般来说，计算机网络系统常采用光缆作为建筑物布线线缆，在网络工程中，经常使用 62.5μm/125μm（62.5μm 是光纤纤芯直径，125μm 是纤芯包层的直径）规格的多模光缆，有时也用 50μm/125μm 和 100μm/140μm 规格的多模光纤。户外布线大于 2km 时可选用单模光纤。电话系统常采用 3 类大对数电缆作为布线线缆，类大对数双绞线是由多个线对组合而成的电缆，为了适合于室外传输，电缆还覆盖了一层较厚的外层皮。有线电视系统常采用同轴电缆或光缆作为干线电缆。

6）电缆线的保护。

当电缆从一建筑物到另一建筑物时，要考虑易受到雷击、电源碰地、电源感应电压或地电压上升等因数，必须用保护这些线对。如果电气保护设备位于建筑物内部（不是对电信公用设施实行专门控制的建筑物），那么所有保护设备及其安装装备都必须有 UL 安全标记。

1.7.2 案例解析：建筑群子系统的设计

实例 1.20 室外管道的铺设

在设计建筑群子系统的埋管图时，一定要根据建筑物之间数据或语音信息点的数量，来确定埋管规格，如图 1-55 所示。

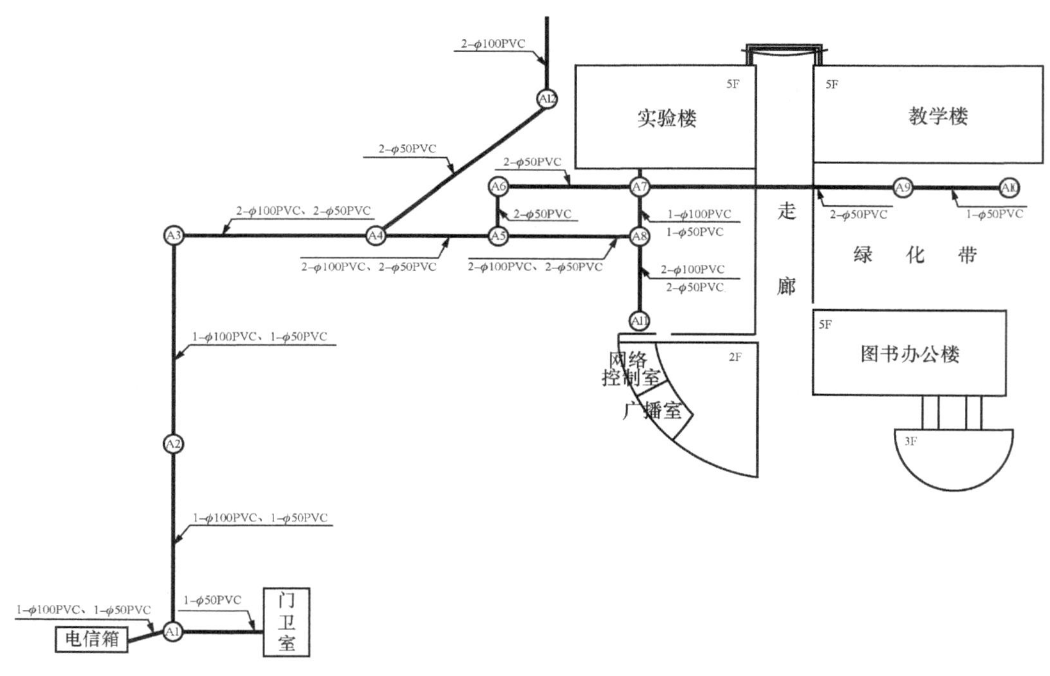

图 1-55 建筑群之间预埋管图

注意：室外管道进入建筑物的最大管外径不宜超过 100mm。

实例 1.21　室外架空图

建筑物之间线路的连接还有一种连接方式就是架空方式。设计架空路线时，需要考虑度，如图 1-56 所示。

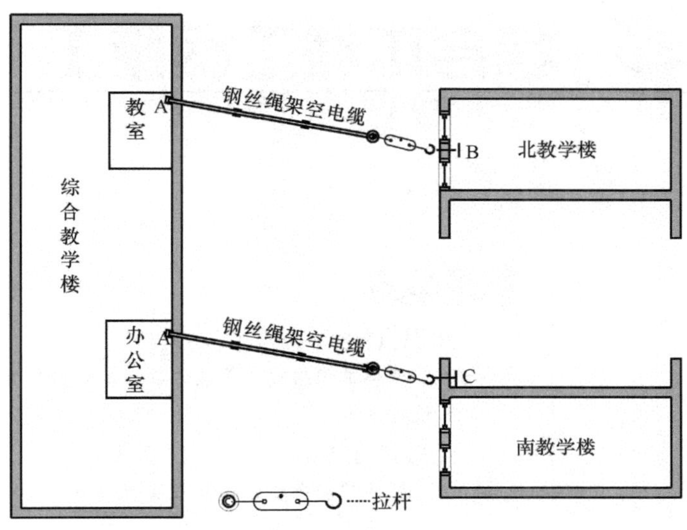

图 1-56　室外架空图

1.7.3　巩固训练

1. 建筑群子系统的连接方式有几种？
2. 制作校园网络建筑群子系统设计图。

项目2 综合布线工程施工

项目目标

知识目标 ☞

理解工程组织，管理方法，工程监理常识各大子系统设计方案。

能力目标 ☞

理解综合布线施工方案设计、施工文档制作、各子系统施工技术、编制相关竣工文档。

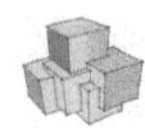

任务2.1　工程施工组织与管理

【教学目标】

1. 理解安全文明施工常识；
2. 理解布线设计方案文档；
3. 理解施工设计方案编制技术和方法。

【技能要求】

1. 能识读综合布线设计方案文档；
2. 能根据综合布线设计方案编制施工方案。

2.1.1　综合布线工程安全施工常识

施工过程中，必须严格遵守国家相关安全生产管理条例，如《中华人民共和国安全生产法》、《建筑工程安全生产管理条例》、《电气装置安装工程施工及验收规范》等。

工程施工原则为“安全第一，预防为主”，严禁出现“三违”。“三违”是指违章指挥、违章作业、违反劳动纪律。70%以上的事故都是由“三违”造成的。由于“三违”引起发生重大伤亡事故或者造成其他严重后果的，处三年以下有期徒刑或者拘役。发生事故立即向上级报告，不得隐瞒不报，并按“四不放过”原则进行调查分析和处理。“四不放过”是指：事故原因没有查清不放过，事故责任者没有受到严肃处理不放过，防范措施没有落实不放过，职工没有受到教育不放过。

1. 施工现场劳动保护

1）不允许未满 18 周岁的未成年人进入施工现场施工。

2）施工期间严禁饮酒。

3）进入现场必须戴好安全帽。正确佩戴安全帽注意两点：帽衬和帽壳不能紧贴，应有一定的间隙（帽衬顶部为 10～50mm，四周为 5～20mm）。当有物料坠落到安全帽壳上时，帽衬可起到缓冲作用，不使颈椎受到伤害；必须系紧下颚带；当人体发生坠落时，由于安全帽戴在头部，起到对头部的保护作用。

4）正确使用安全带：高处作业人员，在无可靠安全防护设施时，必须系好安全带。安全带必须先挂牢后作业。安全带应高挂低用，不准将绳打结使用，也不准将挂钩直接挂在安全绳上使用，应挂在连接环上使用。

5）凡直接从事带电作业的劳动者，必须穿绝缘鞋、戴绝缘手套，防止发生触电事故。

6）从事电、气焊作业的电、气焊工人，必须戴电、气焊手套，穿绝缘鞋和使用护目镜及防护罩。在有尘、有毒、噪声等有害环境作业的劳动者，需要配戴防尘、防毒口罩和防噪声耳塞等防护用品。

2. 消防安全常识

1）施工现场严禁使用明火。

2）严禁在仓库等物料堆积场所吸烟。施工现场电气发生火情时，应先切断电源，再使用沙土、二氧化碳、“1211”或干粉灭火器灭火。不得用水及泡沫灭火器进行灭火，以防止发生触电事故。

3）火灾隐患消除：每日作业完毕或焊工离开现场时，必须确认用火已熄灭，周围已无隐患，电闸已拉下，门已锁好，确认无误后，方可离开。进入现场严禁吸烟，在宿舍区不准卧床吸烟。

3. 临时用电常识

1）临时用电是指临时电力线路、安装的各种电气、配电箱、提供的各种机械设备动力源和照明，必须执行《施工现场临时用电安全技术规范》(JGJ 46—88)，施工完毕必须拆除。

2）施工现场所有电气设备和线路的绝缘必须良好，接头不准裸露。当发现有接头裸露或破皮漏电时，应当及时报告，不得擅自处理以免发生触电事故。

3）施工现场使用橡皮线时，应架空敷设，不得拖地使用，以防人踩、车轧。有水作业时，要将电源电缆用钢索架起，防止浸水造成事故。电缆接头必须按规范包扎严密、牢固、绝缘可靠。

4）施工现场室内的照明线路与灯具的安装高度低于2.4m时，应采用36V安全电压。施工现场手持照明灯具的电压应采用36V安全电压。在36V电线上严禁乱搭乱挂。

4. 高处作业安全常识

1）凡在坠落高度基准面2m以上（含2m）有可能坠落的高处进行的作业，均称高处作业。高处作业人员要身穿紧口工作服，脚穿防滑鞋，头戴安全帽，腰系安全带。遇到大雾、大雨和六级以上大风时，禁止高处作业。高处作业暂时不用的工具，应装入工具袋，随用随拿。用不着的工具和拆下的材料应采用系绳溜放到地面，不得向下抛掷，应及时清理运送到指定的地点。施工中不得向下投掷物料。

2）高处作业平台四周要有高1～1.2m的防护栏杆，栏杆外挂密目网封闭。底部四周铺18cm高挡脚板。平台板为5cm厚木脚手板。平台设梯子供作业人员上下。梯子要与平台骨架固定牢固，踏板间距为30cm。

3）在高处作业时，工作面边缘没有没有围护设施，或虽有围护设施但高度低于0.8m时，此高处作业为临边作业。阳台、楼板、屋面、基坑周边等临边应搭设防护栏杆，外挂密目网封闭。使用里脚手架砌墙时，墙外围用密目网封闭。使用外脚手架时，脚手架外侧用密目网封闭；内侧与墙体之间也应将空隙封闭，防止落物、落人。

4）施工过程中，存在着各种孔洞，有从孔洞坠落的危险。孔洞应根据大小位置，按施工方案要求封闭牢固严密，任何人不得随意拆除；如有拆除，须经工地负责人

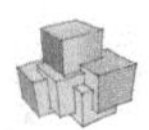

批准。

5）作业人员进行立体交叉作业时，不得在上下同一垂直面上作业。下层作业位置必须处于上层作业物体可能坠落的范围之外；当不能满足时，上下之间应设隔离防护层。禁止下层作业人员在防护栏杆、平台等的下方休息。

6）攀登作业：作业人员应从规定的通道上下，不得在阳台之间等非规定通道攀登、翻越。上下梯子时必须面对梯子，双手扶牢，不得手持物件攀登。禁止在阳台栏杆、钢筋和管架、模板及其支撑杆上作业。禁止沿屋架上弦、檩条及未固定的物件上行走和作业。人员上下脚手架应走专用通道，禁止攀爬脚手架杆件上下。在脚手架行走和作业时要注意脚下探头板通行。

7）吊物之前必须清楚物件的实际重量，不准吊不明重量和埋在地下的物体。当重物无固定吊点时，必须按规定选择吊点并捆绑牢靠，使重物在吊运过程中保持平衡和吊点不产生移位。

8）起重指挥人员不准兼做司索（挂钩）工，应认真观察周围环境，确保信号正确无误。

9）施工现场的机动车道与外电架空线路交叉时，架空线路的最低点与路面的最小垂直距离应符合以下要求：外电线路电压为 1kV 以下时，最小垂直距离为 6m；外电线路电压为 1～35kV 时，最小垂直距离为 7m。

10）对于达不到最小安全距离时，施工现场必须采取保护措施，可以增设屏障、遮栏、围栏或保护网，并要悬挂醒目的警告标志牌。在架设防护设施时应有电气工程技术人员或专职安全人员负责监护。

11）架空线路所使用的横担、角钢及杆上的其他配件应视导线截面、杆的类型具体选用杆的埋设、拉线的设置均应符合有关施工规范。

5. 文明工地

施工现场应当实现围挡、大门标牌装饰化，材料堆放标准化，生活设施整洁化，职工行为文明化，做到施工不扰民、现场不扬尘、运输垃圾不遗撒，营造良好的作业环境。

1）施工现场必须严格执行安全交底制度。每道施工工序作业前，都要进行安全技术交底，由施工负责人向全体施工人员讲解施工作业中的危险点和应该采取的安全措施以及作业中的注意事项。施工班组必须认真听讲并在作业中严格按照要求去做。施工班组上班前，班组长应召集全班人员，按照当天的工作内容、针对作业环境、天气状况和可能遇到的不安全因素提出具体的、有针对性的安全要求。

2）施工现场的材料应按照规定的地点分类存放整齐，做到一头齐、一条线、一般高。周转材料、工具一头见齐，不得侵占现场道路，防止堵塞交通影响施工。

3）作业现场应保持整洁，及时清理。要做到施工完一处后清理一处，施工垃圾应集中存放并及时运走。

4）工地临时仓库应做到物品摆放整齐，环境整洁。

5）饭前洗手，不吃不干净的食品，不喝生水，保证身体健康。

6. 现场急救知识

1）触电急救：发现有人触电时，应首先迅速拉电闸断电或用木方、木板等不导电材料，将触电人和接触电气部位分开，然后抬到平整的场地实行人工急救，并向工地负责人报告。

2）摔伤急救：当有人自高处坠落摔伤时，应注意摔伤及骨折部位的保护，避免因不正确的抬运，使骨折错位造成二次伤害。

3）食物中毒：发现饭后多人有呕吐、腹泻等不正常症状时，要及时向工地负责人报告，并拨打急救电话 120。工地使用亚硝酸钠很像使用的“大粒盐”，是有毒物质，千万不能当作食用盐使用。

4）煤气中毒急救：冬季采暖必须按照有关规定，统一安装炉具并设专人负责管理；不得随意安装炉具，防止发生煤气中毒。发现有人煤气中毒时，要迅速打开门窗，使空气流通或将中毒者穿暖抬到室外，实行现场急救并及时送往医院。

5）在井（地）下施工中有人发生中毒时，井（地）上人员绝对不能盲目下去救助。必须先向下送风，救助人员必须采取个人保护措施，并派人报告工地负责人及有关卫生主管部门。现场不具备抢救条件时，应及时拨打 119、110 或 120 求救。

6）工地发生伤亡事故后：有组织地抢救受伤人员。保护事故现场不被破坏。及时向上级和有关部门报告。

7）发现火灾的处理：当现场有火险发生时，应立即取出灭火器或接通水源扑救。当火势较大，现场无力扑救时，立即拨打 119 报警，讲清火险发生的地点、情况、报告人及单位。

2.1.2 综合布线工程的施工准备

1. 熟悉工程设计及施工设计图纸

工程施工前首先应进行充分的技术准备。熟悉图纸及与工程有关的规范、标准等技术资料。在施工前，必须仔细查阅其他专业的施工图纸，尤其是土建结构施工图，水、电、通风施工图。在审图时，用比例尺在图纸上认真测量，为布线系统找出最合理的路由走向，这样既节省线缆的长度，又避免与其他专业管路发生冲突，由于电气专业管线不可避免地要与其他各专业管路交叉重叠，发生矛盾的现象，给土建专业带来地面超高等问题，这时需要布线施工方和其他专业施工方、甲方及监理方进行积极协调，确定合理、经济的布线路由。

2. 施工场地的准备

为了便于工程施工管理，需要在施工现场布置相应的临时场所和设施，如管槽加工场所、现场办公室、临时仓库、现场办公室等。

3. 施工现场勘查

工程施工前应仔细勘察现场，包括实际走线路由：需要考虑隐蔽性及对建筑物破

坏（建筑结构特点）情况，在利用现有空间的同时，避开电源线与其他线路，特定的环境下是否对线缆进行必要的保护，施工的工作量和可行性（如打过墙眼、墙上开槽）等。还要明确各工作区内电源插座的具体位置和安装方式，要充分考虑到甲方在施工当中及将来的应用当中可能发生的变化情况（如位置变动、数量变动等），工程施工前应对安装现场的环境条件进行检查。不应在温度高、灰尘多、存在有害气体、易爆等场所进行施工安装，还应避开有振动和强噪音、高低压变配电及强电干扰严重的场所。同时房屋的设计应符合环保、消防、人防等规定。

4. 施工器材检验

工程施工前应对布线的器材进行检验。各种管材的内壁应光滑、无毛刺、无裂缝，材质、规格、型号及孔径壁厚应符合设计文件的规定和质量标准。

5. 编制施工方案

编制施工方案、工程预算及材料清单。根据实际勘查的情况确定路由并申请批准，如需要在承重梁上打过墙眼时需要向监理部门申请，否则违反施工法规等。整个规划及破坏程度说明最好经甲方及监理部门批准，修正规划。在正式的有最终许可手续的规划基础上，计算用料和用工，综合考虑设计实施中的管理操作等的费用，提出预算和工期以及施工方案和安排。实施方案中需要考虑用户方的配合程度，实施方案需要与用户方协商认可签字，并指定协调负责人员，指定工程负责人和工程监理人员，负责规划备料、备工、用户方配合要求等方面事宜，提出各部门配合的时间表，负责内外协调和施工组织和管理。准备好施工中可能用到的全部表格（如开工申请表、施工组织设计方案报审表、施工技术方案申报表、施工进度表、进场原材料报验单、进场设备报验单、人工、材料价格调整申报表、付款申请表、索赔申请书、工程质量月报表、工程进度月报表、复工申请、隐蔽工程验收申请表、工程验收申请单、工程竣工申请表等）；工程所用产品和施工材料的各类文件（如合格证、检测报告、技术说明书等）。

2.1.3　综合布线工程的施工管理

1. 施工现场考勤制度

1）工程现场全体工作人员必须每天准时出勤，指纹打卡。工程开工后，工作时间为九小时。

2）工作人员外出执行任务需要向项目经理请示，填写外勤任务单，获准后方可外出。

3）项目经理外出须向分管副总汇报。

4）病假需出示病假证明书。

5）事假要向项目经理申请，填写请假条，一天以内项目经理批准，两天以内分管副总批准，三天以上董事长批准。获准假后方可休息。并送行政部备案。

6）因工程进度需要加班时，所有工作人员必须服从。由项目经理填写加班申请表。工作人员加班工资另计，项目经理不计加班工资。工作人员因自身原因不能按时完成自身工作任务，需要加班的，不计加班工资。

7）无故旷工三次或连续三天者除名。

2. 施工现场例会制度

1）自工程开工之日起至竣工之日止，坚持每天举行一次碰头会。

2）每日例会由相关项目经理召集，施工员、养护班长及施工班组负责人参加。工程秘书记录归档。项目经理可根据具体问题扩大参加例会人员范围。

3）施工中发现的问题必须提交例会讨论，报分管副总批准。例会中做出的决定必须坚决执行。

4）各班组间协调问题提交日例会解决。例会中及时传达有关作业要求及最新工程动态。

5）每周例会由分管副总召集，项目经理、预算员、营销经理参加，工程秘书记录归档。分管副总可根据具体问题，扩大参加人员范围。

6）各生产部门间的协调问题、甲乙双方的协调问题提交周例会解决。例会传达公司最新工程动态、最新公司文件及精神。

3. 施工现场档案管理制度

1）工程秘书应严格城建档案管理要求，做好资料档案工作。

2）做好施工现场每日例会记录、每周例会记录、临时现场会议记录。

3）现场工作人员登记造册。施工班组人员身份证复印件整理归档。

4）工程中工程量签证单、工程任务书、设计变更单、施工图纸、工程自检资料的整理归档。

5）工程中其他文件、资料、文书往来整理归档。

6）各类档案资料分类保管，做好备份，不得遗失。同时建立相关电子文档，便于查阅。

7）借阅档案资料需办理借阅手续。填写工程资料借阅表，并及时归还。

4. 施工现场仓库管理制度

1）材料入库必须经项目经理验收签字，不合格材料决不入库，材料员必须及时办理退货手续。

2）保管员对任何材料必须清点后方可入库，登记进账。填写材料入库单。同时录入电子文档备查。

3）材料账册必须有日期、入库数、出库数、领用人、存放地点等栏目。

4）仓库内材料应分类存入，堆放整齐、有序，并做好标识管理。并留有足够的通道，便于搬运。

5）油漆、酒精、农药等易燃易爆有毒物品存入危险品仓库。并配备足够的消防器

材，不得使用明火。

6）大宗材料、设备不能入库的，要点清数量，做好遮盖工作，防止雨淋日晒，避免造成损失。

7）仓库存放的材料必须做好防火、防潮工作。仓库重地严禁闲杂人员入内。

8）材料出库必须填写领料单，由项目经理签字批准，领料人签名。

9）工具设备借用，建立借用物品账。严格履行借用手续，并及时催收入库。实行“谁领用谁保管”的原则，如有损坏，及时通知材料员联系维修或更换。

5. 施工现场文明施工理制度

1）施工作业时不准抽烟。

2）施工现场大小便必须到临时厕所。临时厕所使用后要随时清洗。

3）材料构件等物品分类码放整齐。领用材料、运输土方、沙石等不沿途遗撒，及时清扫维护。

4）施工中产生的垃圾必须整理成堆，及时清运。做到工完料清。

5）现场施工人员的着装必须保持整洁。不得穿拖鞋、不得光着肚皮上班。

6）工棚必须保持整洁，轮流打扫卫生，生活垃圾、生产废物及时清除。

7）团结同志，关心他人，严禁酒后上岗，酗酒闹事，打架斗殴，拉帮结伙，恶语伤人，出工不出力。

8）对施工机械等噪声采取严格控制，最大限度减少噪声扰民。

6. 施工现场安全生产管理制度

1）新工人入场，必须接受“安全生产三级教育”。

2）进入施工现场人员佩戴好安全帽。必须正确使用个人劳保用品，如安全带等。

3）现场施工人员必须正确使用相关机具设备。上岗前必须检查好一切安全设施是否安全可靠。

4）特殊工种持证上岗，特殊作业佩戴相应的劳动安全保护用品。

5）使用砂轮机时，先检查砂轮有无裂纹，是否有危险。切割材料时用力均匀，被切割件要夹牢。

6）高空作业时，要系好安全带。严禁在高空中没有扶手的攀沿物上随意走动。

7）深槽施工保持做到坡度稳定，及时完善护壁加固措施。

8）危险部位的边沿，坑口要严加栏护、封盖，及设置必要的安全警示灯。

9）按规定设置足够的通行道路、马道和安全梯。

10）装卸堆放料具，设备及施工车辆，与坑槽保持安全距离。

11）大中型施工机械（吊装运输碾压等）指派专职人员指挥。

12）小型及电动工具由专职人员操作和使用。注意用电安全。

13）施工人员必须遵守安全施工规章制度。有权拒绝违反“安全施工管理制度”的操作方法。

14）施工现场需挂贴安全施工标牌。

15）严禁违章指挥和违章操作。

7. 施工现场临时用电管理制度

1）工地所有临时用电由专业电工（持证上岗）负责，其他人员禁止接驳电源。

2）施工现场每个层面必须配备具有安全性的各式配电箱。

3）临时用电，执行三相五线制和三级漏电保护。由专职电工进行检查和维护。

4）所有临时线路必须使用护套线或海底线。必须架设牢固，一般要架空，不得绑在管道或金属物上。

5）严禁用花线、铜芯线乱拉乱接，违者将被严厉处罚。

6）所有插头及插座应保持完好。电气开关不能一擎多用。

7）所有施工机械和电气设备不得带病运转和超负荷使用。

8）施工机械和电气设备及施工用金属平台必须要有可靠接地。

9）接驳电源应先切断电源。若带电作业，必须采取防护措施，并有三级以上电工在场监护才能工作。

8. 施工现场保卫管理制度

1）保卫人员必须必须忠于职守、坚守岗位、昼夜巡视，保护施工现场财产不受损失。

2）项目经理应根据现场的实际情况，设置符合标准的挡栏、围栏等，尽可能实行封闭施工。

3）项目经理应对露天的原材料、成品、半成品进行安全检查，必要时增设安全防护设施，或派专人看守。

4）所有施工人员必须佩戴工号牌，外来人员无项目经理许可，不得进入施工现场。

5）夜间值勤的保卫人员，必须巡视整个施工区域，不得睡觉。

6）保卫人员现场巡视时，密切注意原材料、成品、半成品、机具、设备等。发现异常情况及时向公司汇报。

7）施工班组自带的所有设备、工具等应进行登记，登记清单由工程秘书保管，以备相关人员查阅。

8）施工班组离场时，携带的工具、设备出场，必须有项目经理部的批条方可带出。

9. 施工现场消防管理制度

1）施工现场的每个层面必须配备足够的灭火消防器材。

2）保卫人员每天必须检查消防器材的完好性，如有损耗应及时补充。

3）消防器材安放处必须有明显的标记。

4）消防器材的设置地点以方便使用为原则，不得随意变更消防器材的放置。

5）工作人员必须熟悉消防器材的使用方法。

6）漆类等易燃品存放在危险品仓库。油漆工施工时要避开火源、热源。

7）施工现场所有使用明火的地方，必须保证有专人值守，做到人走火灭。

8）保持消防道路通畅，一旦发生火警应立刻组织人员扑灭，必要时向消防部门报告。

9）临时工棚等设施支搭符合防盗防火要求。定期进行防盗防火教育，经常进行检查及时消除隐患。

10. 施工现场成本管理制度

（1）实行成本考核制

1）由项目经理首先与上级领导签订责任书，明确自己在工程施工过程中遇到不同情况时所应承担的责任。在明确责任的同时要确定责任成本（责任成本是指按照责任者的可控程度所归集的应由责任者负责的成本）。在责任成本范围内如果出现成本人为超耗视具体情况按百分比扣除项目经理奖金；如果成本损耗低于成本预测计划即工程成本降低了则按百分比一次性奖励项目经理。

2）成本控制目标层层分解，层层签订责任书，并与经济利益挂钩，以强化全员经济意识。可将责任书上墙，时刻提醒工程部内成员。

3）具体考核措施：可以在工程部内部成立一个考核小组，在每道工序完成后，根据工程部内成员责任成本完成情况，进行商议考核。在各自责任成本范围内，成本节约了则所节约成本的2%作为奖金奖励给相关人员。如果成本超耗且是人为超耗则按超耗成本的1%扣除奖金。

4）施工前，做好项目成本预测和计划。

5）定期召成本分析会。主要分析内容为：

① 现场已完工程量，监理已签字工程量。

② 人工消耗及费用，未来一周的每日用工计划。

③ 材料消耗，运输费用，周转材料，修旧利废，材料节超情况及原因，未来一周材料需用种类及数量。

④ 机械费用发生额，维修折旧费用，未来一周机械需用种类及数量。

⑤ 对费用控制提出整改措施。

（2）强抓材料管理和使用

1）做好材料采购前的基础工作。

工程开工前，项目经理、施工员必须反复认真地对工程设计图纸进行熟悉和分析，根据工程测定材料实际数量，提出材料申请计划，申请计划应做到准确无误。

2）各分项工程都要控制住材料的使用。特别是石材材、木材、砂石等严格按定额供应，实行限额领料。

3）在材料领取、入库出库、投料、用料、补料、退料和废料回收等环节上尤其引起重视，严格管理。

4）对于材料操作消耗特别大的工序，由项目经理直接负责。具体施工过程中可以按照不同的施工工序，将整个施工过程划分为几个阶段，在工序开始前由施工员分配大型材料使用数量，工序施工过程中如发现材料数量不够，由施工员报请项目经理领料，并说明材料使用数量不够的原因。每一阶段工程完工后，由施工员清点、汇报材料使用和剩余情况，材料消耗或超耗分析原因并与奖惩挂钩。

5）对部分材料实行包干使用，节约有奖、超耗则罚的制度。

6）及时发现和解决材料使用不节约、出入库不计量，生产中超额用料和废品率高等问题。

7）实行特殊材料以旧换新，领取新料由材料使用人或负责人提交领料原因。材料报废须及时提交报废原因，以便有据可循，作为以后奖惩的依据。

8）对于周转材料在每项工程中的成本摊销方式，我们可以尝试采用以下公式进行成本核算：

摊销量＝一次使用量×(1＋损耗率)/周转次数

一次使用量：根据施工图纸进行计算的供申请备料和编制施工作业计划使用量。

周转次数：指新的周转性材料，从第一次使用，到这部分材料不能再提供使用的使用次数。

损耗率：指周转性使用材料，在某项工程中，根据使用的频繁程度、工程对象特征、工期长短等情况，制定的该部分周转性使用材料在该工程中应计取的材料摊销的数量。

(3) 劳动力资源管理

1）在施工开始前，不仅要排施工进度计划，也应该据施工进度计划排出每道工序民工用工计划，根据用工计划计算人工费。在开工前与民工负责人商议此份用工计划，做到民工负责人心中有数。

2）项目经理根据每道工序民工用工计划事先拟订民工使用成本目标，并提交上级领导审查。根据民工使用成本目标向生产副总通告人工费拨款计划。工程完工后，人工费在事先拟订的目标基础上降低了，则将节约资金的1%奖励给相关人员。

3）在工程开工后，要严格控制劳动力定额、出勤率、加班加点等问题；及时发现和解决人员安排不合理，派工不恰当，时紧时松，窝工、停工等问题。每天早晨由施工员指定上岗民工数，指定的人数应与用工计划基本吻合，一天中视具体情况增加民工上岗。这样就可以在一定程度上避免民工闲滞情况出现，降低人工成本。

4）在施工过程中，应增强施工班组负责人的责任意识，调配民工、追究责任等问题，直接与班组负责人交涉。

5）在施工开始前与班组负责人签订责任书及承包书等，明确责任。硬质景观工程可采用各项施工工序由班组承包施工的方法：在保证施工质量、施工进度的前提下，针对不同的施工工序定工期、定质量、定人工量，由民工分段承包施工。这样在一定程度上避免了施工管理中的许多麻烦，减轻了项目经理、施工员的工作量，同样达到了降低人工成本的目的。

6）具体的人工费考核标准，先采取以上的管理方式待工程完工后对比几个工地的专人记工数成本和合同成本，分析其中的浮动额，便于调整合理的人工费定额。

7）工程部人员也应该合理配置、加强管理。在工程经理向上级领导提交项目承包

责任书的同时可以由工程部经理提出工程部人员配置计划，在不影响施工进度满足施工质量的前提下由工程部经理自行安排工程部成员构成，特殊岗位必须有专人负责，其他岗位如果条件允许可以实行一人多岗。

8）工程部内可引进竞争机制，各岗位负责人定期写工作总结上交项目经理。

9）定期举行一些小的集体活动，以增进工程部成员之间的感情，锻炼大家的团队精神使大家能够更好地了解彼此，从而在工作中更好地协作、配合，高质量、高效率的完成工作。

（4）机械使用和管理

1）由施工员每天记录所有机械使用情况。由电工对机械进行及时维修、保养。

2）对于重要工序所使用的重要机械，在施工工序开始前由项目经理提出机械种类、数量及台班数。

3）大型机械必须专人指挥，事前控制总台班数量，下达日台班定额。

11. 施工现场质量管理制度

1）项目经理必须对施工员及施工班组进行每一道工序的技术质量交底。

2）施工员必须牢固掌握工程的工艺流程及施工技术质量要求。

3）对景观艺术要一丝不苟、精益求精，要尊重自然规律，贴近自然，达到逼真效果。

4）认真做好工程前期准备工作，编制切实可行的施工组织设计。针对不同工程特点，制定相应的施工方案，并组织进行技术革新，从而保证施工技术的可行性及先进性。

5）施工技术的准备。在熟悉施工图纸的基础上，对图纸中的问题进行汇总，结合本公司的施工特点，提出具体的修正方案，报甲方及设计单位共同探讨，以达成一致，使得问题能够在进场施工前得到最大限度的解决。

6）对原材料进行严格的验收。不合格的原材料坚决不用。

7）保证技术工人的相对稳定。对技术特别过硬的技术工人实行奖励，同时淘汰技术不合格的民工。

8）施工工艺是决定工程质量好坏的关键，有好的工艺，能使操作人员在施工过程达到事半功倍的效果。为了保证工艺的先进性及合理性，公司对于不太成熟的工艺安排专人进行试验，将成熟的工艺编制成作业指导书，并下发各施工员，施工员在现场指导生产时则依此为依据对工人进行书面交底，并由班组长签字接收。工艺交底包括工具及材料准备、施工技术要点、质量要求及检查方法、常见问题及预防措施。在施工时先交底后施工，严格执行工艺要求。

9）加强专项检查、及时解决问题

① 开展自检、互检活动，培养操做人员的质量意识。各工序完成后由班组长组织本班组人员，对本工序进行自检、互检，自检依据及方法严格执行技术交底，在自检中发现的问题由班组自行处理并填写自检记录，班组自检记录填写完善，自检出的问题已确实修正后方可由施工员进行验收。

② 认真开展工序交接活动。上一道工序完成后，在进行下道工序施工前，由施工员组织上、下工序施工班组长进行交接检验，由下道工序班组长检查上道工序质量，对影响本道工序的质量问题提出意见，并填写交接检验记录，施工员督促上道工序人员进行修正后，下道工序人员方可进行施工。从根本上杜绝不合格品的存在。

③ 专职检查、分清责任。在班组自检基础上，施工员要对各班组长的各道工序进行检查，从严要求，对不合格的要立即处理，在检查时必须分清产生不合格的原因，是由于工人操作引起，还是由于施工材料或施工方法引起的不合格。查清原因后，对于反复发生的问题要制定整改措施及相应的预防措施，防止同类问题再次发生。对于工人操作引起的不合格，要视情况严重程度对工人采取处罚措施，并及时向操作人员讲明处罚的理由。

④ 定期抽查，总结提高。定期到各项目的工程质量情况进行检查，对发现的问题定期集中分类，定期召开质量分析会，组织施工管理人员对各类问题分析总结，针对特别项目制定纠正预防措施，并贯彻实施。使各施工管理人员在不断解决问题的过程中，提高水平。

⑤ 做好内部验收。工程完工后，在交付顾客使用前，由景观工程部、营销部及行政部对工程进行全面的验收检查，对于发现的问题，书面通项目经理及时整改，如有必要则进行二次内验，只有在内部验收通过后，工程才能交付甲方进行验收，从而保证一次性验收合格。

2.1.4 综合布线工程的工程监理

工程监理工作的依据是工程承包合同和监理合同。监理的职责就是在贯彻执行国家有关法律、法规的前提下，促使甲、乙双方签订的工程承包合同得到全面履行。控制工程建设的投资、工期、工程质量；进行安全管理、合同管理；协调有关单位之间的工作关系，即“三控、两管、一协调”。工程监理是与国外接轨并结合中国国情，在工程建设领域中进行的一项重大改革，与国外的对业主提供工程项目管理服务是相似的。工程监理根据业主需要可以为业主提供工程项目全过程或某个分阶段，如施工阶段的监理，土建工程监理和安装工程监理。土建工程监理是建筑结构、装饰施工过程监理；安装工程监理是建筑设备设施安装过程的监理，包括建筑给排水、电气线路、弱电及电梯等建筑内部的设备设施。

监理目的，是确保工程建设质量和安全，提高工程建设水平，充分发挥投资效益。

1. 有关规定

建设部和国家计委《项目管理规定》（建监［1995］第 737 号文）明确提出：“建设工程监理是指具有相关资质的监理单位受建设单位（项目法人）的委托，依据国家批准的工程项目建设文件、有关工程建设的法律、法规和工程建设监理合同及其他工程建设监理合同对工程建设实施的监督管理。”

工程监理：承建单位的工程建设实施监控的一种专业化服务活动。监理单位是建

筑市场的主体之一，建设监理是一种高智能的有偿技术服务。监理单位与项目法人之间是委托与被委托的合同关系；与被监理单位是监理与被监理关系。从事工程建设监理活动，应当遵循守法、诚信、公正、科学的准则。可见，监理是一种有偿的工程咨询服务；是受项目法人委托进行的；监理的主要依据是法律、法规、技术标准、相关合同及文件；监理的准则是守法、诚信、公正和科学。

2. 工作性质

工程监理单位是建筑市场的主体之一，建设工程监理是一种高智能的有偿技术服务。在国际上把这类服务归为工程咨询（工程顾问）服务。我国的建设工程监理属于国际上业主方项目管理的范畴。综上所述，建设工程监理的工作性质有如下几个特点。

1）服务性。工程监理机构受业主的委托进行工程建设的监理活动，它提供的不是工程任务的承包，而是服务，工程监理机构将尽一切努力进行项目的目标控制，但它不可能保证项目的目标一定实现，它也不可能承担由于不是它的缘故而导致项目目标的失控。

2）科学性。工程监理机构拥有从事工程监理工作的专业人士——监理工程师，它将应用所掌握的工程监理科学的思想、组织、方法和手段从事工程监理活动。

3）独立性。指的是不依附性，它在组织上和经济上不能依附于监理工作的对象（如承包商、材料和设备的供货商等），否则它就不可能自主地履行其义务。

4）公平性。工程监理机构受业主的委托进行工程建设的监理活动，当业主方和承包商发生利益冲突或矛盾时，工程监理机构应以事实为依据，以法律和有关合同为准绳，在维护业主的合法权益时，不损害承包商的合法权益，这体现了建设工程监理的公平性。

3. 实施程序

(1) 确定项目总监理工程师，成立项目监理机构

监理单位应根据建设工程的规模、性质、业主对监理的要求，委派称职的人员担任项目总监理工程师，总监理工程师是一个建设工程监理工作的总负责人，他对内向监理单位负责，对外向业主负责。

监理机构的人员构成是监理投标书中的重要内容，是业主在评标过程中认可的，总监理工程师在组建项目监理机构时，应根据监理大纲内容和签订的委托监理合同内容组建，并在监理规划和具体实施计划执行中进行及时的调整。

(2) 编制建设工程监理规划

建设工程监理规划是开展工程监理活动的纲领性文件。

(3) 规范化地开展监理工作

监理工作的规范化体现在：

1）工作的时序性。这是指监理的各项工作都应按一定的逻辑顺序先后展开。

2）职责分工的严密性。建设工程监理工作是由不同专业、不同层次的专家群体共同来完成的，他们之间严密的职责分工是协调进行监理工作的前提和实现监理目标的

重要保证。

3）工作目标的确定性。在职责分工的基础上，每一项监理工作的具体目标都应是确定的，完成的时间也应有时限规定，从而能通过报表资料对监理工作及其效果进行检查和考核。

（4）参与验收，签署建设工程监理意见

建设工程施工完成以后，监理单位应在正式验交前组织竣工预验收，在预验收中发现的问题，应及时与施工单位沟通，提出整改要求。监理单位应参加业主组织的工程竣工验收，签署监理单位意见。

（5）向业主提交建设工程监理档案资料

建设工程监理工作完成后，监理单位向业主提交的监理档案资料应在委托监理合同文件中约定。如在合同中没有作出明确规定，监理单位一般应提交：设计变更、工程变更资料，监理指令性文件，各种签证资料等档案资料。

（6）监理工作总结

监理工作完成后，项目监理机构应及时从两方面进行监理工作总结。其一，是向业主提交的监理工作总结，其主要内容包括：委托监理合同履行情况概述，监理任务或监理目标完成情况的评价，由业主提供的供监理活动使用的办公用房、车辆、试验设施等的清单，表明监理工作终结的说明等。其二，是向监理单位提交的监理工作总结，其主要内容包括：①监理工作的经验，可以是采用某种监理技术、方法的经验，也可以是采用某种经济措施、组织措施的经验，以及委托监理合同执行方面的经验或如何处理好与业主、承包单位关系的经验等；②监理工作中存在的问题及改进的建议。

4. 主要内容

工程监理的主要内容包括：工程建设的投资控制、建设工期控制、工程质量控制、安全控制；进行信息管理、工程建设合同管理；协调有关单位之间的工作关系，即“四控、两管、一协调”。

建设工程监理按监理阶段可分为设计监理和施工监理。设计监理是在设计阶段对设计项目所进行的监理，其主要目的是确保设计质量和时间等目标满足业主的要求；施工监理是在施工阶段对施工项目所进行的监理，其主要目的在于确保施工安全、质量、投资和工期等满足业主的要求。

5. 制度规范

《中华人民共和国建筑法》规定：“国家推行建筑工程监理制度。”“建筑工程监理应当依据法律、行政法规及有关的技术标准、设计文件和建筑工程合同，对承包单位在施工质量、建设工期和建设资金等方面，代表建设单位实施监督。”由此可见，国家从法律上明确了监理制度的法律地位。

6. 行业发展

我国自 1988 年实行工程建设项目监理制度以来，建立了一支为投资者提供工程管

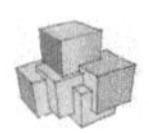

理服务的专业化监理队伍，打破了过去工程建设项目自筹、自建、自营的小生产管理状况，初步实现了工程管理方面与国际惯例的接轨。

推行工程建设监理制度，是我国深化基本建设体制改革，发展市场经济的重要措施，是我国与国际惯例接轨的一项重要制度。我国正处于工业化中期加速阶段，各行业的建设需求依然巨大，且随着我国经济体制改革的深化和投资主体的多元化发展，工程项目规模的扩大和复杂程度的加深，市场对工程监理服务的需求日益增长。虽然我国工程监理行业尚处于摸索阶段，但市场发展潜力大，前景广阔。监理行业已经走过了20多年的风雨历程，在我国工程建设中起到了不可估量的作用。随着市场需求的变化，以及国家行业政策的出台，监理企业必将出现分化，一些有实力的监理企业将向项目管理公司的方向发展，规模较小的监理企业将停留在施工阶段的监理。监理行业在建设工程领域必将起到更大的作用。未来，工程监理企业应从两方面入手提高竞争力：一是量，拓展企业规模，包括监理项目的数量和规模、企业的经营范围、监理的资质范围和等级、注册监理工程师和从业人员数量、客户面和客户获取渠道（尤其是政府投资项目的客户）、服务区域、服务行业、企业联盟和并购等，只有量达到一定的规模才能有质的飞跃，为质的飞跃打好基础；二是质，提高企业效能和核心竞争力，包括战略构想、品牌建设、文化建设、业绩管理、营销策划、管理能力、人员技能、知识管理、流程优化、绩效管理等，适应未来市场化、专业化发展的需要。

7. 基本原则

实施原则监理单位受业主委托对建设工程实施监理时，应遵守以下基本原则：

（1）公正、独立、自主的原则

监理工程师在建设工程监理中必须尊重科学、尊重事实，组织各方协同配合，维护有关各方的合法权益。为此，必须坚持公正、独立、自主的原则。业主与承建单位虽然都是独立运行的经济主体，但他们追求的经济目标有差异，监理工程师应在按合同约定的权、责、利关系的基础上，协调双方的一致性。只有按合同的约定建成工程，业主才能实现投资的目的，承建单位也才能实现自己生产的产品的价值，取得工程款和实现盈利。

（2）权责一致的原则

监理工程师承担的职责应与业主授予的权限相一致。监理工程师的监理职权，依赖于业主的授权。这种权力的授予，除体现在业主与监理单位之间签订的委托监理合同之中，而且还应作为业主与承建单位之间建设工程合同的合同条件。因此，监理工程师在明确业主提出的监理目标和监理工作内容要求后，应与业主协商，明确相应的授权，达成共识后明确反映在委托监理合同中及建设工程合同中。据此，监理工程师才能开展监理活动。总监理工程师代表监理单位全面履行建设工程委托监理合同，承担合同中确定的监理方向业主方所承担的义务和责任。因此，在委托监理合同实施中，监理单位应给总监理工程师充分授权，体现权责一致的原则。

（3）总监理工程师负责制的原则

总监理工程师是工程监理全部工作的负责人。要建立和健全总监理工程师负责制，就要明确权、责、利关系，健全项目监理机构，具有科学的运行制度、现代化的管理手段，形成以总监理工程师为首的高效能的决策指挥体系。

总监理工程师负责制的内涵包括：

① 总监理工程师是工程监理的责任主体。责任是总监理工程师负责制的核心，它构成了对总监理工程师的工作压力与动力，也是确定总监理工程师权力和利益的依据。所以总监理工程师应是向业主和监理单位所负责任的承担者。

② 总监理工程师是工程监理的权力主体。根据总监理工程师承担责任的要求，总监理工程师全面领导建设工程的监理工作，包括组建项目监理机构，主持编制建设工程监理规划，组织实施监理活动，对监理工作总结、监督、评价。

(4) 严格监理、热情服务的原则

严格监理，就是各级监理人员严格按照国家政策、法规、规范、标准和合同控制建设工程的目标，依照既定的程序和制度，认真履行职责，对承建单位进行严格监理。

监理工程师还应为业主提供热情的服务，“应运用合理的技能，谨慎而勤奋地工作”。由于业主一般不熟悉建设工程管理与技术业务，监理工程师应按照委托监理合同的要求多方位、多层次地为业主提供良好的服务，维护业主的正当权益。但是，不能因此而一味向各承建单位转嫁风险，从而损害承建单位的正当经济利益。

(5) 综合效益的原则

建设工程监理活动既要考虑业主的经济效益，也必须考虑与社会效益和环境效益的有机统一。建设工程监理活动虽经业主的委托和授权才得以进行，但监理工程师应首先严格遵守国家的建设管理法律、法规、标准等，以高度负责的态度和责任感，既对业主负责，谋求最大的经济效益，又要对国家和社会负责，取得最佳的综合效益。只有在符合宏观经济效益、社会效益和环境效益的条件下，业主投资项目的微观经济效益才能得以实现。

8. 工程结算审查结算方法

工程结算审查结算方法有多种，在审计前，通过收集资料，经过论证，采取合理审查方法，可达到事半功倍的效果。

1) 逐项审查法，也称全面审查法。优点是全面、细致，审计质量高，效果好。缺点是工作量大，时间长，国内单价合同和国际合同条件下工程可采用此法。

2) 标准预算审查法。因我国各地区采用标准不相同，这种方法使用范围较少，在发达地区，利用这种方法，又快又准，是一项有效的方法。

3) 重点审查法。这种方法，主要适应于国内总价合同，审计重点放在变更和索赔上，特别是重点突出，审计时间短，效果好。同时，还可以利用对比审查法、“筛选”审查法、手册审查法等手段作为补充，以保证审计的准确性。

9. 术语

(1) 项目监理机构

项目监理机构是监理单位为履行委托监理合同，实施工程项目的监理工作而按合

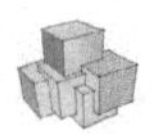

同项目设立的临时组织机构。随着工程项目监理工作的结束而撤销。项目监理机构的组织形式应结合工程特点、规模、难易程度等因素综合考虑，可采用直线式、职能式、直线一职能式和矩阵式等不同的组织形式。

(2) 监理工程师

监理工程师是岗位职务而不是技术职称。监理工程师是指经过考试，取得国务院建设行政主管部门与人事行政主管部门共同颁发的监理工程师执业资格证书，并经监理工程师注册机关注册，从事建设工程监理工作的人员。

(3) 总监理工程师

总监理工程师是由监理单位法定代表人任命，并书面授权，按合同项目设立的行政职务。在项目监理机构中，总监对外代表监理单位，对内负责项目监理机构日常工作。

(4) 总监理工程师代表

总监理工程师代表由总监理工程师任命并授权，行使总监理工程师授予的权力，从事总监理工程师指定的工作。

(5) 专业监理工程师

专业监理工程师是指根据项目监理岗位职责分工和总监理工程师的指令，负责实施某一专业或某一方面的监理工作，具有相应监理文件签发权的监理工程师。

(6) 监理员

监理员属于工程技术人员，不同于项目监理机构中的其他行政辅助人员。

(7) 工程变更

建设单位、设计单位、施工单位、项目监理机构各方均有权提出工程变更。

(8) 工程计量

工程计量的范围仅限于承包单位完成的合格工程。

(9) 延期批准

延期是指延长了原定的合同工期，其原因是由非承包单位责任引起的。临时延期批准是施工过程中的临时性决定。延期批准则是最终决定，并成为新的合同工期。

(10) 规划设计

1) 协助业主组织设计单位依照规划设计条件进行规划方案设计。协助业主上报规划设计方案，修改、调整，直至取得《规划方案审定通知书》。协助业主选定勘察单位。协助业主对勘察单位的设计方案进行审查和控制。协助业主针对不同的勘察阶段，对工程勘察报告内容和深度进行检查和审核。协助业主对设计单位的设计文件质量进行跟踪控制，重点在限额设计。

2) 设计准备阶段。协助业主审核设计方案招标文件，组织进行设计方案招投标。协助业主选定设计单位，拟定《设计合同》，商谈并签订合同。协助业主落实有关工程的外部条件，提供设计所需的基础资料。

3) 设计阶段。协助业主编制设计任务书，组织完成初步设计及工程概算的报审工作。协助业主配合设计单位开展技术经济分析，搞好设计方案的比选、优化设计。参与设备、材料的选型。协助业主检查和控制设计进度。协助业主控制工程的限额设计。

4）设计成果验收阶段。协助业主审核工程设计概算所含费用及计算方法的合理性。协助业主审核主要设备及材料清单，提出反馈意见。进行施工图纸审核，审核其是否满足技术质量方面的要求，其深度是否满足施工条件的要求，并审查各专业图纸间的错、漏、碰、缺等。

5）跟业主相互帮助，可以加快建筑设计的图纸等的审核速度，更好地进行下一步的设计改进和设计变更，使得流程得以最好的控制。

（11）权利

1）选择工程施工、设备和材料供应等单位的建议权。

2）对承包方选择的分包项目和分包单位的确认权和否认权。

3）协助发包方签订工程建设合同。

4）工程建设实施设计文件的审核确认权。只有经监理方审核确认并加盖公章的工程师图纸和设计文件，才能成为有效的施工依据。

5）工程施工组织设计、施工措施、施工计划和施工技术方案的审批权。

6）工程款支付的审核和签认权，工程结算的复核确认和否认权。未经监理方签字确认，发包方不支付任何工程款项。

7）有权要求承包方撤换不称职的现场施工和管理人员。

8）有权要求承包方增加和更换施工设备，由此增加的费用和工期延误责任由承包方自己承担。

（12）工作内容

1）认真学习和贯彻有关建设监理的政策、法规以及国家和省、市有关工程建设的法律、法规、政策、标准和规范，在工作中做到以理服人。

2）熟悉所监理项目的合同条款、规范、设计图纸，在专业监理工程师领导下，有效开展现场监理工作，及时处理施工过程中出现的问题。

3）认真学习设计图纸及设计文件，正确理解设计意图，严格按照监理程序、监理依据，在专业监理工程师的指导、授权下进行检查、验收；掌握工程全面进展的信息，及时报告专业监理工程师（或总监理工程师）。

4）检查承包单位投入工程项目的人力、材料、主要设备及其使用、运行状况，并做好检查记录；督促、检查施工单位安全措施的投入。

5）复核或从施工现场直接获取工程计量的有关数据并签署原始凭证。

6）按设计图及有关标准，对承包单位的工艺过程或施工工序进行检查和记录，对加工制作及工序施工质量检查结果进行记录。

7）担任旁站工作，发现问题及时指出并向专业监理工程师报告。

8）记录工程进度、质量检测、施工安全、合同纠纷、施工干扰、监管部门和业主意见、问题处理结果等情况，做好监理日记和有关的监理记录；协助专业监理工程师进行监理资料的收集、汇总及整理，并交内业人员统一归档。

9）完成专业监理工程师（或总监理工程师）交办的其他任务。

（13）监理工作抓住一个中心

监理工作的任务是“三控制、两管理”，其中心任务是质量控制，质量是永恒的主

题，离开了质量，什么进度控制、费用控制都等于白控制。而安全、环保也是建立在质量基础上的，质量与安全是一个有机的结合体，紧密联系在一起的，如果工程质量低劣，那工程势必存在安全隐患，甚至造成结构坍塌等严重质量安全事故，也就无法保证安全。因此，质量控制是监理的中心工作，必须牢牢抓住。作为一名监理人员，必须牢固树立“百年大计，质量第一”的思想，牢固树立“精品工程”的意识，牢固树立“细节决定成败，质量决定品牌”的理念，在平时的监理工作中，要正确处理好质量与进度、质量与投资的关系，正确把握“控制与检验”的关系，克服“轻控制、重检验”的被动监理方式，克服“松、软、懒”的不良习俗，克服“本本主义”，不切实际抓程序等形式主义方式，牢牢抓住质量这个中心，严格管理、严格控制、严格把关。

(14) 增强两大意识

一是要增强责任意识。监理工作能否到位，质量控制是否有效，主要是取决于现场监理人员的责任心。一个人水平再高、业务再精，但做起事情来是草草从事或敷衍了事，没有责任心，什么工作都不可能做好、做到位的，还不如一个水平一般、业务平平，但工作责任心较强的人做得好。只有责任心强的人，才会有质量意识、服务意识，职业道德才会好，才会不断提高自己的业务素质，才会主动监理、敢于管理，才能真正做到严格监理，热情服务。因此，有无责任意识是能否做好监理工作的根本。一名称职的监理人员，必须要具有高度的责任感、良好的职业道德、务实高效的工作作风。

二是要增强廉洁意识。监理工作的性质决定了监理人员必然会时时受到侵蚀的对象，从某种角度上讲，监理人员的廉洁自律比其业务素质更为重要。这次在全国范围内掀起的反商业贿赂专项治理中，交通行业把监理列入重点对象也是基于这个道理。常言道“吃人家的嘴短，拿人家的手软”，如果监理人员在廉洁上有问题，就会该讲的讲不出口，该硬的硬的不起来，该返工的下不了决心，不该签认的反而去签认了，被人牵着鼻子走，那质量控制势必软弱，一旦控制不了或难以控制，质量必然出问题，甚至导致质量事故。无数事实证明，质量事故的背后，往往存在着监理腐败。因此，全体监理人员要切实增强廉洁自律意识，要把握好一个度，不该吃的不吃、不该拿的不拿、不该活动的不活动、不该介绍的不介绍、不该推销的不推销、不该签字的不签字，做到“常在河边走，保证不湿鞋”，只有这样，才能做到严格监理，才能有效控制质量。

任务2.2 管槽系统的安装

【教学目标】

1. 理解工作区子系统施工技术；
2. 理解水平子系统施工技术。

【技能要求】

1. 能认识综合布线管槽安装施工工具，并能使用工具；
2. 能掌握建筑物内主干布线的管槽安装施工；
3. 能掌握建筑物内水平布线的管槽安装施工；
4. 能掌握建筑群地下通信管道施工；
5. 会管槽系统的安装。

【任务分析】

在网络综合布线系统工程施工中，我们都会用到不同的网络传输介质、网络布线配件和布线工具等。在本节我们详细介绍网络综合布线管槽系统工程常用器材和工具。

【流程图】

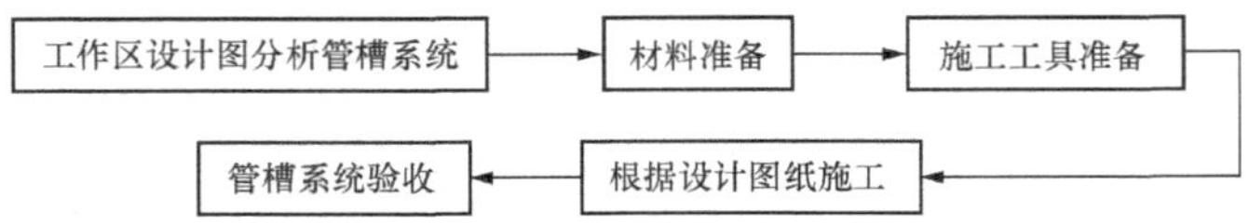

2.2.1 相关知识：管槽安装施工工具的认识和使用

1. 管槽安装的一般要求

总之，在管路、桥架和槽道施工中，必须与建筑设计和施工等各有关单位加强联系，必要时，请对方派人到现场进行协商，共同研究，解决施工中的疑难问题，以免影响施工进度和工程质量。

2. 管槽安装施工工具及常用器材

(1) 施工工具

1) 电工工具箱。电工工具箱是综合布线施工中必备的工具，它一般应包括以下工具：钢丝钳、尖嘴钳、斜口钳、剥线钳、一字螺丝批、十字螺丝批、测电笔、电工刀、电工胶带、活扳手、呆扳手、卷尺、铁锤、凿子、斜口凿、钢锉、钢锯、电工皮带、工作手套等。

图 2-1　电源线盘

2) 电源线盘。在室外施工现场，由于施工范围广，不可能随地都有电源，因此需要用长距离的电源线盘（图 2-1）接电，线盘长度有 20m、30m 和 50m 等型号。

3) 五金工具：①线槽剪；②台虎钳；③梯子；④管子台虎钳；⑤管子切割器；⑥管子钳；⑦螺纹铰板；⑧弯管器。

4) 电动工具：①充电旋具；②手电钻；③冲击电钻；④电锤；⑤电镐；⑥曲线锯；⑦角磨机；⑧型材切割机；⑨台钻。

（2）常用器材

1）金属线槽和塑料线槽。

① 金属槽由槽底和槽盖组成，每根槽一般长度为 2m，槽与槽连接时使用相应尺寸的铁板和螺丝固定。槽的外形如图 2-2 所示。

② 塑料槽的外形与金属槽类似，但它的品种规格更多。从型号上讲有 PVC-20 系列、PVC-25 系列、PVC-25F 系列、PVC-30 系列、PVC-40 系列、PVC-40Q 系列等；从规格上讲有 20mm×12mm、25mm×12.5mm、25mm × 25mm、30mm × 15mm、40mm × 20mm 等。

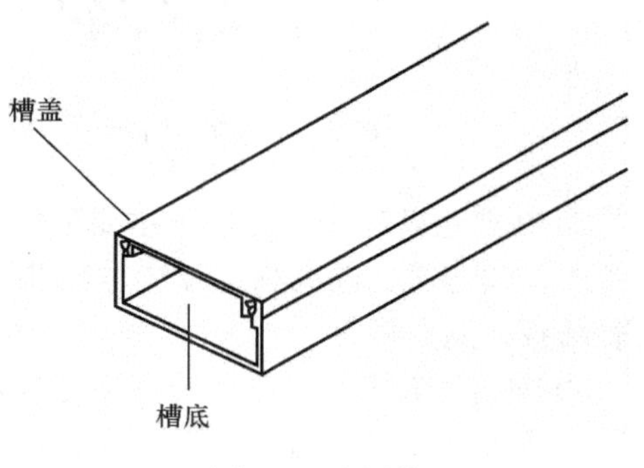

图 2-2　金属槽

与 PVC 槽配套的附件有阳角、阴角、直转角、平三通、左三通、右三通、连接头、终端头、接线盒（暗盒、明盒）等，如表 2-1 所示。

表 2-1　槽配套附件

产品名称	图例	产品名称	图例	产品名称	图例
阳角		平三通		连接头	
阴角		顶三通		终端头	
直转角		左三通		接线盒插口	
		右三通		灯头盒插口	

2）金属管和塑料管。

金属管是用于分支结构或暗埋的线路，它的规格也有多种，以外径 mm 为单位。管的外形如图 2-3 所示。

塑料管产品分为两大类，即 PE 阻燃导管和 PVC 阻燃导管。与 PVC 管安装配套的附件有：接头、螺圈、弯头、弯管弹簧；一通接线合、二通接线合、三通接线合、四通接线合、开口管卡、专用截管器、PVC 粗合剂等。

3）桥架

桥架分为普通型桥架、重型桥架、槽式桥架。在普通桥架中还可分为普通型桥架、直边普通型桥架。桥架的外形如图 2-4 所示。

图 2-3　金属管外形

图 2-4　桥架外形

① 在普通桥架中，有以下主要配件供组合：梯架、弯通、三通、四通、多节二通、凸弯通、凹弯通、调高板、端向联结板、调宽板、垂直转角联结件、联结板、小平转角联结板、隔离板等。

② 在直通普通型桥架中有以下主要配件供组合：梯架、弯通、三通、四通、多节二通、凸弯通、凹弯通、盖板、弯通盖板、三通盖板、四通盖、凸弯通盖板、凹弯通盖板、花孔托盘、花孔弯通、花孔四通托盘、联结板、垂直转角联接扳、小平转角联结板、端向联结板护板、隔离板、调宽板、端头挡板等。

③ 重型桥架，槽式桥架在网络布线中很少使用，故不再叙述。

2.2.2　建筑物内垂直干线管槽的安装

1. 引入管路

综合布线系统引入建筑物内的管路部分通常采用暗敷方式。引入管路从室外地下通信电缆管道的人孔或手孔接出，经过一段地下埋设后进入建筑物，由建筑物的外墙穿放到室内。综合布线系统建筑物引入口的位置和方式的选择需要会同城建规划和电信部门确定，应留有扩展余地。对于入口钢管，要采用防腐和防水措施；钢管穿过墙基后应延伸到未扰动地段，以防出现应力；预埋钢管应由建筑物向外倾斜，坡度不小于0.4%；在两个牵引点之间不得有两处以上90°拐弯；光缆引入时应预留5～10m；架空电缆（光缆）引入时要注意接地处理；综合布线线缆不得在电力线或电力装置检修孔中进行接续或端接（图 2-5）。

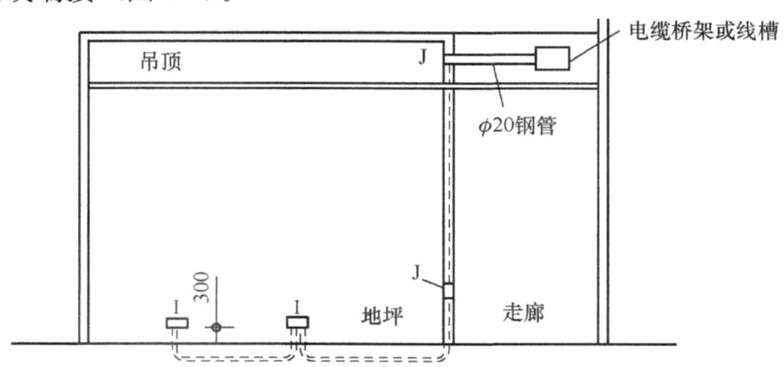

图 2-5　电缆桥架或线槽和预埋钢管结合进行的方式

I. 通信出口；J. 接线盒

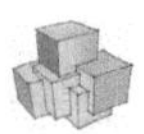

2. 综合布线系统上升部分的建筑结构类型

综合布线系统上升部分的建筑结构类型包括上升管路、电缆竖井和上升房三种（表 2-2）。

表 2-2　综合布线系统上升部分的建筑结构类型

类型名称	容纳线缆条数	装设接续设备	特点	适用场合
上升管路	1～4 条	在上升管路附近设置配线接续设备以便就近与楼层管路连通	不受建筑面积和建筑结构限制，不占用房间面积，工程造价低，技术要求不高。施工和维护不便，配线设备无专用房间，有不安全因素，适应变化能力差，影响内部环境美观	信息业务量较小，今后发展较为固定的中小型建筑
电缆竖井	5～8 条	在电缆竖井内或附近装设配线接续设备以便连接楼层管路，专用竖井或合用竖井有所不同，在竖井内可用管路或槽道等装置	能适应今后变化，灵活性较大，便于施工和维护，占用房屋面积和受建筑结构限制因素较少。竖井内各个系统管线应有统一安排。电缆竖井造价较高，需占用一定建筑面积	今后发展较为固定，变化不大的大、中型建筑
上升房	8 条以上	在上升房中装设配线接续设备可以明装或暗装，各层上升房与各个楼层管路连接	能适应今后变化，灵活性大，便于施工和维护，能保证通信设备安全运行。占用建筑面积较多，受到建筑结构的限制较多，工程造价和技术要求高	信息业务种类和数量较多，今后发展较大的大型建筑

3. 上升管路设计安装

上升管路的装设位置一般选择在综合布线系统线缆较集中的地方，宜在较隐蔽角落的公用部位（如走廊、楼梯间或电梯厅等附近地方），各个楼层的同一地点设置；不得在办公室或客房等房间内设置，更不宜过于邻近垃圾道、燃气管、热力管和排水管以及易爆易燃的场所，以免造成危害和干扰等后患。

上升管路是综合布线系统的建筑物垂直干线子系统线缆的专用设施，既要与各个楼层的楼层配线架（或楼层配线接续设备）互相配合连接，又要与各楼层管路相互衔接。

4. 电缆竖井设计安装

综合布线系统的主干线路在竖井中一般有以下几种安装方式：

1）将上升的主干电缆或光缆直接固定在竖井的墙上，它适用于电缆或光缆条数很少的综合布线系统。

2）在竖井墙上装设走线架，上升电缆或光缆在走线架上绑扎固定，它适用于较大的综合布线系统，在有些要求较高的智能化建筑的竖井中，需安装特制的封闭式槽道，以保证线缆安全。

3）在竖井内墙壁上设置上升管路，这种方式适用于中型的综合布线系统。

5. 上升房内设计安装

在上升房内布置综合布线系统的主干线缆和配线接续设备需要注意以下几点：

1）上升房内的布置应根据房间面积大小、安装电缆或光缆的条数，配线接续设备装设位置和楼层管路的连接，电缆走线架或槽道的安装位置等合理布置。

2）上升房为专用房间，不允许无关的管线和设备在房内安装，避免对通信线缆造成危害和干扰，保证线缆和设备安全运行。上升房内应设有220V交流电源设施（包括照明灯具和电源插座），其照度应不低于20lx，为了便于维护检修，可以利用电源插座采取局部照明，以提高照度。

3）上升房是建筑中一个上下直通的整体单元结构，为了防止火灾发生时沿通信线缆延燃，应按国家防火标准的要求，采取切实有效的隔离防火措施。

2.2.3 建筑物内水平干线管槽的安装

1. 预埋暗敷管路

1）预埋暗敷管路宜采用对缝钢管或具有阻燃性能的聚氯乙烯（PVC）管。

2）预埋暗敷管路应尽量采用直线管道，直线管道超过30m处再需延长距离时，应设置暗线箱等装置，以利于牵引敷设电缆。

3）暗敷管路如必须转弯时，其转弯角度应大于90°，每根暗敷管路在整个路由上转弯的次数不得多于两个，暗敷管路的弯曲处不应有折皱、凹穴和裂缝，更不应出现“S”形弯或“U”形弯。

4）暗敷管路的内部不应有铁屑等异物存在，以防堵塞不通，必须保证畅通。

5）暗敷管路如采用钢管，其管材接续的连接应符合下列要求：

丝扣连接（即套管套接）的管端套丝长度不应小于套管接头长度的1/2，在套管接头的两端应焊接跨接地线，以利连成电气通路。薄壁钢管的连接必须采用丝扣连接。

套管焊接适用于暗敷管路，套管长度为连接管外径的1.5～3倍，两根连接管的对口应处于套管的中心，焊口应焊接严密，牢固可靠。

6）暗敷管路以金属管材为主时，如在管路中间设有过渡箱体，应采用金属板材制成的箱体，以利于连成电气通路，不得混杂采用塑料材料等绝缘壳体连接。

7）暗敷管路在与信息插座（又称通信引出端或接线盒）、拉线盒（又称过线盒）等设备连接时，由于安装场合、具体位置以及所用材料不同，就有不同的安装方法。

8）暗敷管路进入信息插座、出线盒等接续设备时，应符合下列要求：

暗敷管路采用钢管时，可采用焊接固定，管口露出盒内部分应小于5mm。

明敷管路采用钢管时，应用锁紧螺母或护套帽固定，露出锁紧螺母丝扣2～4扣。

硬质塑料管应采用入盒接头紧固。

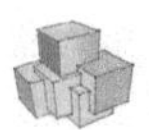

2. 预埋暗管支撑保护方式

1）暗管宜采用金属管，预埋在墙体中间的暗管内径不宜超过 50mm；楼板中的暗管内径宜为 15～25mm。在直线布管 30m 处应设置暗箱等装置。

2）暗管的转弯角度应大于 90°，在路径上每根暗管的转弯点不得多于两个，并不应有 S 弯出现。在弯曲布管时，在每间隔 15m 处应设置暗线箱等装置。

3）暗管转变的曲率半径不应小于该管外径的 6 倍，如暗管外径大于 50mm 时，不应小于 10 倍。

4）暗管管口应光滑，并加有绝缘套管，管口伸出部位应为 25～50mm。管口伸出部位要求如图 2-6 所示。

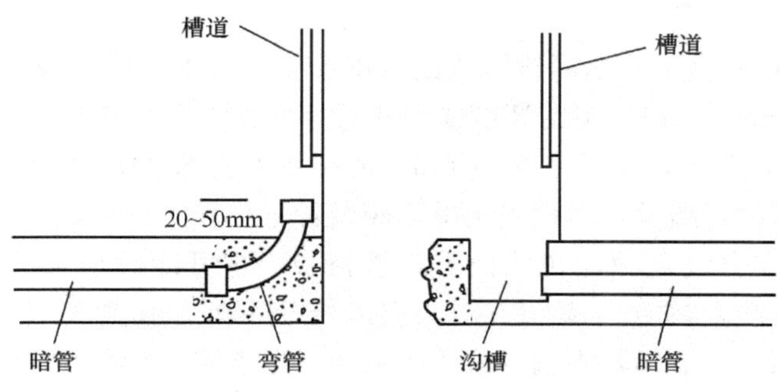

图 2-6　暗管出口部位安装示意图

3. 明敷配线管路

1）明敷配线管路采用的管材（图 2-7），应根据敷设场合的环境条件选用不同材质和规格，一般有如下要求：

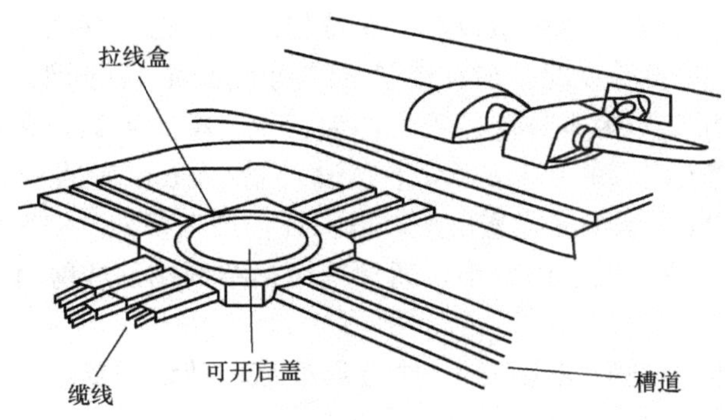

图 2-7　预埋金属线槽方式示意图

在潮湿场所或埋设于建筑物底层地面内的钢管，均应采用管壁厚度大于 2.5mm 的厚壁钢管，在干燥场所（含在混凝土或水泥砂浆层内）的钢管，可采用管壁厚度为 1.6～2.5mm 的薄壁钢管。

如钢管埋设在土层内时，应按设计要求进行防腐处理。使用镀锌钢管时，应检查其镀锌层是否完整，镀锌层剥落或有锈蚀的地方应刷防腐漆或采用其他防腐措施。

2）明敷配线管路应排列整齐，且要求固定点或支承点的间距均匀。由于管路采用的管材不同，其间距也有区别。

采用钢管时，其管卡、吊装件（如吊架）与终端、转弯中点和过线盒等设备边缘的距离应为150～500mm，采用硬质塑料管时，其管卡与终端、转弯中点和过线盒等设备边缘的距离应为100～300mm。

3）明敷配线管路不论采用钢管还是塑料管或其他管材，与其他室内管线同侧敷设时，其最小净距应符合有关规定。

4. 预埋金属槽道（线槽）

1）在线缆敷设路由上，金属线槽埋设时不应少于两根，但不应超过3根，线槽截面高度不宜超过25mm，以便灵活调度使用和适应变化需要。

2）金属线槽的直线埋设长度超过6m，或线槽在敷设路由上交叉分支或转弯时，为了便于施工时敷设线缆及今后检查维护，应设置分线盒。

3）金属线槽和分线盒预埋在地板下或楼板中，有可能影响人员生活和走动等情况，因此除要求分线盒的盒盖应能方便开启以便使用外，其盒盖表面应与地面齐平，不得凸起高出地面，盒盖和其周围应采用防水和防潮措施，并有一定的抗压功能。

4）预埋金属线槽的截面利用率即线槽中线缆占用的截面积不应超过40%。

5）预埋金属槽道与墙壁暗嵌式配线接续设备（如通信引出端的连接），应采用金属套管连接法。

5. 明敷线缆槽道或桥架

1）为了保证槽道（桥架）的稳定，必须在其有关部位加以支承或悬挂加固（图2-8）。当槽道（桥架）在水平敷设时，支撑加固的间距，直线段的间距不大于3m，一般为1.5～2.0m，垂直敷设时，应在建筑的结构上加固，其间距一般宜小于2m。

2）金属槽道（桥架）因本身重量较大，为了使它牢固可靠，在槽道（桥架）的接头处、转弯处、离槽道两端的0.5m（水平敷设）或0.3m（垂直敷设）处以及中间每隔2m等地方，应设置支承构件或悬吊架，以保证槽道（桥架）安装稳固。

3）明敷的塑料线槽一般规格较小，通常采用粘结剂粘贴或螺钉固定，要求螺钉固定的间距一般为1m。

4）为了适应不同类型的线缆在同一个金属槽道中敷设需要，可采用同槽分室敷设方式，即用金属板隔开形成不同的空间，在这些空间分别敷设不同类型线缆。

5）金属槽道不得在穿越楼板的洞孔或在墙体内进行连接。

6）金属槽道在水平敷设时，应整齐平直；沿墙垂直明敷时，应排列整齐，横平竖直，紧贴墙体。

7）金属槽道内有线缆引出管时，引出管材可采用金属管、塑料管或金属软管。金属槽道至通信引出端间的线缆宜采用金属软管敷设。

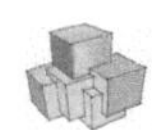

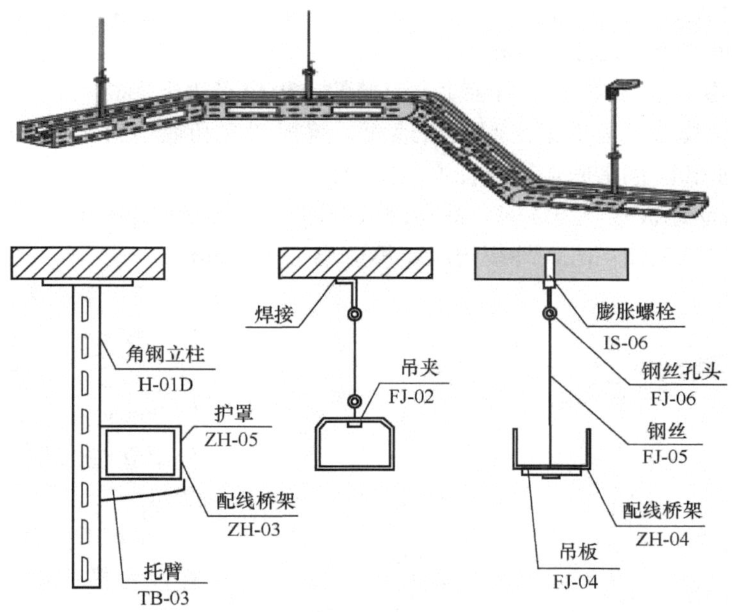

图 2-8　槽道、桥架安装示意图

8）金属槽道应有良好接地系统，并应符合设计要求。槽道间应采用螺栓固定法连接，在槽道的连接处应焊接跨接线。

2.2.4　建筑群底下通信管道的施工

1. 格形楼板线槽和沟槽相结合

格形楼板线槽和沟槽相结合的支撑保护方式是一种暗敷槽道，一般用于建筑面积大、信息点较多的办公楼层（图 2-9）。施工具体要求有以下几点：

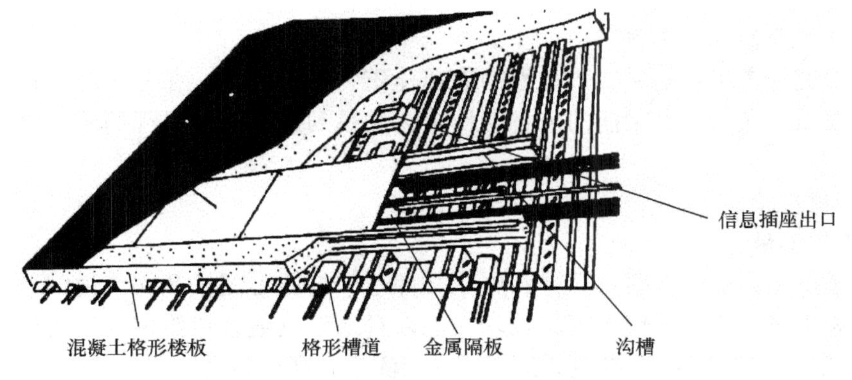

图 2-9　格形线槽与沟槽构成示意图

1）格形楼板线槽必须与沟槽沟通，相连成网，以便线缆敷设。

2）沟槽的宽度不宜过宽，一般不宜大于600mm，主线槽道宽度一般宜在200mm左右，支线槽道宽度不小于70mm。

3）为了不影响人员的工作和活动，沟槽的盖板应采用金属材料，可以开启，但必须与地面齐平，其盖板面不得高起凸出地面，盖板四周和通信引出端（信息插座）出口处应采取防水和防潮措施，以保证通信安全。

4）铺设活动地板敷设缆线时，活动地板内净空不应小于150mm，活动地板内如果作为通风系统的风道使用时，地板内净高不应小于300mm。

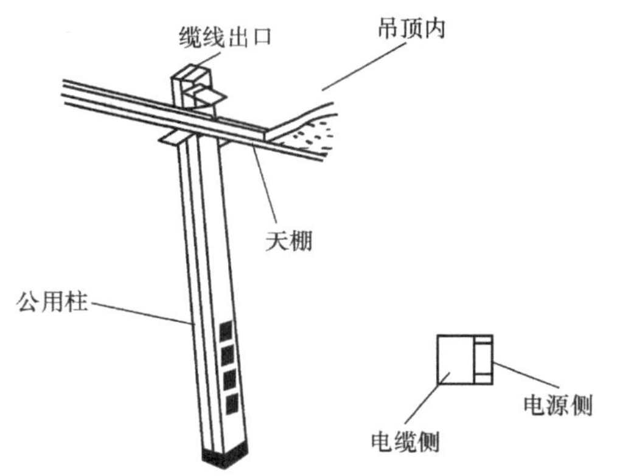

图 2-10　公用立柱布线缆线方式示意图

5）采用公用立柱作为吊顶支撑时，可在立柱中布放缆线，立柱支撑点宜避开沟槽和线槽位置，支撑应牢固。公用立柱布线方式如图2-10所示。

6）不同种类的缆线布线在金属槽内时，应同槽分隔（用金属板隔开）布放。金属线槽接地应符合设计要求。干线子系统缆线敷设支撑保护应符合下列要求：①缆线不得布放在电梯或管道竖井中；②干线通道间应沟通；③竖井中缆线穿过每层楼板孔洞宜为矩形或圆形。矩形孔洞尺寸不宜小于300mm×100mm；④圆形孔洞处应至少安装三根圆形钢管，管径不宜小于100mm。

7）在工作区的信息点位置和缆线敷设方式未定的情况下，或在工作区采用地毯下布放缆线时，在工作区宜设置交接箱，每个交接箱的服务面积约为80cm^2。

2. 建筑群地下通信管道施工

（1）施工前的准备工作

地下电缆管道工程是一项永久性的隐蔽建筑物施工项目，在整个施工过程中必须保证工程质量，尤其是施工前的准备工作，它关系到整个管道工程的施工进度和工程质量。

1）器材检验。

2）工程测量。

在管道施工以前，必须对设计和施工文件（包括施工图纸和文字说明）充分了解和掌握，根据设计施工图纸和现场技术交底，对地下电缆管道路由附近的地形和地貌进行工程测量。工程测量包括直线测量、平面测量和高程测量。

3）复测定线。

（2）铺设管道

1）地基的平整和加固。

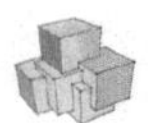

2）浇筑混凝土基础：①支设和固定基础模板；②现场浇筑混凝土；③养护和拆除模板。

3）铺设管道：①铺设钢管；②铺设单孔双壁波纹塑料管（HDPE）。

（3）建筑人孔和手孔

1）建筑人孔：智能小区内的道路一般不会有极重的重载车辆通行，所以地下通信电缆管道上所用人孔以混合结构的建筑方式为主，人孔基础为素混凝土，人孔四壁为水泥砂浆砌砖形成墙体，人孔基础和人孔四壁均为现场浇灌和砌筑。①浇灌人孔基础；②砌筑人孔四壁墙体；③现场组装人孔上覆；④人孔铁口圈安装和管道及人孔的回填土。

2）建筑手孔。建筑手孔内部规格尺寸较小，且是浅埋（最深仅1.1m），手孔内部空间很小，施工和维护人员难以在其内部操作主要工艺，一般是在地面将线缆接封完工后，再放入其中。手孔结构基本是砖砌结构，通常为240mm厚的四壁砖墙，如因现场断面的限制，也可改为180mm或115mm砖墙，其结构更为单薄。进入手孔的管道，其最低层的管孔与手孔的基础之间的最小距离不应小于180mm。手孔按大小规格分为五种，即小手孔、一号手孔、二号手孔、三号手孔和四号手孔。

（4）电缆沟的施工

电缆沟按其建筑结构可分为简易式、混合式、整浇式和预制式四种，它们各有特点，适用于不同的场合，在智能小区主要采用混合式。混合式电缆沟采用基本属于浅埋式的主体结构，底板为素混凝土，在现场浇灌筑成，其配合比应根据料源和温度等条件确定，电缆沟的两侧壁是用水泥砂浆砌砖形成的砌体结构，电缆沟的外盖板为钢筋混凝土预制件，在现场按要求组装成整体。

2.2.5　巩固训练：PVC线管与线槽加工和安装

【实训目的和要求】

了解PVC线槽线管成型的原理，掌握PVC线槽线管成型的技术。

【实训工具与材料】

39×19PVC线槽1m、ϕ20PVC管1m、线槽剪刀一把、线管剪一把、铅笔一支、直角一把、ϕ20弯管器、卷尺一把。

【实训步骤】

1）PVC线槽成型。

① 裁剪长为1m的PVC线槽，制作三个弯角（直角、内角、外角）。

② 在PVC线槽上测量300mm画一条直线（直角成型），测量线槽的宽度为39mm。

③ 以直线为中心向两边量取39mm划线，确定直角的方向画一个直角三角形（图2-11）。

④ 采用线槽剪刀裁剪画线三角形，形成线槽直角弯（图2-12）。

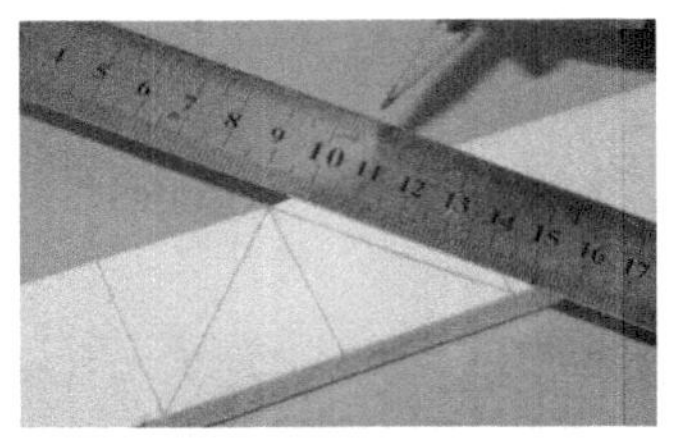

图 2-11 测量、画出等腰直角三角形

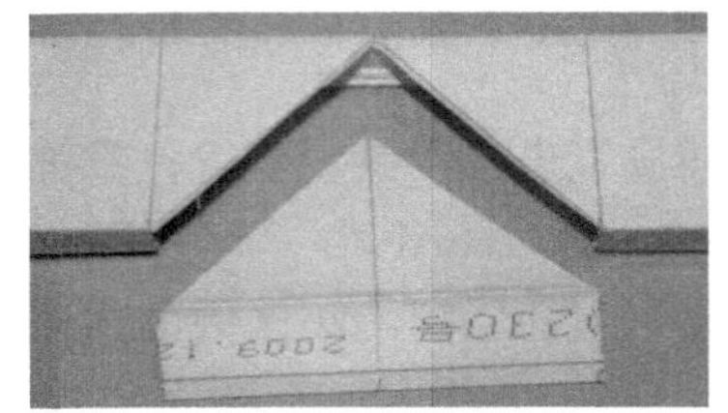

图 2-12 剪裁出画线的三角形

⑤ 以此类推，完成内角、外角制作（图 2-13）。

直角

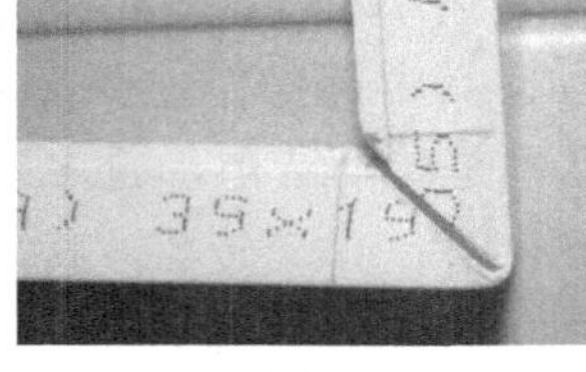

内角

三个角完成后效果

图 2-13 内外角制作及其完成后效果

2）PVC 线管成型。

① 裁剪长为 1m 的 PVC 线管，制作直角弯。

② 在 PVC 线管上测量 300m 画一条直线。

③ 用绳子将弯管器绑好，并确定好弯管的位置（图 2-14）。

④ 将弯管器插入 PVC 管内，用力将 PVC 管弯曲。注意控制弯曲的角度。

⑤ 最终完成 PVC 线管的成型制作（图 2-15）。

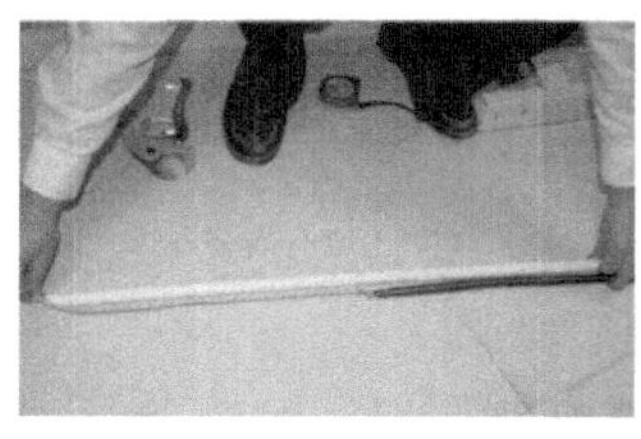

图 2-14 测量、确定要弯曲的位置

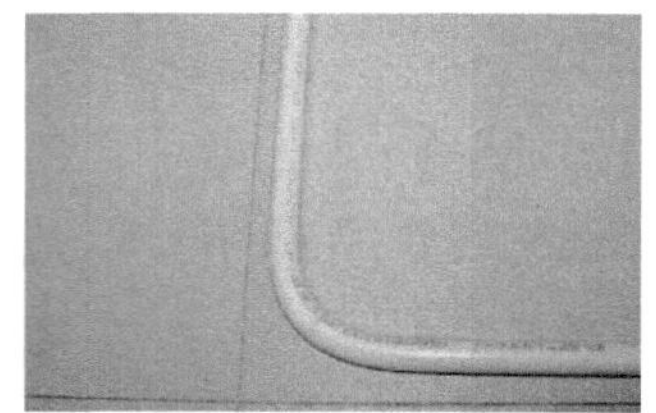

图 2-15 弯管成型

任务2.3 双绞线电缆的施工

【教学目标】

1. 理解建筑物内垂直干线电缆的施工；
2. 理解建筑物内水平干线电缆的施工；

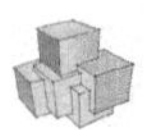

3. 理解建筑群电缆的施工。

【技能要求】

1. 能认识和使用电缆布线工具的认识和使用；
2. 能掌握建筑物内垂直干线电缆的施工；
3. 能掌握建筑物内水平干线电缆的施工；
4. 能掌握建筑群电缆的施工。

【任务分析】

当完成综合布线系统管槽系统安装后，接下来就要进行线缆布线施工。综合布线系统的水平干线子系统一般采用双绞线电缆作为传输介质，垂直干线子系统则会根据传输距离和用户需要选用双绞线电缆或者光缆作为传输介质，由于双绞线电缆盒光缆的结构不同，所以在布线施工中采用的技术并不相同。本任务的主要目标是学会使用电缆布线施工的常用工具；完成建筑物内水平电缆和主干电缆布线施工，了解建筑群线缆布线施工的技术要点。

2.3.1　认识和使用电缆布线工具的认识和使用

1. 双绞线敷设工具

双绞线敷设工具是指在双绞线敷设过程中使用的工具。借助这些工具，不仅可以保证双绞线敷设工程的顺利完成，而且还能够最大限度地保障双绞线的电气性能不被改变，从而保证双绞线系统通过布线测试。

我们通过下面的图片来认识一下双绞线敷设的工具。

1）线缆布放架（图2-16）。

2）吊钩或滑轮（图2-17）。

图2-16　线缆布放架

图2-17　吊钩或滑轮

3）钓钩工具（图2-18）。

4）管道疏通器（图2-19）。

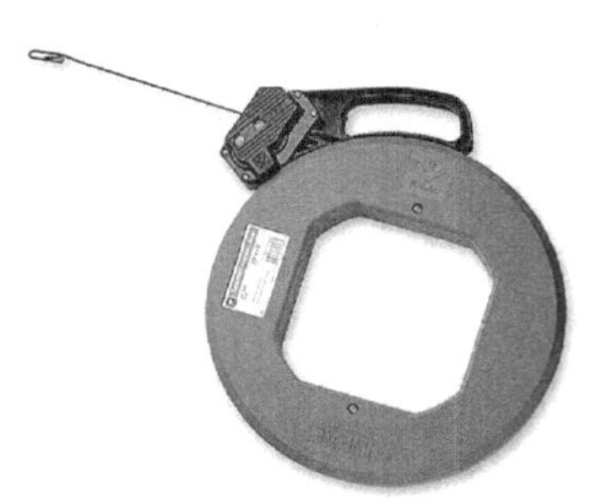
图 2-18　钓钩工具

图 2-19　管道疏通器

2. 双绞线端接工具

1）偏口钳（图 2-20）。
2）剥线刀（图 2-21）。

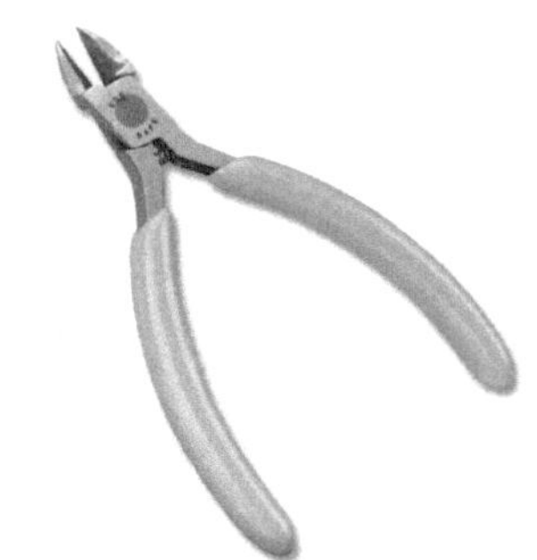
图 2-20　偏口钳

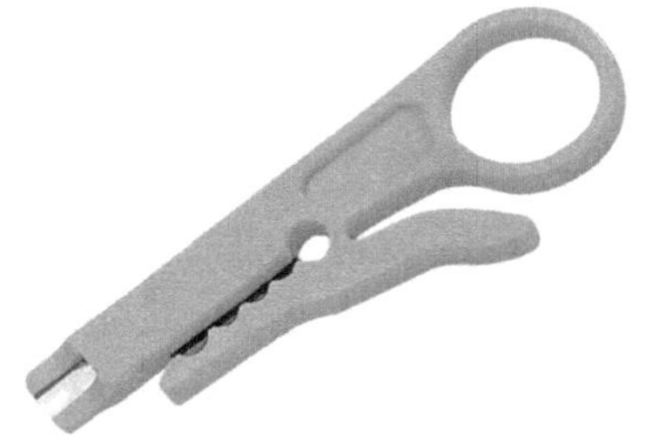
图 2-21　剥线刀

3）剥线钳（图 2-22）。
4）压线钳（图 2-23）。

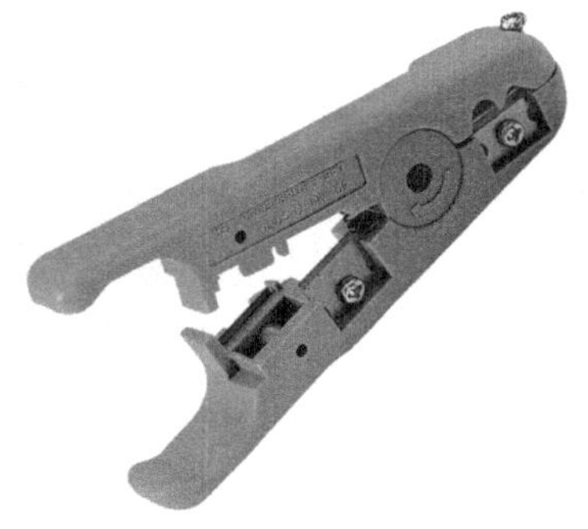
图 2-22　剥线钳

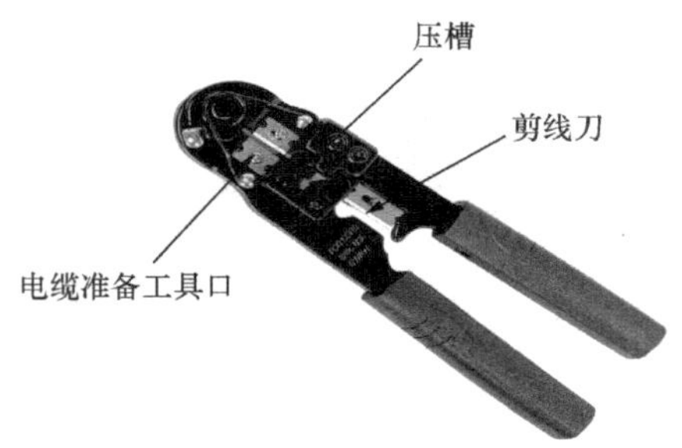

图 2-23　普通 RJ-45 压线钳

① 普通 RJ-45 压线钳。

② 高级压线钳（图 2-24）。

5）打线刀。

① 打线刀（图 2-25）。

图 2-24　高级压线钳

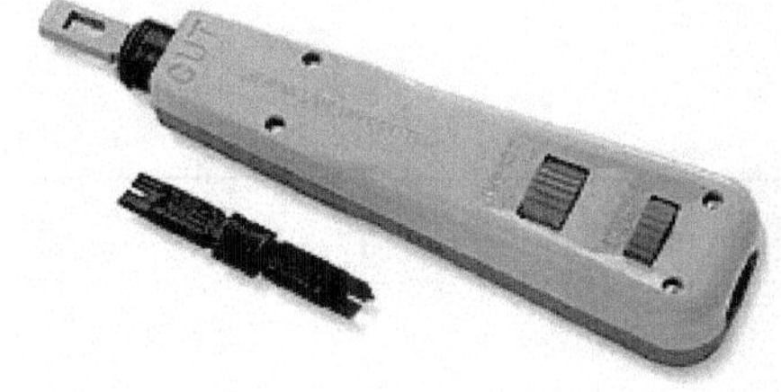

图 2-25　打线刀

② 掌上防护装置（图 2-26）。

③ 打线工具（图 2-27）。

图 2-26　掌上防护装置

图 2-27　打线工具

2.3.2　建筑物内垂直干线电缆的施工

1. 双绞线敷设的基本要求

1）槽道检查。在布放线缆之前，对线缆经过的所有路由进行检查，清除槽道连接处的毛刺和突出尖锐物，清洁掉槽道里的铁屑、小石块、水泥碴等物品，保障一条平滑畅道的槽道。

2）文明施工。在槽道中敷设线缆应采用人工牵引，牵引速度要慢，不宜猛拉紧拽，以防止线缆外护套发生被磨、刮、蹭、拖等损伤。不要在布满杂物的地面大力抛摔和拖放电缆；禁止踩踏电缆；布线路由较长时，要多人配合平缓地移动，特别在转角处安排人值守理线；线缆的布放应自然平直，不得产生扭绞、打圈、接头等现象，不应受外力的挤压和损伤。

3）放线记录。为了准确核算线缆用量，充分利用线缆，对每箱线从第一次放线起，做一个放线记录表。线缆上每隔两英尺有一个长度计录，一箱线长 1000ft (305m)。每个信息点放线时记录开始处和结束处的长度，这样对本次放线的长度和线箱中剩余线缆的长度一目了然，并将线箱中剩余线缆布放至合适的信息点。放线记录表如表 2-3 所示。放线记录表规范的做法是采用专用的记录纸张，简单的做法是写在包装箱上。

表 2-3　防线记录表

线箱号码		起始长度		线缆总长度	
序号	信息点名称	起始长度	结束长度	使用长度	线箱剩余长度
1					
2					
3					

4）线缆应有余量以适应终接、检测和变更。对绞电缆预留长度：在工作区宜为 3～6cm，电信间宜为 0.5～2m，设备间宜为 3～5m；有特殊要求的应按设计要求预留长度。

5）桥架及线槽内线缆绑扎要求。

槽内线缆布放应平齐顺直、排列有序，尽量不交叉，在线缆进出线槽部位、转弯处应绑扎固定。

线缆桥架内线缆垂直敷设时，在线缆的上端和每间隔 1.5m 处应固定在桥架的支架上；水平敷设时，在线缆的首、尾、转弯及每间隔 5～10m 处进行固定。

在水平、垂直桥架中敷设线缆时，应对线缆进行绑扎。对绞电缆、光缆及其他信号电缆应根据线缆的类别、数量、缆径、线缆芯数分束绑扎。绑扎间距不宜大于 1.5m，间距应均匀，不宜绑扎过紧或使线缆受到挤压（图 2-28）。

图 2-28　垂直线槽中对线缆进行绑扎

6）电缆转弯时弯曲半径应符合下列规定：

非屏蔽4对对绞电缆的弯曲半径应至少为电缆外径的4倍。屏蔽4对对绞电缆的弯曲半径应至少为电缆外径的8倍。主干对绞电缆的弯曲半径应至少为电缆外径的10倍。

7）电缆与其他管线距离。电缆尽量远离其他管线，与电力及其他管线的距离要符合规定。

8）预埋线槽和暗管敷设线缆应符合下列规定：

敷设线槽和暗管的两端宜用标志表示出编号等内容。

预埋线槽宜采用金属线槽，预埋或密封线槽的截面利用率应为30％～50％。

敷设暗管宜采用钢管或阻燃聚氯乙烯硬质管。布放大对数主干电缆及4芯以上光缆时，直线管道的管径利用率应为50％～60％，弯管道应为40％～50％。暗管布放4对对绞电缆或4芯及以下光缆时，管道的截面利用率应为25％～30％。

9）拉绳速度和拉力。有经验的安装者采取慢速而又平稳地拉绳，而不是快速地拉绳。原因是：快速拉绳会造成线缆的缠绕或被绊住。拉力过大，线缆变形，会引起线缆传输性能下降。

10）双绞线牵引。当同时布放的线缆数量较多时，就要采用线缆牵引，线缆牵引就是用一条拉绳（通常是一条绳）或一条软钢丝绳将线缆牵引穿过墙壁管路、天花板和地板管路。牵引时拉绳与线缆的连接点应尽量平滑，所以要采用电工胶带紧紧地缠绕在连接点外面，以保证平滑和牢固。

拉绳在电缆上固定的方法有拉环、牵引夹和直接将拉绳系在电缆上三种方式。

尽可能保持电缆的结构是敷设双绞线时的基本原则，如果是少量电缆，可以在很长的距离上保持线对的几何结构；如果是大量捆扎在一起的电缆，可能会产生挤压变形。如图2-29所示是6类电缆挤压变形后的情况。

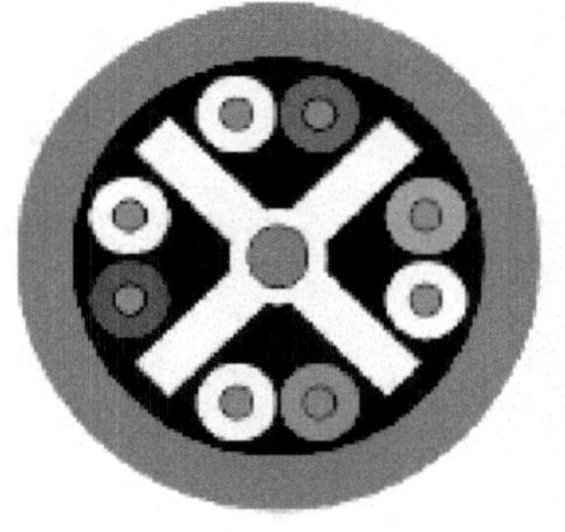

(a)正常

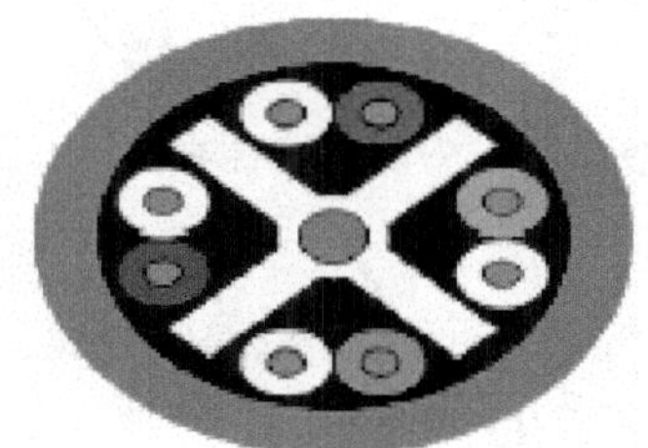

(b)被挤压

图2-29 缆被挤压变形后的情况

在这种挤压下缩短了棕色和橙色的距离，会对测试结果造成影响，如果只是一点的挤压，比如我们经常会在某处打结，一般影响很小。如果整根线被粗暴使用，就可能在近端串扰和回波损耗上测试失败。

2. 垂直主干双绞线敷设

建筑物主干电缆可能是光缆，也可能是双绞线，对于语音系统，一般是25对、50对或是更大对数的双绞线，它的布线路由在楼栋设备间到楼层管理间之间。

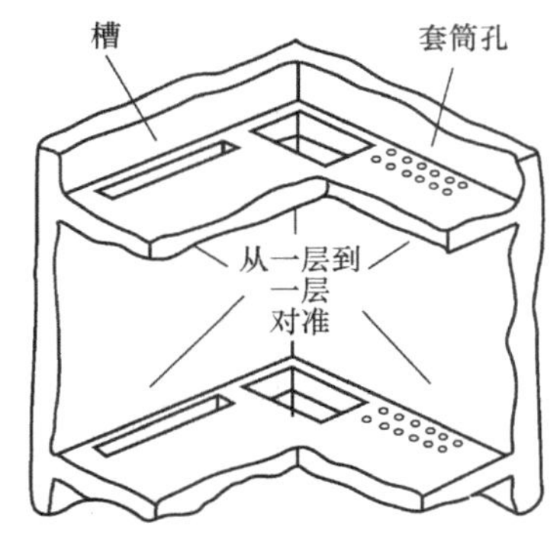

图 2-30　封闭性弱电竖井

在新的建筑物中，通常在每一层同一位置都有封闭型的小房间，称为弱电井（弱电间），如图 2-30 所示。在弱电间有一些方形的槽孔和较小套筒圆孔，这些孔从建筑物最高层直通地下室，用来敷设主干线缆，需要注意的是，若利用这样的的弱电竖井敷设线缆时，必须对线缆进行固定保护，楼层之间要采取防火措施。

对没有竖井的旧式大楼进行综合布线一般是重新铺设金属线槽作为竖井。

在竖井中敷设干线电缆一般有两种方法：①向下垂放电缆；②向上牵引电缆。

1）向下垂放电缆，如果干线电缆经由垂直孔洞向下垂直不放，则具体操作步骤如下（图 2-31～图 2-35）。

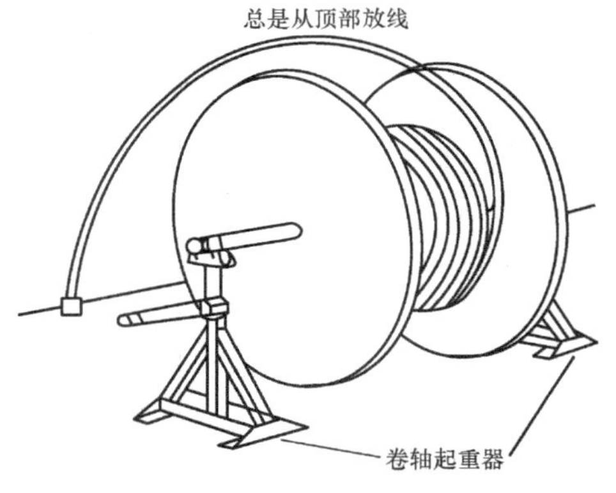

图 2-31　安装线缆卷轴

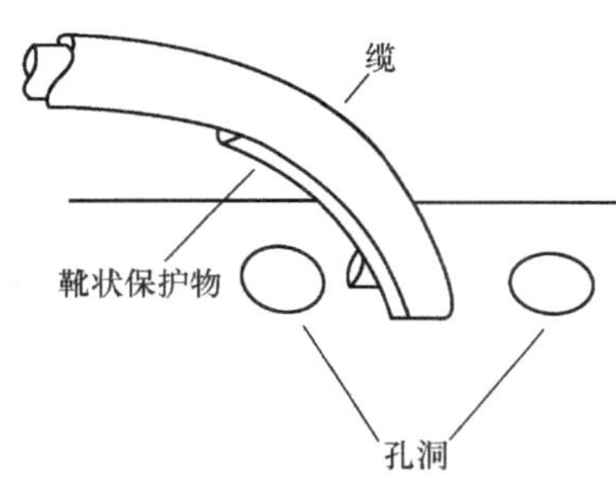

图 2-32　保护线缆的塑料靴状物

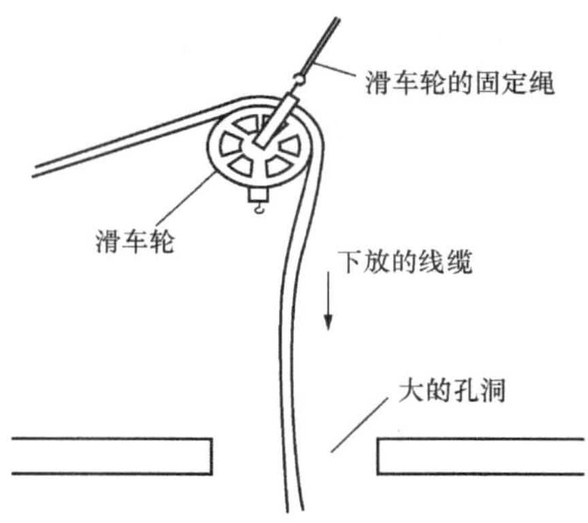

图 2-33　用滑车轮向下布放线缆通过大孔

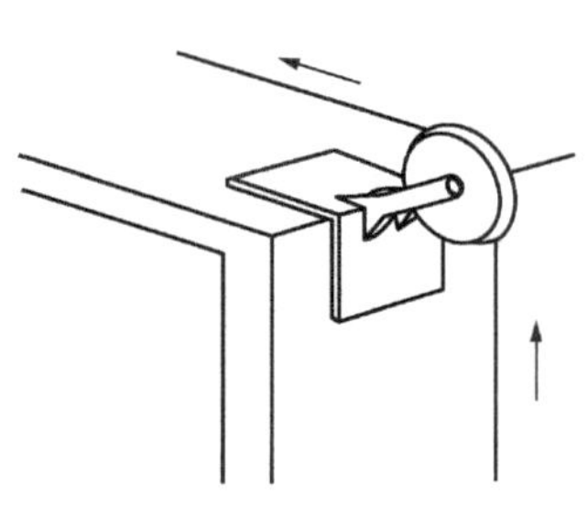
图 2-34　用滑车轮解决线缆的弯曲

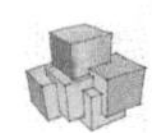

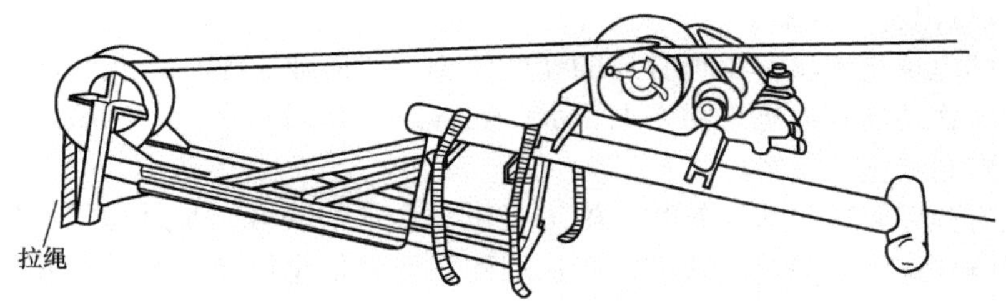

图 2-35 动牵引机牵引线缆

首先把线缆卷轴搬放到建筑物的最高层，在离楼层垂直孔洞 3～4m 处安装好线缆卷轴，并从卷轴顶部馈线，在线缆卷轴处安排所需的布线施工人员，另外每层楼上要安排一个工人以便引导垂放的线缆。开始旋转卷轴，将线缆从卷轴拉出，将拉出的线缆导入垂直孔洞，在此之前应先在孔洞中安放一个塑料的套状保护物，以防止孔洞不光滑的边缘磨破线缆的外皮。

慢慢地从卷轴上放缆并进入孔洞向下垂放，并注意速度不要过快。继续向下垂放线缆，直到下一层布线工人能将线缆引到下一个孔洞。

按前面的步骤，继续慢慢地向下垂放线缆，并将线缆引入各层的孔洞。

相比较而言，向下垂放比向上牵引容易。当电缆盘比较容易搬运上楼时，采用向下垂放电缆；当电缆盘过大、电梯装不进去或大楼走廊过窄等情况导致电缆不可能搬运至较高楼层时，只能采用向上牵引电缆。

2）向上牵引电缆。向上牵引线缆可借用电动牵引绞车将干线电缆从底层向上牵引到顶层，具体的操作步骤如下。

在绞车上穿一条拉绳，启动绞车，往下垂放拉绳，拉绳向下垂放到安放线缆的底层。将线缆与拉绳牢固地绑扎在一起，启动绞车，慢慢地将线缆通过各层的孔洞向上牵引，线缆的末端到达顶层时，停止绞车，在竖井边沿上用夹具将线缆固定好，当所有连接制作好之后，从绞车上释放线缆的末端。

2.3.3 建筑物内水平干线电缆的施工

1. 水平干线电缆的敷设

(1) 地板下布线

目前，在综合布线系统中采用的地板下水平布线方法较多，这些布线方法中除原有建筑在楼板上面直接敷设导管布线方法不设地板外，其他类型的布线方法都是设有固定地板或活动地板。因此，这些布线方法都是比较隐蔽美观，安全方便。例如新建建筑主要有地板下预埋管路布线法，蜂窝状地板布线法和地面线槽布线法（线槽埋放在垫层中），它们的管路或线槽甚至地板结构，都是在楼层的楼板中，是与建筑同时建成的。

暗道布线是在浇筑混凝土时已把管道预埋好地板管道，管道内有牵引电缆的钢丝或铁丝，安装人员只需索取管道图纸来了解地板的布线管道系统，确定“路径在何处”，就可以做出施工方案了。

对于老的建筑物或没有预埋管道的新建筑物，要向业主索取建筑物的图纸，并到要布线的建筑物现场查清建筑物内电、水、气管路的布局和走向，然后，详细绘制布线图纸，确定布线施工方案。

对于没有预埋管道的新建筑物，施工可以与建筑物装修同步进行，这样既便于布线，又不影响建筑物的美观。管道一般从配线间埋到信息插座安装孔。安装人员只要将 4 对双绞线电缆固定在信息插座的拉线端，从管道的另一端牵引拉线就可将电缆拉到配线间。

（2）具体要求

在采用地板中预埋管路或线槽的布线方法和在楼层地板上面（固定或活动地板的下面）的布线方法时，都需要注意以下具体要求，以保证布线质量，有利于今后使用和维护。

不论何种地板下布线方法，除选择线缆的路由应短捷平直，装设位置安全稳定以及安装附件结构简单外，更要便于今后维护和利于扩建改建。

敷设线缆的路由和位置应尽量远离电力、给力和燃气等管线设施，以免遭受这些管线的危害而影响通信质量。水平线缆与其他管线设施间的最小净距离与垂直干线子系统的要求相同，在水平布线系统中有不少支撑和保护线缆的设施，这些支撑和保护方式是否适用，产品是否符合工程质量的要求，对于线缆敷设后是否能正常运行将起重要作用。

2. 吊顶内布线

（1）吊顶内的布线方法

水平布线最常用的方法是在吊顶内布线，吊顶内的布线方法一般有装设槽道（桥架）和不设槽道两种方法。

装设槽道布线方法是在吊顶内，利用悬吊支撑物装置槽道或桥架，这种方法会增加吊顶所承受的重量。

不设槽道布线方法是利用吊顶内的支撑柱（如 T 形钩、吊索等支撑物）来支撑和固定线缆。

（2）具体要求

要完成吊顶内布线，首先应根据施工图纸要求，结合现场实际条件，确定在吊顶内的电缆路由。

不论吊顶内是否装设槽道或桥架，不需拉绳；如果是多根小对数线缆（如 4 对双绞线电缆），应组成缆束，用拉绳在吊顶内牵引敷设。

为了防止距离较长的电缆在牵引过程中发生被磨、刮、蹭、拖等损伤，可在线缆进出吊顶的入口处和等位置增设保护措施和支撑装置。

在牵引线缆时，牵引速度宜慢速，不宜猛拉紧拽，如果发生线缆被障碍物绊住，应查明原因，排除障碍后再继续牵引，必要时，可将线缆拉回重新牵引。

具体施工步骤如下：确定布线路由，沿着所设计的路由打开天花板，用双手推开

每块镶板，多条 4 对双绞线电缆很重，为了减轻压在吊顶上的压力，可使用 J 形钩、吊索及其他支撑物来支撑。然后加标注，在箱上写标注，在电缆的末端注上标号，从离管理间最远的一端开始一直拉到管理间。

3. 墙壁线槽布线

在墙壁内预埋管路既美观隐蔽，又安全稳定，因此它是墙壁内敷设线缆的主要方式。但是在很多已建成的建筑中没有事先预留暗敷线缆的管路或线槽，此时只能采用明敷线槽的敷设方式，在这种方式中只能使用面积小的线槽，且所需费用较高。此外还可将线缆直接在墙壁上敷设，这种布线方式造价很低，但缺点是既不隐蔽美观，又易被损伤，所以这种布线方式只能用在单根水平布线的场合。

墙壁线槽布线是一种短距离明敷方式。当已建成的建筑物中没有暗敷管槽时，只能采用明敷线槽或将电缆直接敷设，在施工中应尽量把电缆固定在隐蔽的装饰线下或不易被碰触的地方，以保证电缆安全。

在墙壁上布设线槽一般遵循下列步骤：确定布线路由，沿着路由方向放线（讲究直线美观），线槽每隔 1m 要安装固定螺钉，然后开始布线（布线时线槽容量为 70%），最后盖塑料槽盖，注意应错位盖。

2.3.4　建筑群电缆的施工

1. 地下管道电缆敷设

（1）敷设地下管道电缆的要求

电缆的塑料外护套会因温度过低变硬，在牵引敷设时容易损坏，产生裂痕等现象，因此在寒冷地区或气温过低的季节，不宜敷设塑料外护套的管道线缆。

敷设管道电缆时，在电缆的端部应装设牵引装置，要保证在牵引过程中，电缆端部的外护套密封良好，不得进入水分或潮气。

通常智能小区的管道长度较短、电缆对数不多，因此应尽量采用机械方式牵引电缆。为了减少对电缆外护套的磨损和加快牵引电缆的速度，在管孔内的电缆外护套上宜采用石蜡油、滑石粉等润滑剂进行涂抹，以减少摩擦阻力。

地下管道电缆应尽量连续多段敷设，一段牵引的最大长度应根据电缆线对多少、芯线线径、电缆单位长度重量以及管道路由的具体情况考虑，一般不宜超过 500m。

（2）管道电缆的安排布置和敷设后的工作

管道电缆敷设完毕后，应检查电缆在管孔内是否平直，有无明显刮痕和损伤，电缆在人孔或手孔中的位置是否正确，排列是否整齐妥善。

管道电缆敷设完毕后，如需将其余长截断，应使用专用工具妥善处理，不得使用钢锯或其他利器，以防拉伤电缆芯线和损伤缆芯结构，影响电缆的传输性能，造成通信质量下降。

管道电缆在人孔或手孔中的接续、测试消耗和弯曲部分应按设计要求预留足够的长度，电缆接头位置应合理安排。管道电缆在引出管孔的 150mm 以内不应有弯曲，应按设计要求堵塞穿放电缆管孔四周的空隙。

在每个人孔或手孔中应设置电缆标记，包含电缆的型号、用途或编号等内容。

2. 架空电缆施工

利用架空杆路（分为通信专用杆路和其他系统合用杆路两种）悬挂电缆有非自承式和自承式两种方式。

（1）非自承式架空电缆的施工

非自承式架空电缆的电缆结构是以全塑电缆为主，由于非自承式架空电缆需要将吊线和电缆分成两次敷设，施工程序较多，施工中应注意以下要求：

1）装设电缆吊线夹板。

2）装设电缆吊线。

3）挂放架空电缆：①定滑轮托挂法；②预挂电缆挂钩法。

4）技术要求。

（2）自承式架空电缆的施工

自承式架空电缆的施工和架设应符合以下要求：

1）自承式架空电缆布放施工一般采用定滑轮牵引法。

2）布放自承式架空电缆的方法要正确，不得将电缆盘倒置，以免造成电缆扭花较多的现象。

3）自承式架空电缆在电杆上装设吊线夹板的位置，在整段路由上应始终一致，要尽量使电缆在电杆上平直、整齐而美观。

4）自承式架空电缆的垂度，应根据通信线路所在地区的气象条件来确定，电缆布放后，必须收紧到一定垂度。

5）自承式架空电缆所采用的安装铁件和附件应完整无损伤，安装要求符合规定，牢固可靠，保证切实有效，具有标准规定的机械强度。

2.3.5 巩固训练

【实训模型一】认识双绞线及连接器件

【实训目的和要求】

认识综合布线各类产品，包括线缆、链路接插件及布线工具，了解水平布线的规范性及工程布线的各方面知识，熟悉智能楼宇中心设备间的安装规范、标识规范、运作模式。

【实训工具与材料】

综合布线产品展示柜、教学展板、管槽展示系统、中心设备间/链路展示装置。

【实训方式】

1）综合布线产品展示柜。

展示样品：

① 通信线缆部分：共 28 种线缆，包括双绞线、光缆、弱电线缆。

② 链路接插件部分：包括铜缆接插件、光缆接插件。

③ 专用工具部分：包括压线工具、剥线工具、打线工具等器材。

④ 储物柜：带门锁、可存放工具、器材、设备等。

布线展示柜中每样展品都有相应的标签标识，标签上标明了此类产品的名称、型号和规格。用户可根据标签上的提示对比各类产品的区别，从外形、结构、性能等方面帮助用户更直观地了解布线产品。

2）管槽系统展示装置（图 2-36）。采用金属桥架、PVC 线槽、线管、插座、设备间等实物进行系统的安装规范展示。向用户充分展示综合布线管理与设备的安装规范，同时也给教师提供了一个理想的综合布线现场讲课环境。

① 槽式桥架：常见的大容量密闭式主干布线路由产品，有 100mm×50mm、150mm×50mm、200mm×60mm 等多种规格，可根据现场环境用吊装和托臂两种方式安装。

② 梯级桥架：常见的大容量开放式主干布线路由产品，用 200mm×60mm 金属梯级桥架展示主干路由安装规范。

③ PVC 线槽：常见的明装水平布线路由，用 39mm×19mm 进行水平路由安装，包含三通、外弯角、内弯角、水平直角、终端头等接头的安装模型。

④ PVC 线管：用 ϕ20PVC 管展示水平路由安装规范。

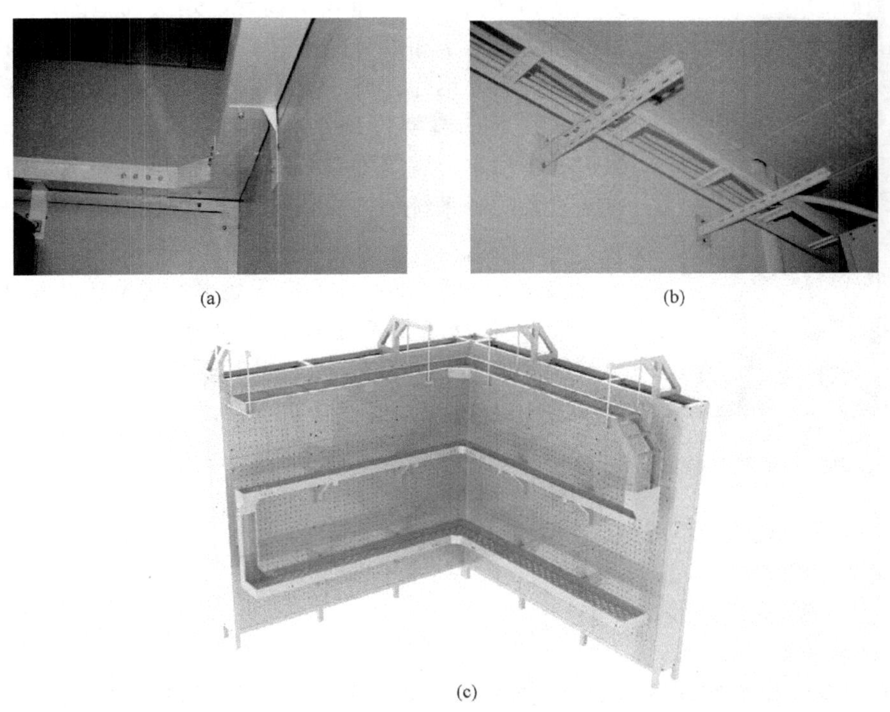

(a)　(b)

(c)

图 2-36　管槽系统展示

⑤ 防静电地板结构：用 600mm×600mm 防静电地板安装至适当区域，用于展示设备间地面安装规范，并放置中心设备间通信机柜。

⑥ 山型槽结构：用 100mm×50mm 山型金属线槽展示强电弱电线缆同槽敷设的安装规范。

⑦ 地面插座结构：在静电地板上安装金属弹启式地面插座，展示地面插座安装规范。

3）教学展板。教学展板包括系统结构图、安装指南图、工程管理图、测试、验收图等内容，通过图例使学生学习布线系统和工程的各方面知识。

规格：1100mm×800mm，标配数量 6 张。

产品结构：采用有机玻璃夹层的方式，中间置入彩色印刷喷画。

产品功能：①使学生了解水晶头端接流程；②使学会了解信息模块端接流程；③使学生了解数据配线架安装流程；④使学生了解光纤熔接流程；⑤使学生了解综合布线系统连接；⑥使学生了解综合布线系统拓扑图。

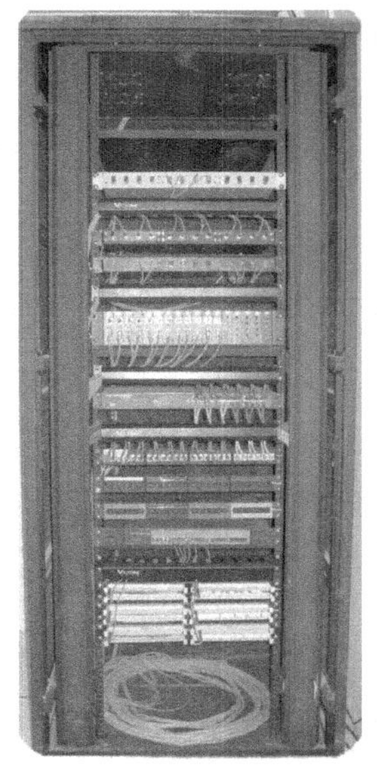

图 2-37　链路展示装置通信

4）设备间通信链路展示装置（图 2-37）。中心设备间模块由设备间通信链路装置和干线子系统组成，设备间通信链路装置位于实训室教学区，属于综合布线设备间子系统，上连接校园网语音及数据网络，下连接工程项目模拟实训楼和多功能综合布线实训台，是实训室的通信枢纽装置，同时展示了布线链路的结构和综合布线设备间机柜的安装、标识、运作。此装置不仅让综合布线实训室形成一个互联互通的真实网络结构，而且可以让学生直观地认识、了解和学习建筑物布线中心设备间的基本架构和综合布线设备间子系统的构成和运作原理。

产品组成：

① 42U 800×800×2000 黑色豪华型立式机柜 1 台。

② 24 口网络交换机 1 台。

③ 8 口（SC-RJ45）光电收发器 1 台。

④ 4 进 16 出语音交换机 1 台。

⑤ 24 口 cat5e 模块式配线架 1 个。

⑥ 24 口 cat6 配线架 1 个。

⑦ 100 对 110 语音配线架 3 个。

⑧ 理线架 3 个。

⑨ 24 口 SC 光纤配线架 3 个。

【实训功能】

中心设备间作为实训室通信枢纽连接装置，展示综合布线设备间机柜的安装规范、标识规范、运作模式；让用户能直观生动地认识和学习综合布线设备间子系统的构成和运作原理。

【实训模型二】基本技能训练实践教学——超五类跳线制作

【实训目的和要求】

认识 T568A 和 T568B 的线缆排序标准和操作台内嵌通断测试仪的使用方法。熟练掌握超五类 RJ45 水晶头的制作工艺。

【实训工具与材料】

综合布线工具箱中的剥线钳一把、RJ45 压线钳一把、剪刀一把、长 50cm 的超五类 UTP 双绞线一条和超五类水晶头若干个。

【实训步骤】

1）用双绞线剥线钳将双绞线外皮剥去 2～3cm，并剪掉撕裂绳。注：剥线的时候掌握剥线器剥线口的大小，注意不要割破或割断线芯（图 2-38）。否则需重复本步骤1）。

2）分开每一对线对（开绞），并将线芯按照 T568B 或 T568A 标准排序，将线芯理直拉平。注：4 根线对之间尽量不要交叉，方便插线和保证水晶头美观。

3）用压线钳、剪刀、斜口钳等锋利工具将双绞线线芯平齐剪切，注意保证双绞线线芯开绞长度不超过 13mm。否则的话影响双绞线的传输性能，不合乎超五类系统的标准。

4）用拇指和中指捏住水晶头，并用食指抵住，水晶头的方向是金属引脚朝上、弹片朝下，将剪好的双绞线线芯依序插入水晶头凹槽内，并保证直插到顶部。

5）检查水晶头双绞线的线序是否正确；检查线芯是否到水晶头顶部。（为减少水晶头的用量，1）～5）步骤可重复练习，熟练后再进行下一步。）

6）确认无误后，采用 RJ45 压线钳压接水晶头，使水晶头 8 个金属刀片刺破线芯外皮。

重复 1）～6）步骤制作另一端连接头。完成一条超五类跳线的制作。

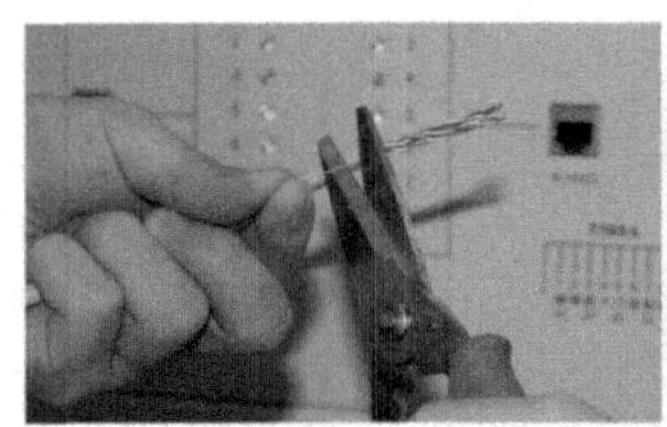

(a)剪掉撕裂绳

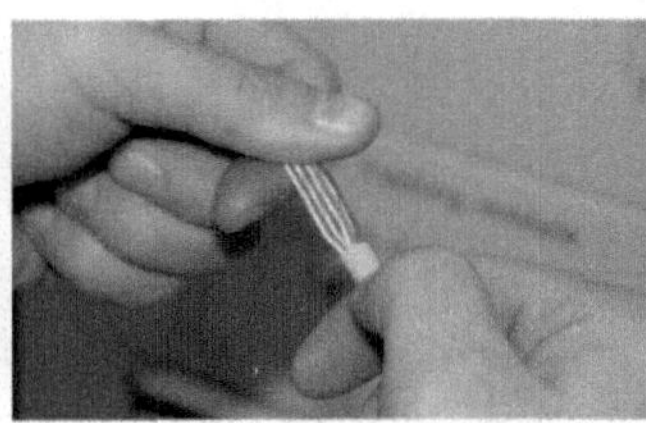

(b)按线序理平、理直线芯

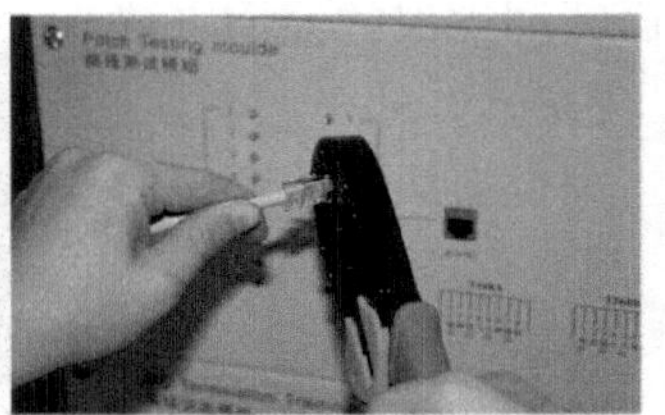

(c)用压线钳压接水晶头

图 2-38　超五类跳线制作

【实训结果检测】

检查跳线两边水晶头金属片是否全部压接下去。注：若没全部压接下去的话则需要重压接或重做水晶头。

将跳线插到跳线测试模组两个 RJ45 接口上，观测模组指示的闪亮顺序。如果指示灯按顺序闪亮则跳线通断测试通过，否则需重新检查两端水晶头是否有故障，如有故障则需重新制作相应的水晶头。

【使用注意事项】

1）剥线钳。剥线钳是一种剥去线缆外皮的专用工具，其柄部是绝缘材料，但也不可轻易带电操作。

使用时钳卡口的大小应和线缆的外径相对应。卡口选大了，外皮剥不下；卡口选小了，就会损伤或切断里面的铜导线，甚至损坏剥线钳。

剥线的时候，用力要均匀，力道过大容易损坏钳子或伤到线芯。

不允许把剥线钳当其他使用，以免损坏剥线钳。

带电操作时，要首先查看柄部绝缘是否良好，检查完好后方可进行操作，以防触电。

2）压线钳。压线钳在网线的制作过程中，是必不可少的工具之一，也是保证网络畅通的大功臣。压线钳不仅仅用于压制网线，它还可以完成剪线、剥线和压线三种任务。

压线钳的第一个刃口是用来剥皮的，在钳子合拢的时候应该有大约 1.5mm 的空隙。第二个是用来剪断的，没有一点空隙。中间“凸”字形状的空间是用来压线的。压线的时候每根线都要顶到水晶头前部，网线外皮最好也进入水晶头中 2～3cm，目的是防止线头脱落，增加接触面。八根线不需要剥皮，压紧了水晶头中的铜片就会嵌入到线中与铜线接触。

3）放置水晶头时，8 个锯齿要正好对准铜片；压接水晶头时，用力要均匀，否则水晶头有可能损坏。

【实训模型三】六类跳线制作

【实训目的和要求】

熟练掌握 T568B 和 T568A 的标准及六类 RJ45 水晶头的制作工艺，掌握操作台内嵌通断测试仪的使用方法。

【实训工具与材料】

综合布线工具箱中的剥线钳一把、RJ45 压线钳一把、剪刀一把、长约 50cm 的六类 UTP 双绞线一条和六类水晶头若干个。

【实训步骤】

1）用双绞线剥线钳将双绞线外皮剥去 2～3cm，并用剪刀把双绞线中间的十字架剪除（图 2-39）。避免在剥线或剪除十字架时剪伤或割断双绞线线芯，否则需重复本步骤。

2）分开每一对线对（开绞），并将线芯按照 T568B 或 T568A 标准排序，将线芯理直拉平。注：4 根线对之间尽量不要交叉，方便插线和保证水晶头美观。

3）用压线钳、剪刀、斜口钳等锋利工具将理直双绞线线芯按 45°斜角剪切（方便插入接线端子），长度适中。

4）将剪好的双绞线线芯插入接线端子（接线端子卡口朝上），确保插到线芯，并确保完全穿过接线端子，然后把多余的线芯用剪刀平齐剪切（图 2-40）。

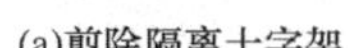

(a)剪除隔离十字架

(b)按45°剪齐线芯

图 2-39

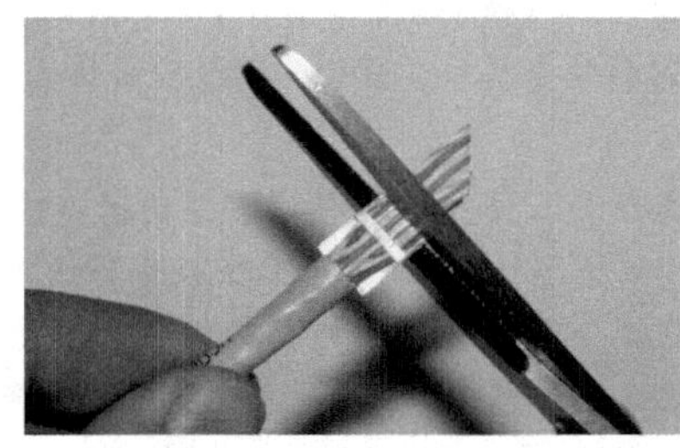

(a)插入接线端子并剪除多余导线

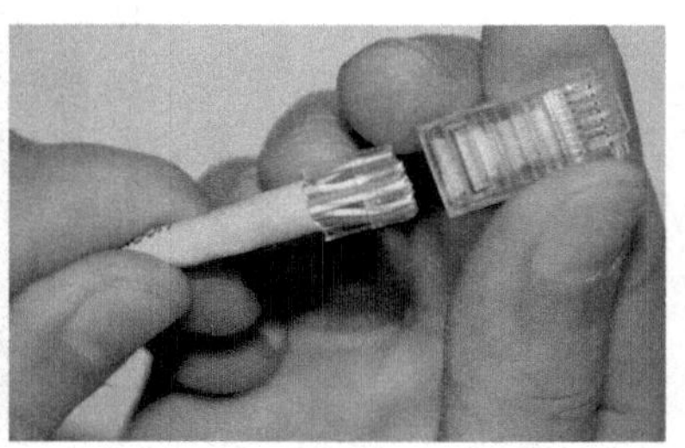

(b)将接线端子插入水晶头

图 2-40

5）以拇指和中指捏住水晶头并用食指抵住，水晶头的方向是金属引脚朝上、弹片朝下。另一只手捏住接线端子（卡口朝上）缓缓地插入水晶头凹槽，确保插到水晶头顶部。

6）再次检查水晶头双绞线的线序是否正确；检查线芯是否到水晶头顶部。（为减少水晶头的用量，1）～5）步骤可重复练习，熟练后再进行下一步。）

7）确认无误后，采用 RJ45 压线钳压接水晶头，使水晶头 8 个金属刀片刺破线芯外皮。

8）重复 1)～6）步骤制作另一端连接头。完成一条跳线的制作。

【实训结果检测】

1）确认多功能操作台上内嵌的跳线测试模组性能正常。

2）检查跳线两边水晶头金属片是否全部压接下去。注：若没全部压下去的话则需要重新压接或重做水晶头。

3）将跳线插到跳线测试模组两个 RJ45 接口上，观测模组指示的闪亮顺序，如果指示灯按顺序闪亮则跳线通断测试通过，否则需重新检查两端水晶头是否故障，是则需重新制作相应的水晶头。

任务2.4 工作区信息点的施工安装

【教学目标】

1. 理解管理间子系统施工技术；
2. 理解水平子系统施工技术；
3. 双绞线、底盒和模块的安装标准。

【技能要求】

1. 能熟练进行信息模块压制；
2. 能熟练进行信息模块、底盒、面板安装。

【任务分析】

端接技能是布线工程师必须熟练掌握的基本技能之一，例如，信息模块、数据配线架、110语音配线架等的线缆端接。端接工艺的质量将直接影响到整个链路的性能，因此，作为一名合格的综合布线工程师就必须掌握快速、熟练的端接工艺。

2.4.1 标准要求

1. 双绞线连接的基本要求

线缆在连接前，必须核对线缆标识内容是否正确。

线缆中间不应有接头。

线缆终接处必须牢固、接触良好。

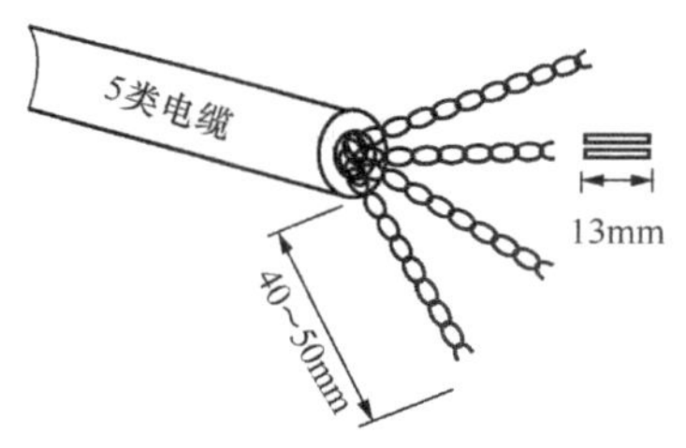

图2-41　5类双绞电缆开绞长度

对绞电缆与连接器件连接应认准线号、线位色标，不得颠倒和错接。

连接时，每对对绞线应保持扭绞状态，线缆剥除外护套长度够端接即可，最大暴露双绞线长度为40～50mm，扭绞松开长度对于3类电缆不应大于75mm；对于5类电缆不应大于13mm；对于6类电缆应尽量保持扭绞状态，减小扭绞松开长度；7类布线系统采用非RJ45方式连接时，连接图应符合相关标准规定。如图2-41所示为5类线的开绞长度。

虽然线缆路由中允许转弯，但端接安装中要尽量避免不必要的转弯，绝大多数的安装要求少于3个90°转弯，在一个信息插座盒中允许有少数线缆的转弯及短的（30cm）盘圈。安装时要避免下列情况：避免弯曲超过90°；避免过紧地缠绕线缆；避免损伤线缆的外皮；剥去外皮时避免伤及双绞线绝缘层（图2-42）。

线缆终端方法应采用卡接方式，施工中不宜用力过猛，以免造成接续模块受损。连接顺序应按线缆的统一色标排列，在模块中连接后的多余线头必须清除干净，以免

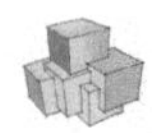

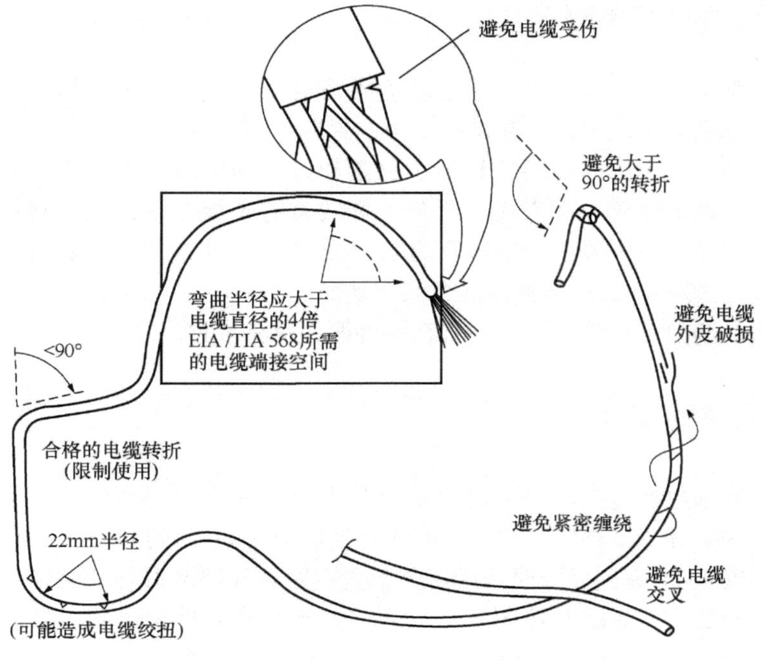

图 2-42　线缆端接时的处理

留有后患。

对通信引出端内部连接件进行检查，做好固定线的连接，以保证电气连接的完整牢靠。如连接不当，有可能增加链路衰减和近端串扰。

线对屏蔽和电缆护套屏蔽层在和模块的屏蔽罩进行连接时，应保证 360°的接触，而且接触长度不应小于 10mm，以保证屏蔽层的导通性能。电缆连接以后应将电缆进行整理，并核对接线是否正确，对不同的屏蔽对绞线或屏蔽电缆，屏蔽层应采用不同的端接方法。应对编织层或金属箔与汇流导线进行有效的端接。

信息模块/RJ 连接头与双绞线端接有 T568A 或 T568B 两种结构，但在同一个综合布线工程中，两者不应混合使用。

各种线缆（包括跳线）和接插件间必须接触良好、连接正确、标志清楚。跳线选用的类型和品种均应符合系统设计要求。跳线可以分为以下几种：两端为 110 插头（4 对或 5 对）电缆跳线；两端为 RJ45 插头电缆跳线；一端为 RJ45，一端为 110 插头电缆跳线。

2. 底盒和模块的安装标准要求

《综合布线系统工程设计规范》（GB 50311—2007）国家标准第 6 章安装工艺要求内容中，对工作区的安装工艺提出了具体要求。安装在地面上的接线盒应防水和抗压，安装在墙面或柱子上的信息插座底盒、多用户信息插座盒及集合点配线箱体的底部离地面的高度宜为 300mm。工作区的电源每 1 个工作区至少应配置 1 个 220V 交流电源插座，电源插座应选用带保护接地的单相电源插座，保护接地与零线应严格分开。

2.4.2 信息点安装位置

教学楼、学生公寓、实验楼、住宅楼等不需要进行二次区域分割的工作区，信息点宜设计在非承重的隔墙上，宜在设备使用位置或者附近。

写字楼、商业、大厅等需要进行二次分割和装修的区域，宜在四周墙面设置，也可以在中间的立柱上设置，要考虑二次隔断和装修时扩展方便性和美观性。大厅、展厅、商业收银区在设备安装区域的地面宜设置足够的信息点插座。墙面插座底盒下缘距离地面高度为300mm，地面插座底盒低于地面。

学生公寓等信息点密集的隔墙，宜在隔墙两面对称设置。

2.4.3 底盒的安装

网络信息点插座底盒按照材料组成一般分为金属底盒和塑料地盒，按照安装方式一般分为暗装底盒和明装塑料，按照配套面板规格分为86系列和120系列。

一般墙面安装86系列面板时，配套的底盒有明装和暗装两种。明装底盒经常在改扩建工程墙面明装方式布线时使用，一般为白色塑料盒，外型美观，表面光滑，外型尺寸比面板稍小一些，为长84mm，宽84mm，深36mm，底板上有2个直径6mm的安装孔，用于将底座固定在墙面，正面有2个M4螺孔，用于固定面板，侧面预留有上下进线孔，如图2-43（a）所示。

暗装底盒一般在新建项目和装饰工程中使用，暗装底盒常见的有金属和塑料两种。塑料底盒一般为白色，一次注塑成型，表面比较粗糙，外型尺寸比面板小一些，常见尺寸为长80mm，宽80mm，深50mm，5面都预留有进出线孔，方面进出线，底板上有2个安装孔，用于将底座固定在墙面，正面有2个M4螺孔，用于固定面板，如图2-43（b）所示。

金属底盒一般一次冲压成型，表面都进行电镀处理，避免生锈，尺寸与塑料底盒基本相同，如图2-43（c）所示。

(a) 明装底盒

(b) 暗装塑料底盒

(c) 暗装金属底盒

图2-43 底盒

暗装底盒只能安装在墙面或者装饰隔断内，安装面板后就隐蔽起来了。施工中不允许把暗装底盒明装在墙面上。

暗装塑料底盒一般在土建工程施工时安装，直接与穿线管端头连接固定在建筑物墙内或者立柱内，外沿低于墙面10mm，中心距离地面高度为300mm或者按照施工图纸规定高度安装。底盒安装好以后，必须用钉子或者水泥沙浆固定在墙内，如图2-44所示。

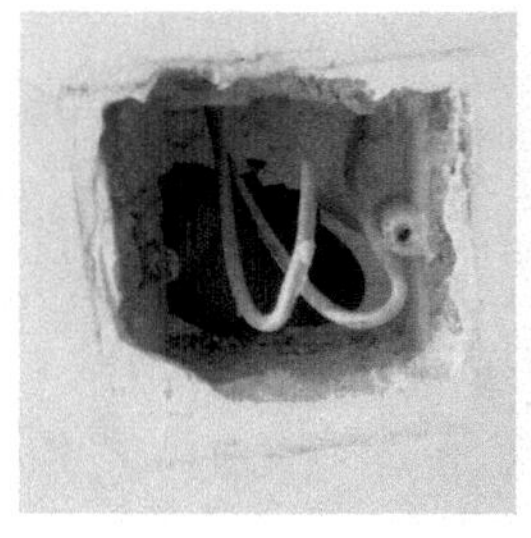
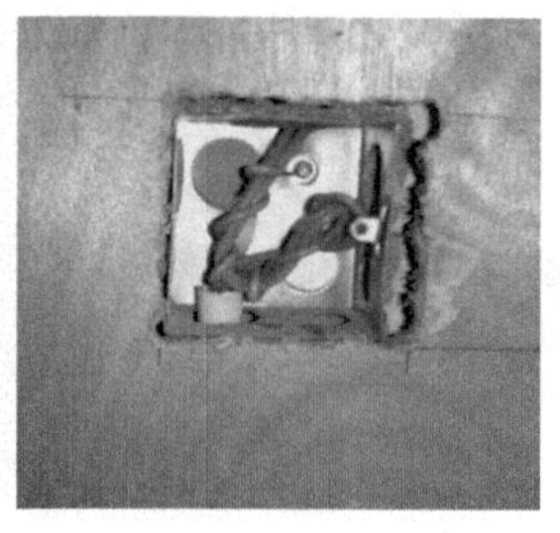

图2-44　墙面暗装底盒

需要在地面安装网络插座时，盖板必须具有防水、抗压和防尘功能，一般选用120系列金属面板，配套的底盒宜选用金属底盒，一般金属底盒比较大，常见规格为长100mm，宽100mm，中间有2个固定面板的螺丝孔，5个面都预留有进出线孔，方便进出线，如图2-45所示，地面金属底盒安装后一般应低于地面10～20mm，注意这里的地面是指装修后地面。

图2-45　地面暗装底盒、信息插座

在扩建改建和装饰工程安装网络面板时，为了美观一般宜采取暗装底盒，必要时要在墙面或者地面进行开槽安装，如图2-46所示。装修墙面明装底盒，如图2-47所示。

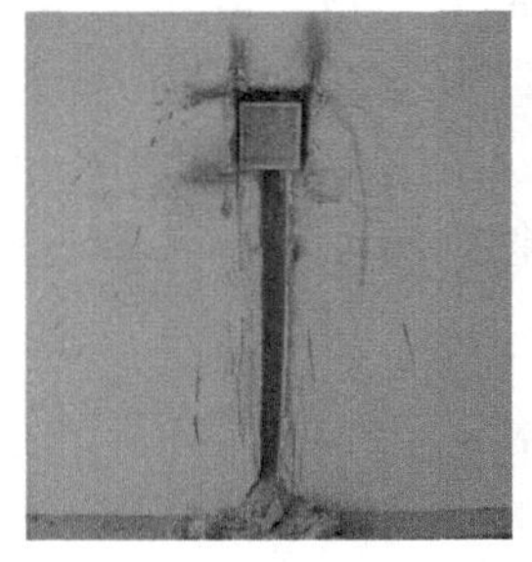

图2-46　装修墙面暗装底盒　　图2-47　装修墙面明装底盒

2.4.4 模块的安装及端接配线架

模块主要由跳线模块和面板组成，如图 2-48 所示。

图 2-48 模块组成

依据双绞线的跳线规则，在企业网络中通常不是直接拿网线的水晶头插到集线器或交换机上，而是先把来自集线器或交换机的网线与信息模块连在一起埋在墙里，这涉及信息模块芯线排列顺序问题，即跳线规则。

交换机或集线器到网络模块之间的网线接线方法是按 EIA/TIA568 标准进行。虽然从集线器或交换机到工作站的网线可以是不经任何跳线的直连线，但为了保证网络的高性能，最好同一网络采取同一种端接方式，包括信息模块和网线水晶头。因为信息模块各线槽中都有相应的颜色标准，只需要选择相应的端接方式，然后按模块上的颜色标注把相应的芯线卡入相应的线槽种即可。

网络数据模块和电话语音模块的安装方法基本相同，一般安装顺序如图 2-49 所示。

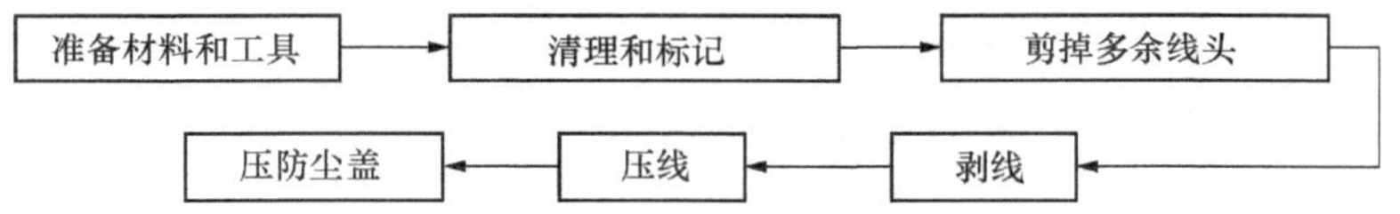

图 2-49 网络数据模块和电话语音模块的安装步骤

1. 安装信息插座

(1) 信息插座安装步骤

信息插座由面板、信息模块和盒体底座几部分组成，其中信息模块端接是信息插座安装的关键。信息插座的安装步骤如下（图 2-50）。

1）将双绞线从线槽或线管中通过进线孔拉入信息插座底盒中。

2）为便于端接、维修和变更，线缆从底盒拉出后预留 15cm 左右后将多余部分剪去。

3）端接信息模块。

4）将见余线缆盘于底盒中。

5）将信息模块插入面板中。

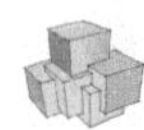

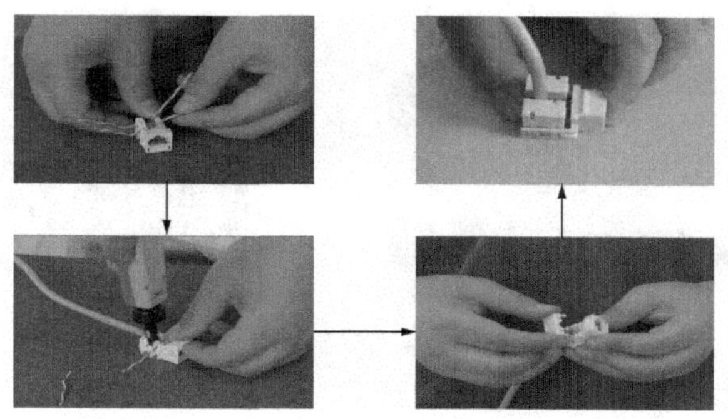

图 2-50 安装信息插座

6）合上面板，紧固螺钉，插入标识，完成安装。

(2) 打线信息模块端接步骤（以 568B 标为例）

1）用剥线钳剥去 4 对双绞线的外皮约 3cm，如图 2-51 所示。

2）用剪刀剪去撕剥线，如图 2-52 所示。

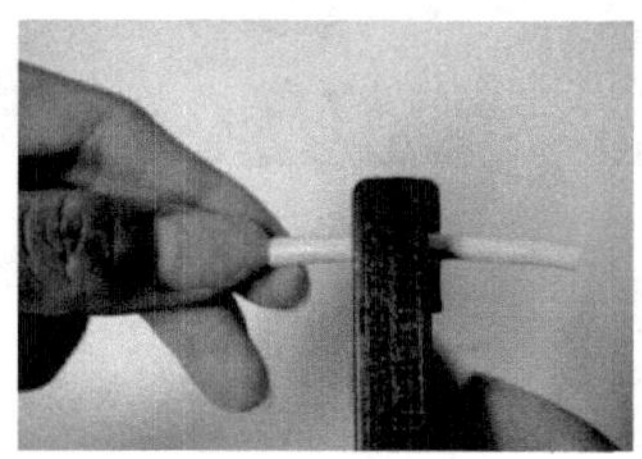

图 2-51

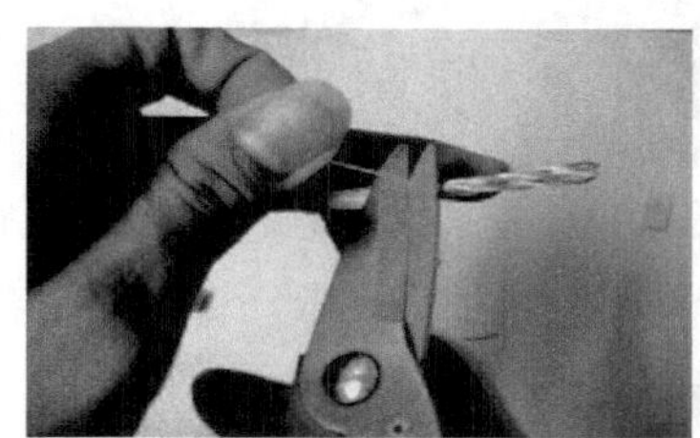

图 2-52

3）按照模块上标示的 568B 标线序，将线对整理至对应的位置，如图 2-53 所示。

4）有两种方法将线芯卡接到对应的槽位上，方法 1 为从线头处打开绞对并卡接到槽位上（开绞长度为刚好能卡入槽位）；方法 2 为不用开绞，从线头处挤开线对，将两个线芯同时卡入相邻槽位），如图 2-54 所示。

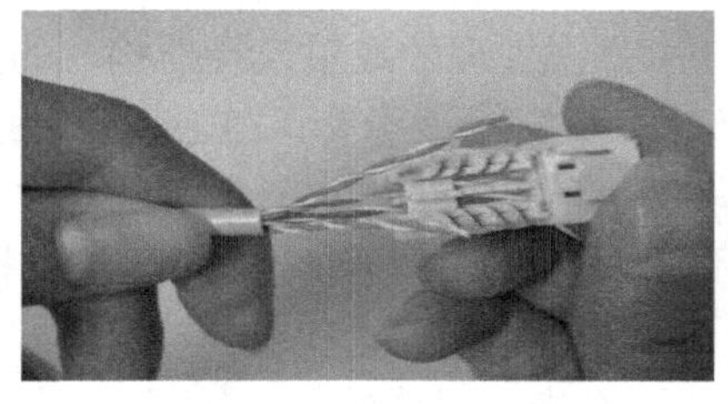

图 2-53

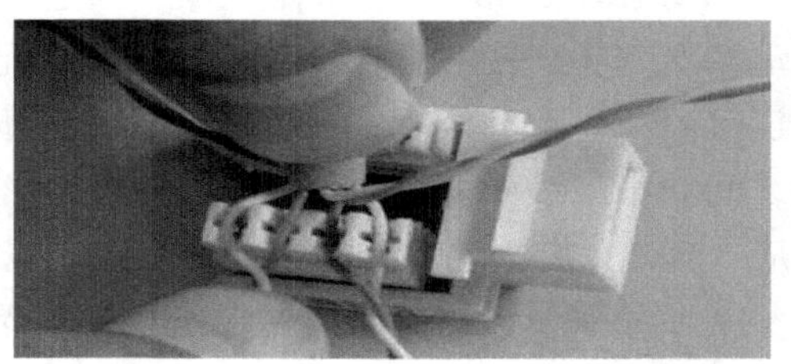

图 2-54

5）当线对都卡入相应的槽位后，再一次检查各线对线序是否正确，如图 2-55 所示。

6）用单用打线刀（刀要与模块垂直，刀口向外）逐条压入线芯，并打断多余的线头，如图 2-56 所示。

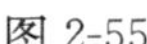
图 2-55

图 2-56

7）压接后的信息模块，如图 2-57 所示。

8）给模块安装上保护帽，如图 2-58 所示，模块安装完毕。

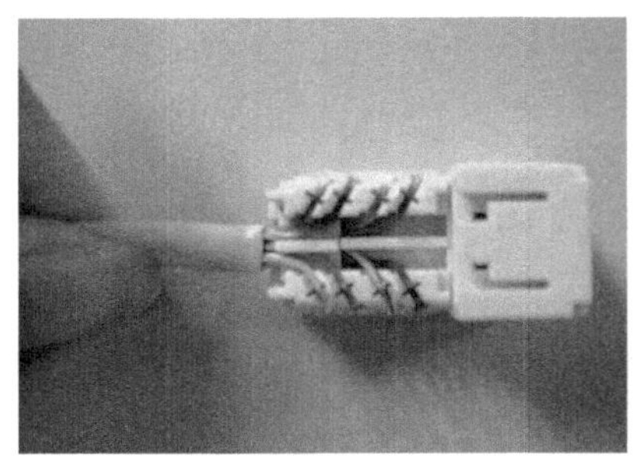

图 2-57

图 2-58

2. 端接配线架

配线架是管理子系统中最重要的组件，是实现垂直干线和水平布线两个子系统交叉连接的枢纽。配线架通常安装在机柜或墙上。通过安装附件，配线架可以全线满足 UTP、STP、同轴电缆、光纤、音视频的需要。在网络工程中常用的配线有双绞线配线架和光纤配线架。

（1）业界标准中配线架的定义

ISO/IEC 11801：2002 配线架——适用于跳线连接的配线装置器。它使布线系统的移动和改变更加便利。ANSI TIA/568-B 配线架——由方便管理的成对连接器构成的交叉连接系统。双绞线配线架的作用是在管理子系统由将双绞线进行交叉连接，用在主配线间和分配线间。双绞线配线架的型号很多，每个厂商都有自己的产品系统，并且对应 3 类、5 类、超 5 类、6 类、7 类线缆分别有不同的规格和型号，在具体项目中，应参阅产品手册，根据实际情况进行配线架设置。

光纤配线架的作用是在管理子系统中将光缆进行连接，通常在主配线间和各分配间。

（2）配线端接技术原理

综合布线系统配线端接的基本原理是，将线芯用机械力量压入两个刀片中，在压入过程中刀片将绝缘护套划破与铜线芯紧密接触，同时金属刀片的弹性将铜线芯长期夹紧，从而实现长期稳定的电气连接，如图 2-59 所示。

1）110配线架（图2-60～图2-64）。110型连接管理系统的基本部件是110配线架、连接块、跳线和标签。110配线架有25对、50对、100对、300对多种规格。110配线架装有若干齿形条，沿配线架正面从左到右均有色标，以区别各条输入线。这些输入线放入齿形条的槽缝里，再与连接块接合，利用788J1工具，就可将配线环的连接“冲压”到110C连接块上。

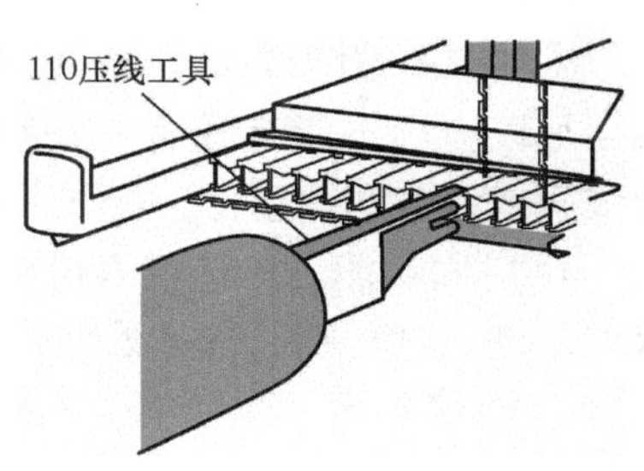

图2-59　使用110压线工具将线对压入线槽内

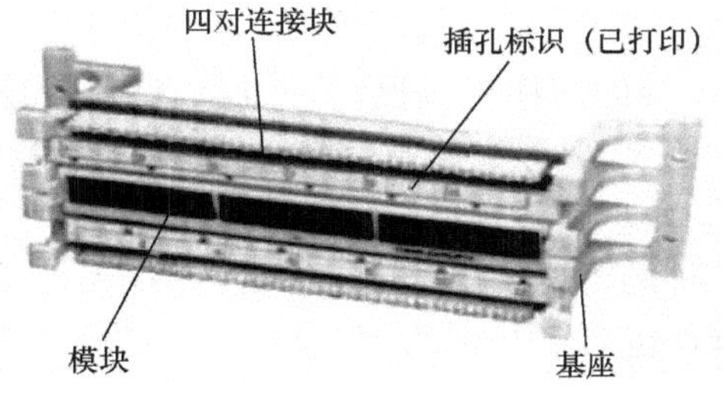

图2-60　110跳接部件

图2-61　110跳线

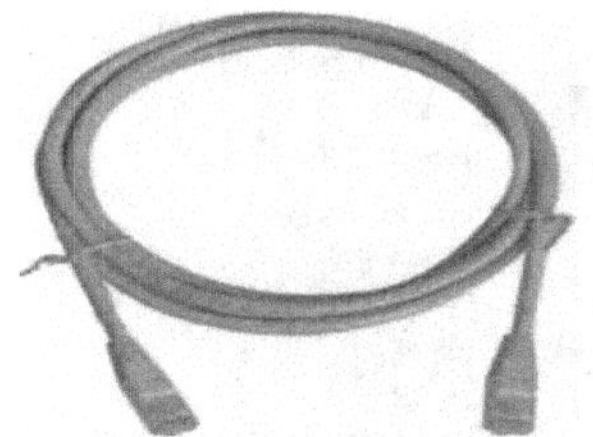

图2-62　5类二芯

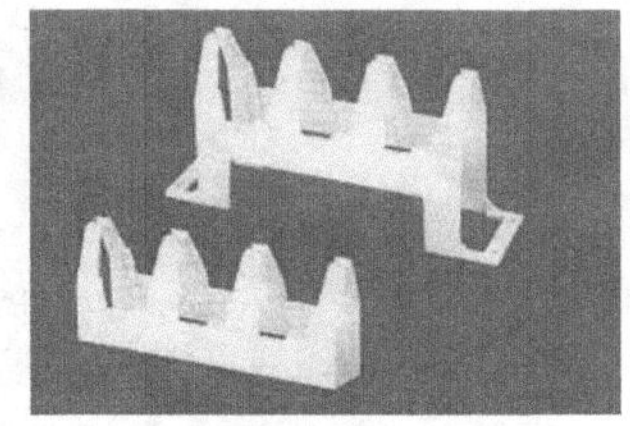

图2-63　110跳线过线槽

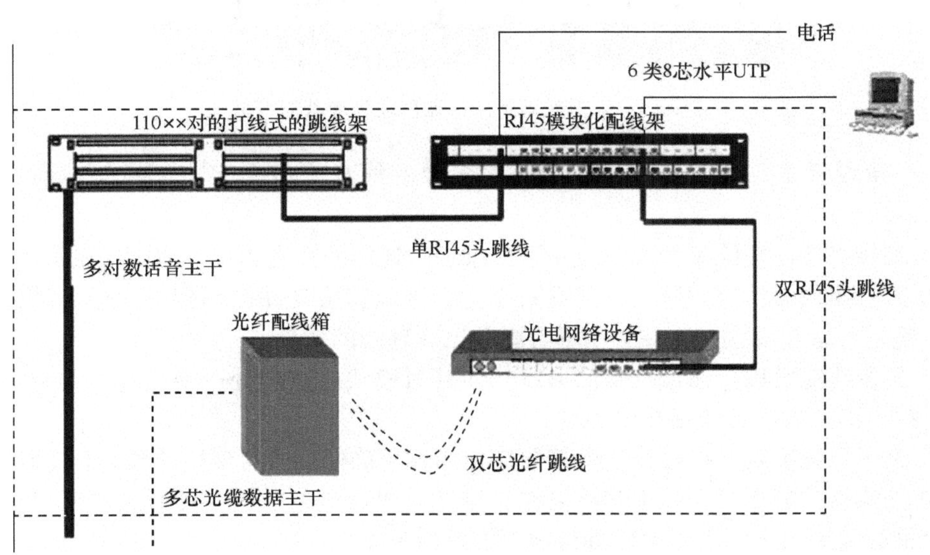

图2-64　110配线架的连接

① 110A 型配线架。110A 型配线架有若干引脚，俗称带腿的 110 配线架，110A 配线架可以应用于所有场合，特别是大型电话应用场合，通常直接安装在二级交接间、配线间或设备间墙壁上。配线架作为光线路的终端设备应具有 4 项基本功能。

a. 巩固功能。光缆进入机架后，对其外护套和加强芯要进行机械固定，加装地线保护部件，进行端头保护处理，并对光纤进行分组和保护。

b. 熔接功能。光缆中引入的光纤与尾缆熔接后，将多余的光纤进行盘绕储存，并对熔接接头进行保护。

c. 调配功能。将尾缆上连带的连接器插接到适配器上，与适配器另一侧的光缆连接器实现光路对接。

d. 存储功能。为机架之间各种交叉连接的光连接线提供存储，使它们能够规则整齐地放置。架内应有适当的空间和方式，使这部分光连接线走线清晰，调整方便，并能满足最小弯曲半径的要求。

② 110 跳接部件。110 跳线系统是一种高密度，快速连接系统。用于话音和数据的跳接管理，按 ETA/TIA-568A 标准制造，包括 110 配线架、110 连接块、110 快接跳线及标签夹条、110 跳线系统中断架等。

2）配线架的端接后安装工艺（图 2-65）。

图 2-65　工程现场照片：绿色线为屏蔽双绞线

这一阶段所需要完成的工作目的是将多余的线盘绕后保存在配线架背后。具体包括：

① 端接时伸出配线架的双绞线在下次维护时还需要让它再次伸出配线架。

② 万一模块端接有问题，需要重新端接，可以剪去现在已端接的部分，就近取到预留线缆进行重新端接。这一工作不会影响已有理线的效果。

③ 预留线缆可以弯曲成一定的形状，使其对模块的端接处产生压力，避免端接线缆因受拉力而造成在数年后接触不良。

④ 为了保证美观，每根线在端接前应使用标尺确保端接后保留的预留长度相同。

⑤ 配线架的端接后安装工艺可以在自测试完成后进行，因为此时工程已经进入尾声，大量的施工人员空出，可以进行这项细致的工作。

端接后安装是在线缆托架上完成（图 2-66～图 2-69），具体做法如下：

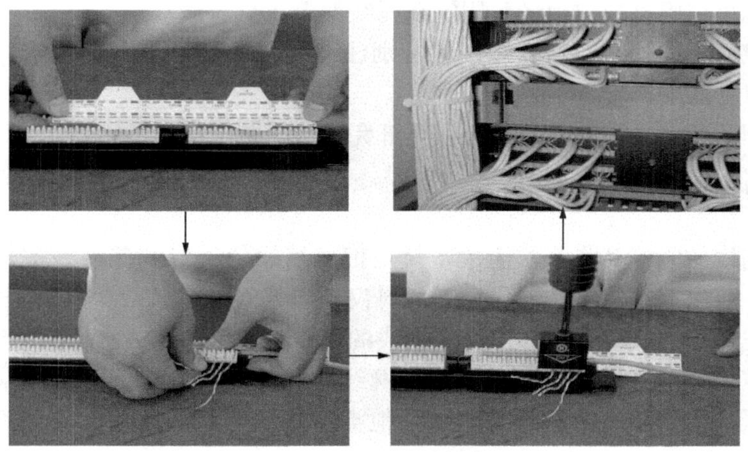

图 2-66　安装配线架

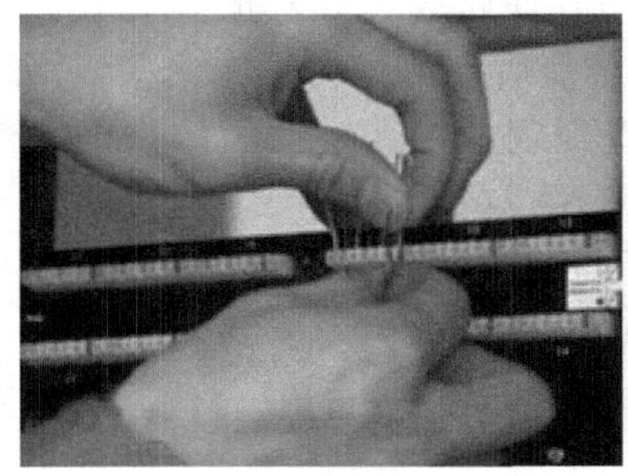

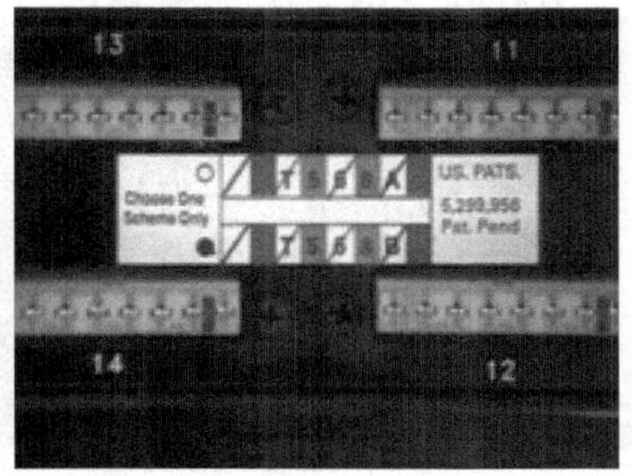

图 2-67　双绞线放入打线槽

图 2-68　打线

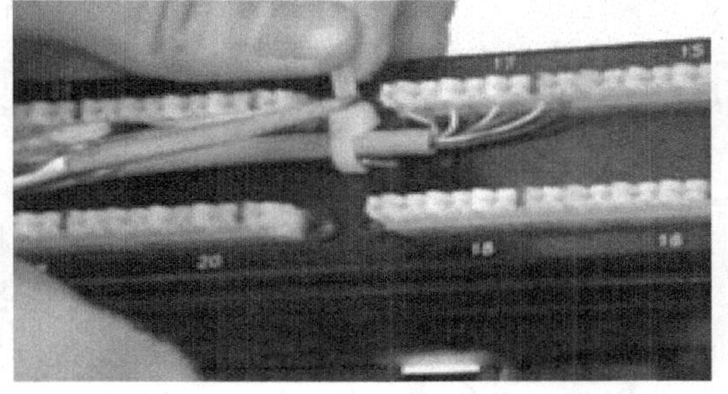

图 2-69　固定线缆

① 将理顺的双绞线垂直盘绕成环形，其高度为 2U（约 80mm）。

② 将尼龙扎带穿过配线架后侧的线缆托架上的对应孔中，然后将环状线的底端分叉处绑扎在托架上。注意：绑扎以固定住为目标，不可过紧，以免影响传输性能。

③ 重复①、②步骤，直到一个 24 口的配线架后侧的预留双绞线全部绑扎完毕。

④ 将双绞线环理成垂直状态，尽可能保持同一角度，以实现美观的目的。但由于双绞线自身的反弹性能，不可能做到完全一致。

说明：也可以整理成波浪形，固定在托线架上。

由于端接后理线的线缆长度短，应特别注意按照标准（规范）要求，注意转弯半径的大小，以免影响传输特性。

一个机柜的配线架端接后安装工序全部完成后，盖上机柜的后盖。

3. 制作跳线

双绞线网线的制作其实非常简单，就是把双绞线的4对8芯网线按一定规则插入到水晶头中，所以这类网线的制作所需材料仅需双绞线和水晶头；所需工具也较简单，通常仅需一把专用压线钳即可。双绞线网线的制作其实就是网线水晶头的制作。

这类网线制作的难点就是不同用途的网线跳线规则不一样，下面先来看最基本的直通五类线（不用跳线）的制作方法，其他类型网线的制作方法类似，不同的只是跳线方法不一样而已。

（1）直通RJ-45接头的制作

第1步：用双绞线网线钳（当然也可以用其他剪线工具）把五类双绞线的一端剪齐（最好先剪一段符合布线长度要求的网线），然后把剪齐的一端插入到网线钳用于剥线的缺口中，注意网线不能弯，直插进去，直到顶住网线钳后面的挡位，稍微握紧压线钳慢慢旋转一圈（无需担心会损坏网线里面芯线的包皮，因为剥线的两刀片之间留有一定距离，这距离通常就是里面4对芯线的直径），让刀口划开双绞线的保护胶皮，拔下胶皮。当然也可使用专门的剥线工具来剥皮线。

小提示

网线钳挡位离剥线刀口长度通常恰好为水晶头长度，这样可以有效避免剥线过长或过短。剥线过长一则不美观，另一方面因网线不能被水晶头卡住，容易松动；剥线过短，因有包皮存在，太厚，不能完全插到水晶头底部，造成水晶头插针不能与网线芯线完好接触，当然也不能制作成功了。

第2步：剥除外包皮后即可见到双绞线网线的4对8条芯线，并且可以看到每对的颜色都不同。每对缠绕的两根芯线是由一种染有相应颜色的芯线加上一条只染有少许相应颜色的白色相间芯线组成。四条全色芯线的颜色为棕色、橙色、绿色、蓝色。

先把4对芯线一字并排排列，然后再把每对芯线分开（此时注意不跨线排列，也就是说每对芯线都相邻排列），并按统一的排列顺序（如左边统一为主颜色芯线，右边统一为相应颜色的花白芯线）排列。注意每条芯线都要拉直，并且要相互分开并列排列，不能重叠。然后用网线钳垂直于芯线排列方向剪齐（不要剪太长，只需剪齐即可），自左至右编号的顺序我们定为“1、2、3、4、5、6、7、8”。

第3步：左手水平握住水晶头（塑料扣的一面朝下，开口朝右），然后把剪齐、并列排列的8条芯线对准水晶头开口并排插入水晶头中，注意一定要使各条芯线都插到水晶头的底部，不能弯曲（因为水晶头是透明的，所以可以从水晶头有卡位的一面可以清楚地看到每条芯线所插入的位置）。

第 4 步：确认所有芯线都插到水晶头底部后，即可将插入网线的水晶头直接放入网线钳压线缺口中。因缺口结构与水晶头结构一样，一定要正确放入才能使后面压下网线钳手柄时所压位置正确。水晶头放好后即可压下网线钳手柄，一定要使劲，使水晶头的插针都能插入到网线芯线之中，与之接触良好。然后再用手轻轻拉一下网线与水晶头，看是否压紧，最好多压一次，最重要的是要注意所压位置一定要正确。

至此，这个 RJ-45 头就压接好了。按照相同的方法制作双绞线的另一端水晶头，要注意的是芯线排列顺序一定要与另一端的顺序完全一样，这样整条网线的制作就算完成了。

两端都做好水晶头后即可用网线测试仪进行测试，如果测试仪上 8 个指示灯都依次为绿色闪过，证明网线制作成功。如果出现任何一个灯为红灯或黄灯，都证明存在断路或者接触不良现象，此时最好先对两端水晶头再用网线钳压一次，再测。如果故障依旧，再检查一下两端芯线的排列顺序是否一样，如果不一样，随剪掉一端重新按另一端芯线排列顺序制作水晶头。如果芯线顺序一样，但测试仪在重测后仍显示红色灯或黄色灯，则表明其中肯定存在对应芯线接触不好。此时只能先剪掉一端按另一端芯线顺序重做一个水晶头，再测，如果故障消失，则不必重做另一端水晶头，否则还得把原来的另一端水晶头也剪掉重做。直到测试全为绿色指示灯闪过为止。

(2) 网线的跳线规则

以上我们所介绍的是最简单的直通网线制作方法，这类网线通常只用于从集线器（交换机）、墙上信息模块到工作站的连接，并且并不是一种最理想的制作方法。主要原因是这种网线制作没有考虑到相互芯线之间串扰，在高速网络（如 100Mbps 以上网络）中影响更大。为此 IEEE 标准委员会制定了几种特定用途的跳线方法，下面分别介绍。

双绞线在网络中的接线标准有以下几种：

1）一一对应接法。即双绞线的两端芯线要一一对应，即如果一端的第 1 脚为绿色，另一端的第 1 脚也必须为绿色的芯线，这样做出来的双绞线通常称之为“直连线”。但要注意的是 4 个芯线对通常不分开，即芯线对的两条芯线通常为相邻排列。这种网线一般是用在集线器或交换机与计算机之间的连接。

2）1—3、2—6 交叉接法。虽然双绞线有 4 对 8 条芯线，但实际上在网络中只用到了其中的 4 条，即水晶头的第 1、第 2 和第 3、第 6 脚，它们分别起着收、发信号的作用。这种交叉网线的芯线排列规则是：网线一端的第 1 脚连另一端的第 3 脚，网线一端的第 2 脚连另一头的第 6 脚，其他脚一一对应即可。这种排列做出来的通常称之为“交叉线”，水晶头的针脚排编号规则如图 2-70 所示。

例如，当线的一端从左到右的芯线顺序依次为绿白、绿、橙白、蓝、蓝白、橙、棕白、棕时，另一端从左到右的芯线顺序则应当依次为橙白、橙、绿白、蓝、蓝白、绿、棕白、棕。当线的一端从左到右的芯线顺序依次为橙白、橙、绿白、蓝、蓝白、绿、棕白、棕时，另一端从左到右的芯线顺序则应当依次为绿白、绿、橙白、蓝、蓝白、橙、棕白、棕。这种网线一般用在集线器（交换机）的级连、服务器与集线器（交换机）的连接、对等网计算机的直接连接等情况下。

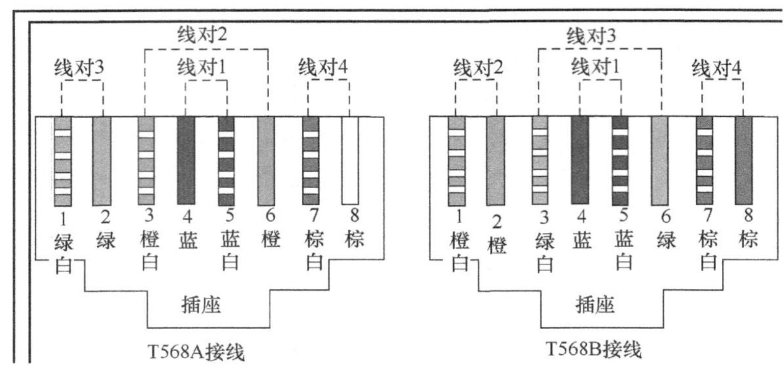

图 2-70　TIA 568-A 和 TIA 568-B

3）100M 接法。这是一种最常用的网线制作规则。所谓 100M 接法，是指它能满足 100M 带宽的通信速率。它的接法虽然也是一一对应，但每一脚的颜色是固定的，具体是：第 1 脚——橙白、第 2 脚——橙色、第 3 脚——绿白、第 4 脚——蓝色、第 5 脚——蓝白、第 6 脚——绿色、第 7 脚——棕白、第 8 脚——棕色，从中可以看出，网线的 4 对芯线并不全都是相邻排列，第 3 脚、第 4 脚、第 5 脚和第 6 脚包括 2 对芯线，但是顺序已错乱。其实这种跳线规则与下面将要介绍的信息模块端接方式 B 是完全一样的，当然我们也可以按信息模块端接方式 A 来重新排列芯线顺序，那就是：第 1 脚——绿白、第 2 脚——绿色、第 3 脚——橙白、第 4 脚——蓝色、第 5 脚——蓝白、第 6 脚——橙色、第 7 脚——棕白、第 8 脚——棕色。只不过所选方式要与下面所介绍的信息模块端接方式一致，否则所做的网线很可能就不通了。

这种接线方法也是应用于集线器（交换机）与工作站计算机之间的连接，也就是“直连线”所应用的范围。

（3）信息模块的跳线规则

上面介绍了双绞线网线的跳线规则，因为在企业网络中通常不是直接拿网线的水晶头插到集线器或交换机上，而是先把来自集线器或交换机的网线与信息模块连在一起埋在墙上，这就涉及信息模块芯线排列顺序问题，也即跳线规则。

交换机或集线器到网络模块之间的网线接线方法是按市线 EIA/TIA 568 标准进行，但因其有 A、B 两种端接方式（IBM 公司的产品通常用端接方式 A，AAT&T 公司的产品通常用端接方式 B，端接方式的主要区别在下述的 T568A 模块和 T568B 模块的内部固定联线方式）。两种端接方式所对应的接线顺序如图 2-70 所示。

虽然从集线器或交换机到工作站的网线可以是不经任何跳线的直连线，但为了保证网络的高性能，最好同一网络采取同一种端接方式，包括信息模块和网线水晶头。水晶头和信息模块各引脚的对应顺序如图 2-70 所示。因为在信息模块各线槽中都有相应的颜色标注，只需要选择相应的端接方式，然后按模块上的颜色标注把相应的芯线卡入相应的线槽中即可，不必去记颜色顺序。

说明：图 2-70 中的 1、2、3、4、5、6、7、8 顺序不是随便定的，它是在把水晶头有金属弹片的一面向上，塑料扣片向下，插入 RJ-45 座的一头向外，从左到右依次为

1、2、3、4、5、6、7、8 脚。而信息模块的引脚顺序如图 2-70 右图有明确的标注，在此就不再另叙了。

4. 信息模块的制作

了解了以上信息模块的跳线规则后，我们就可以利用在上一节所介绍的材料和打线工具制作信息模块了。具体的制作步骤如下：

第 1 步：用剥线工具在离双绞线一端 130mm 左右把双绞线的外包皮剥去。如图 2-70所示。

第 2 步：如果有信息模块打线保护装置，则可将信息模块嵌入在保护装置上，如图 2-70 所示。

第 3 步：把剥开的 4 对双绞线芯线分开，但为了便于区分，此时最好不要拆开各芯线线对，只是在卡相应芯线时才拆开。按照信息模块上所指示的芯线颜色线序，两手平拉上一小段对应的芯线，稍稍用力将导线一一置入相应的线槽内，如图 2-71 所示。

第 4 步：全部芯线都嵌入好后即可用打线钳再一根根把芯线进一步压入线槽中(也可在第 3 步操作中完成一根，即用打线钳压入一根，但效率低些)，确保接触良好，如图 2-71 所示。然后剪掉模块外多余的线。

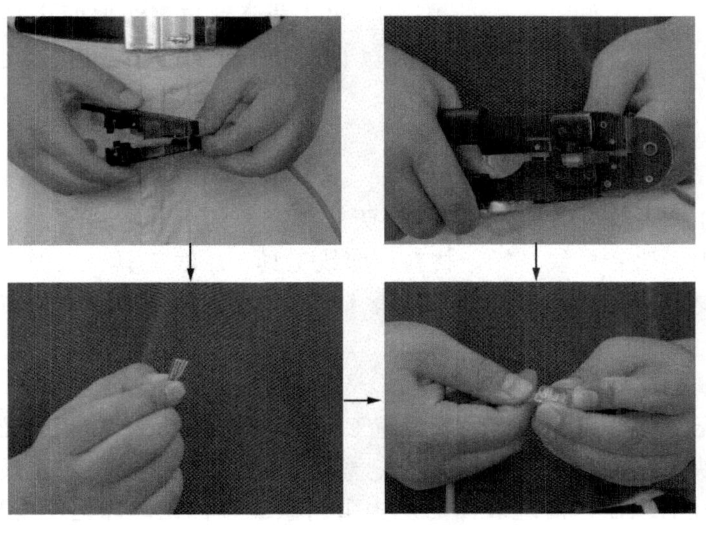

图 2-71　制作跳线

小提示

通常情况下，信息模块上会同时标记有 TIA 568-A 和 TIA 568-B 两种芯线颜色线序，应当根据布线设计时的规定，与其他连接和设备采用相同的线序。

第 5 步：将信息模块的塑料防尘片沿缺口穿入双绞线，并固定于信息模块上，如图 2-71 所示，压紧后即可完成模块的制作全过程。然后再把制作好的信息模块放入信息插座中。

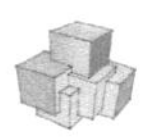

信息模块制作好后当然也可以测试一下连接是否良好，此时可用万用表进行测量。把万用表的挡位打在×10 的电阻挡，把万用珠的一个表针与网线的另一端相应芯线接触，另一万用表笔接触信息模块上卡入相应颜色芯线的卡线槽边缘（注意不是接触芯线），如果阻值很小，则证明信息模块连接良好，否则再用打线钳压一下相应芯线，直到通畅为止。

5. 面板安装

面板安装是信息插座最后一个工序，一般应该在端接模块后立即进行，保护模块。安装时将模块卡接到面板接口中。如果双口面板上有网络和电话插口标记时，按照标记口位置安装。如果双口面板上没有标记时，宜将网络模块安装在左边，电话模块安装在右边，并且在面板表面做好标记。

6. 测试模块和配线架连通性

完成好模块安装以后，可用双绞线的一端安装在模块上，另一端安装在配线架上，使其连通。再用两根直通线，一端分别连接在模块端口和配线架面板正面对应端口，另一端分别与测线器两个端口连接好，测试其和配线架的连通性，如图 2-72 所示。

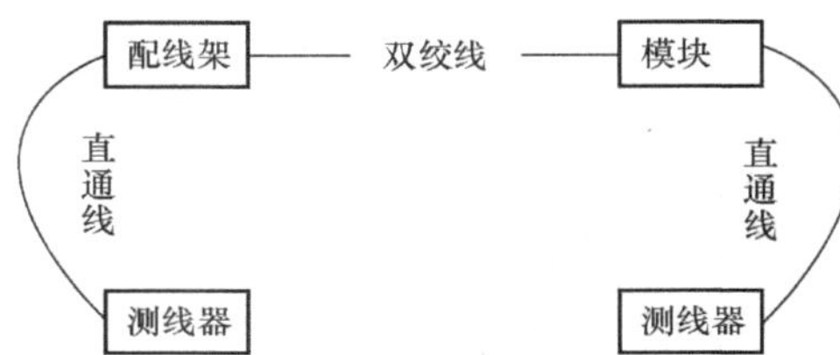

图 2-72　模块和配线架连通性测试方法

7. 模块安装

第 1 步：准备材料和工具。

在每天开工前进行，必须一次领取半天工作需要的全部材料和工具，主要包括网络数据模块、电话语音模块、标记材料、剪线工具、压线工具、工作小凳等，半天施工需要的全部材料和工具装入一个工具箱（包）内，随时携带，不要在施工现场随地乱放。

第 2 步：清理和标记。

清理和标记非常重要，在实际工程施工中，一般底盒安装和穿线较长时间后，才能开始安装模块，因此安装前首先清理底盒内堆积的水泥沙浆或者垃圾，然后将双绞线从底盒内轻轻的取出，清理表面的灰尘重新做编号标记，标记位置距离管口 60～80mm，注意做好新标记后才能取消原来的标记。

第 3 步：剪掉多余线头。

剪掉多余线头是必需的，因为在穿线施工中双绞线的端头进行了捆扎或者缠绕，管口预留也比较长，双绞线的内部结构可能已经破坏，一般在安装模块前都要剪掉多余部分的长度，留出 100～120mm 长度用于压接模块或者检修。

第 4 步：剥线。

首先使用专业剥线器剥掉双绞线的外皮，剥掉双绞线外皮的长度为 15mm，特别注意不要损伤线芯和线芯绝缘层。

第 5 步：压线。

剥线完成后按照模块结构将8芯线分开，逐一压接在模块中。压接方法必须正确，一次压接成功。

第6步：装好防尘盖。

模块压接完成后，将模块卡接在面板中，然后立即安装面板。如果压接模块后不能及时安装面板时，必须对模块进行保护，一般做法是在模块上套一个塑料袋，避免土建墙面施工污染。

安装模块过程如图2-73所示，明装底盒和安装模块如图2-74所示。

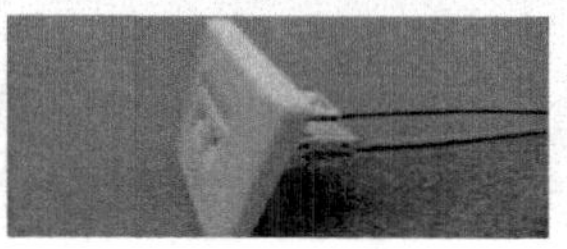

图2-73 做好线标和压接好模块的土建暗装底盒

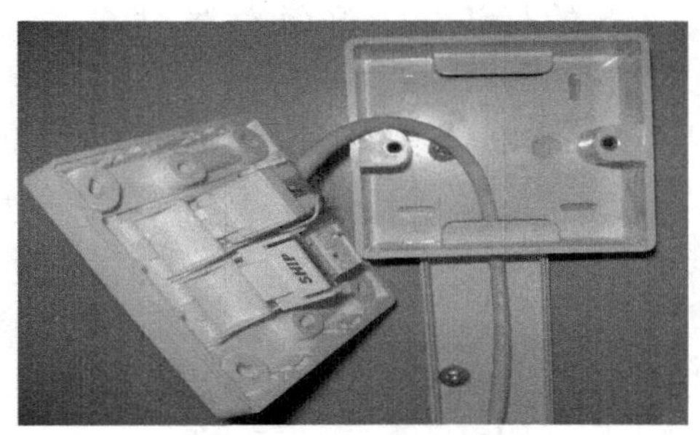

图2-74 压接好模块的墙面明装底盒

8. 底盒安装

各种底盒安装时，一般按照下列步骤：

第1步：目视检查产品的外观合格。

特别检查底盒上的螺丝孔必须正常，如果其中有一个螺丝孔损坏时坚决不能使用。

第2步：取掉底盒挡板。

根据进出线方向和位置，取掉底盒预设孔中的挡板。

第3步：固定底盒。

明装底盒按照设计要求用膨胀螺丝直接固定在墙面，如图2-74所示。暗装底盒首先使用专门的管接头把线管和底盒连接起来，这种专用接头的管口有圆弧，既方便穿线，又能保护线缆不会划伤或者损坏。然后用膨胀螺丝或者水泥沙浆固定底盒。

第 4 步：成品保护。

暗装底盒一般在土建过程中进行，因此在底盒安装完毕后，必须进行成品保护，特别是安装螺丝孔，防止水泥沙浆灌入螺孔或者穿线管内。一般做法是在底盒螺丝孔和管口塞纸团，也有用胶带纸保护螺孔的做法。

2.4.5 巩固训练：端接技能实训

【实训模型一】打线模组实训

多功能综合布线实训台上有 4 套带显示装置的线缆端接训练模组，可满足 4 人同时进行打线实训。端接训练模组上还配备有相应的指示灯，当线缆上下线芯端接成功后，对应指示灯按顺序亮起，否则相应指示不按顺序亮灯或不亮。

【实训目的和要求】

熟练掌握 110 打线工具的使用方法和配线架 IDC 卡接线缆的要点。

【实训工具与材料】

多功能操作台内嵌端接训练模组一套、综合布线工具箱中的剥线钳一把、110 打线工具一把、剪刀一把、长约 15cm 的超五类 UTP 双绞线若干条。

【实训步骤】

1）用双绞线剥线钳将双绞线两端的外皮剥去 2～3cm，并剪掉撕裂绳。

2）按照端接训练模组上的标识，分好每对线对并保证双绞线开绞距离不超过 5mm。

3）把双绞线按照对应的色标卡进端接训练模组的 IDC 卡位，然后采用 110 打线工具（刀口向外），垂直用力将线芯压接到 IDC 卡点上（图 2-75）。注：每次卡接将会有一声清脆的响声，同时将多余的线头剪断。

4）重复步骤 1）～3），完成 6 条 UTP 双绞线共 48 次的打线。

【实训结果检验】

1）确认多功能操作台上内嵌的打线模组性能正常。

2）检查线缆开绞的距离是否小于 5mm，排序是否正确和线芯全部压接下去。

3）观测模组指示灯是否正常亮灯（图 2-76）。如果指示灯全部亮起则打线训练通过，否则需重新检查线缆端接正确性。

图 2-75 用打线刀进行压接

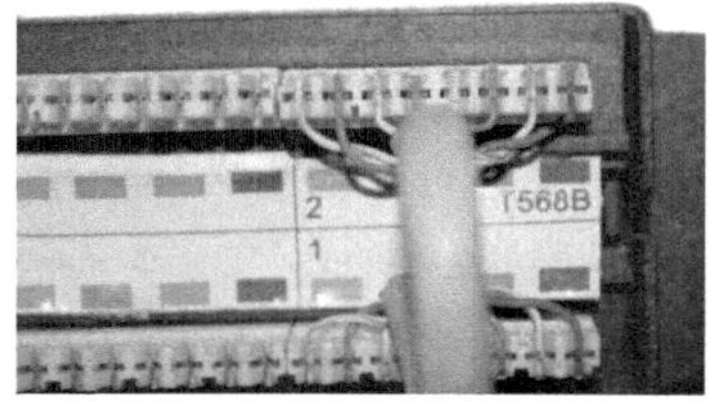

图 2-76 完成、测试

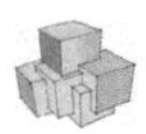

【打线工具使用方法】

切割多余线的刀口朝向模块的外侧，打线工具垂直插入模块槽位，垂直用力按压，听到“咔嗒”一声，说明工具的凹槽已经将线芯压到位，线芯已嵌入金属夹子里，金属夹子已经切入绝缘皮咬合铜线芯形成通路。

【使用注意事项】

1）刀口向外：若弄错了方向，一旦打线就切断了本来应该连接的铜线，造成线缆断路。

2）垂直按压：如果打斜，会使金属夹子的口撑开，失去咬合的能力，并且很有可能将打线端接训练卡位打坏。

3）打线时要用手固定好模块，使其不能移动，另如果打线用力过猛过大，很容易将划破割伤。故需注意安全。有时由于打线工具刀口老化原因，需要多垂直按压几次才可以打掉多余的线头。

【实训模型二】超五类免打式模块端接

免打式模块（又称扣锁端接帽模块），使用一个塑料端接帽把每根导线端接在模块上，每个塑料端接帽上都标有 T568A 和 T568B 的接线标准的颜色编码，双绞线的每根导线按照端接帽上的颜色编码依次插入，再把塑料端接帽压接在模块底座上即完成免打式模块的端接。因免打式模块端接过程较为简单、方便、快捷，所以在工程中已广泛使用。

【实训目的和要求】

认识免打模块的结构，熟练掌握免打模块端接技术和模块的接线方式。

【实训工具与材料】

综合布线工具箱中的剥线钳一把、压线钳一把、剪刀一把、长 50cm 的超五类 UTP 双绞线一条、超五类免打模块两个。

【实训步骤】

1）用剥线钳将双绞线外皮剥去 2～3cm，并剪掉撕裂绳（图 2-77）。

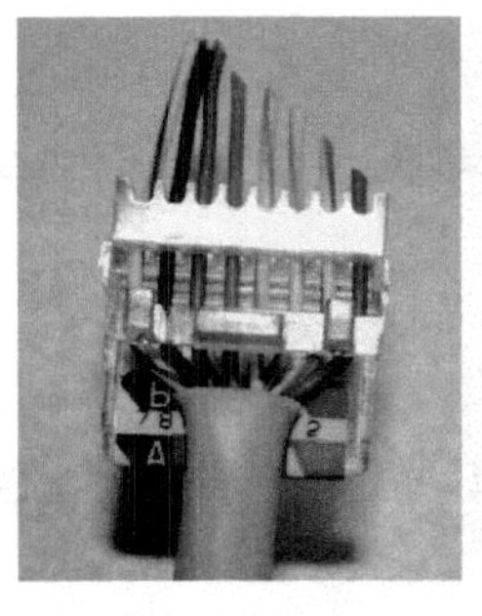

(a)按照线序，剪45°斜角穿过接线端子

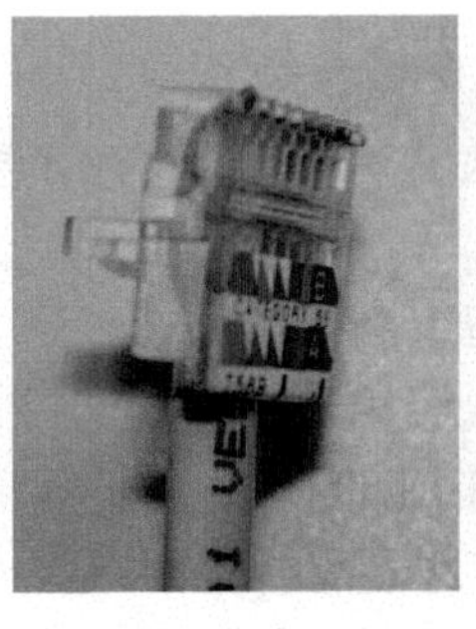

(b)剪掉多余线芯

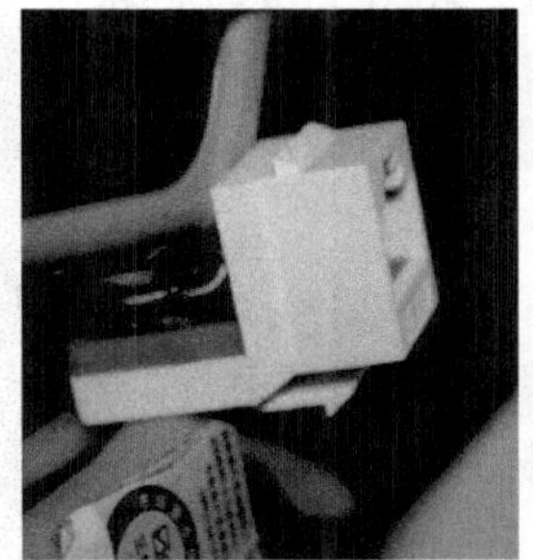

(c)将接线端子压接到模块上

图 2-77

2）按照信息模块扣锁端接帽上标有的 T568B 或 T568A 标准，将线芯理直拉平。

3）用剪刀将理直拉平的双绞线剪 45°斜角（便于插入端接帽）。

4）将剪好的双绞线芯穿过扣锁端接帽，至信息模块底座卡接点。

5）把插入扣锁端接帽后多出的线芯拉直并弯至反面。

6）用剪刀将扣锁端接帽反面顶端处的线缆剪平。

7）最后将扣锁端接帽压接至模块底座，完成模块的端接。

8）重复 1）～8）步骤，完成一条链路的端接。

【实训结果检验】

1）确认多功能操作台上内嵌的跳线测试模组性能正常，准备好两条好的跳线。

2）检查链路模块端接标准的一致性。

3）检查线缆开绞的距离是否小于 13mm。

4）检查扣锁端接帽压接是否充分压接到模块底座。

5）将两根跳线分别接到链路两端、插到跳线测试模组 RJ45 接口上。

6）观察跳线模组指示灯的闪亮顺序。如果指示灯按顺序闪亮则链路通断测试通过，否则需重新检查链路两端模块及查找故障，重新端接相应的模块。

【实训模型三】超五类屏蔽式模块端接

屏蔽模块通过屏蔽外壳将外部电磁波与内部电路完全隔离。因此它的屏蔽层需要与对绞电缆的屏蔽层连接则形成完整屏蔽结构。对于模块而言，屏蔽外壳是防护电磁干扰的重要屏障，在完成屏蔽模块的端接后，屏蔽外壳完全包裹了屏蔽模块的 5 个面，剩下模块正面通过屏蔽跳线进行插头封闭。下面以超五类屏蔽模块为例，详解超五类屏蔽模块的端接。

【实训目的和要求】

认识屏蔽模块的结构，熟练掌握屏蔽模块端接技术和模块的接线方式。

【实训工具与材料】

综合布线工具箱中的剥线钳一把、压线钳一把、剪刀一把、长 50cm 超五类 FTP 双绞线一条、超五类屏蔽模块两个。

【实训步骤】

1）用剥线钳将双绞线外皮剥去 3～4cm，注意不要剥伤超五类屏蔽网线的屏蔽层（图 2-78）。

2）把剥开的铝箔层去掉，只留下汇流导线。

3）按照接线端子色标，将线线卡接到相应的卡槽。

4）剪掉多余的线芯，卡接到相应的模块上，注意不要把方向搞反，否则会损坏模块。

5）采用模块自带金属外框，将接线端子冲压到模块上，使之相互卡紧连通（图 2-79）。

6）将线缆内的汇流导线缠绕在模块尾部，完成模块的端接。

7）重复 1）～7）步骤，完成一条屏蔽链路的端接。

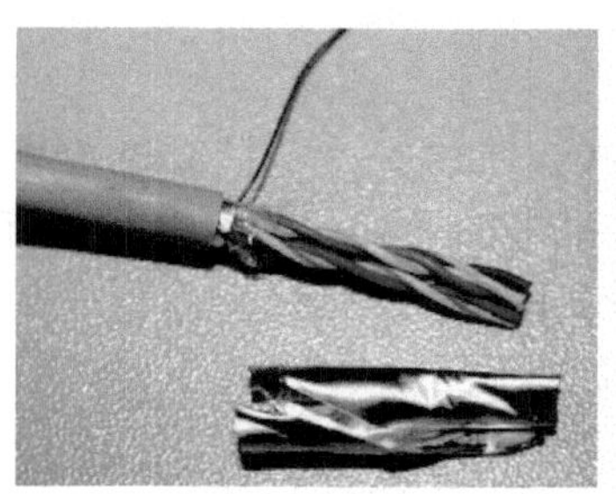

(a)剥皮、展开屏蔽层

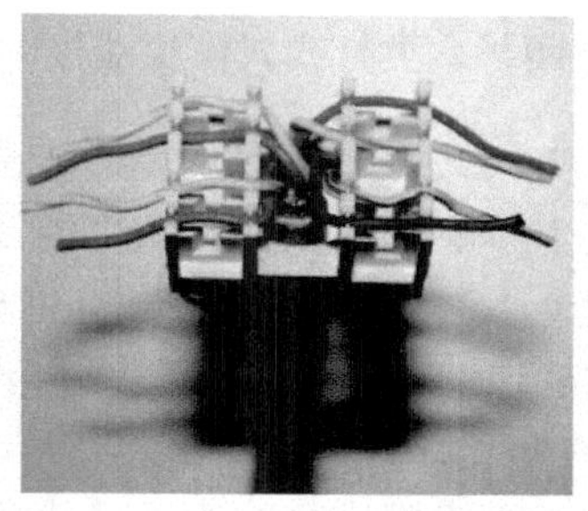

(b)按照色标把线芯卡接到相应的卡槽

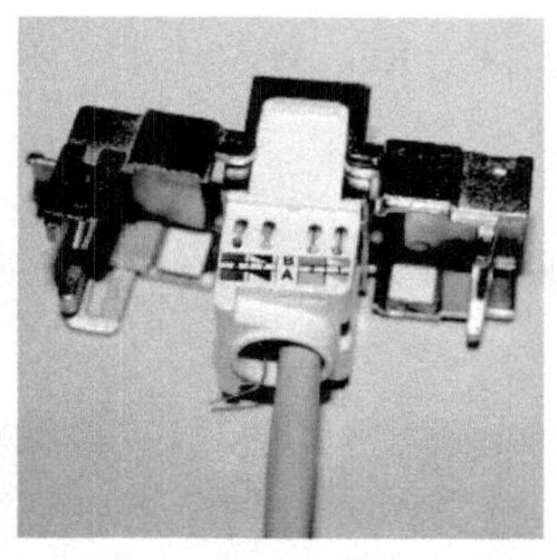

(c)剪掉多余的线芯，卡接到模块上

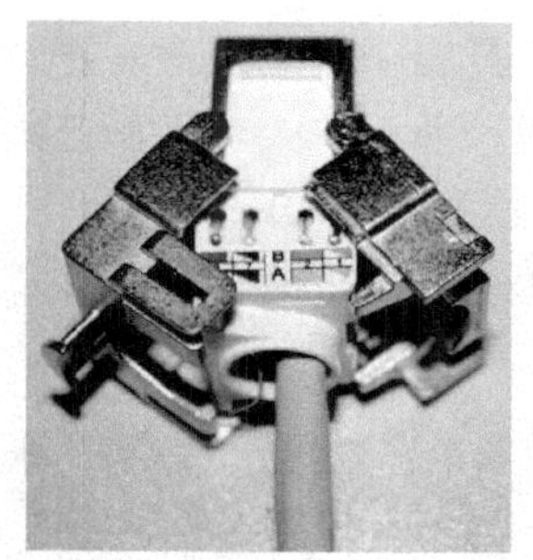

(d)采用模块自带金属外框，闭合起来

图 2-78

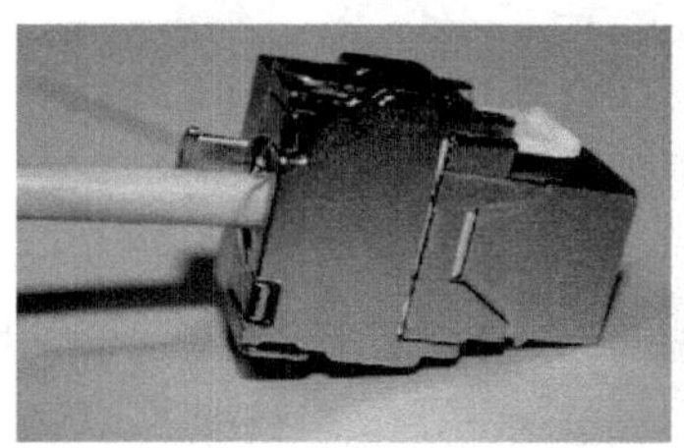

(a)模块金属外框闭合起来的效果

(b)将汇流导线缠绕在模块尾部，完成模块端接

图 2-79

【实训结果检验】

1）确认多功能操作台上内嵌的跳线测试模组性能正常，准备好两条屏蔽跳线。

2）检查链路模块端接标准的一致性。

3）检查线缆开绞的距离是否小于 5mm。

4）检查线缆屏蔽层与模块屏蔽层是否充分接触。

5）将两根跳线分别接到链路两端、插到跳线测试模组 RJ45 接口上。

6）观察跳线模组指示灯的闪亮顺序（测试模组的 S 灯亮，表示屏蔽通过测试）。如果指示灯按顺序闪亮则链路通断测试通过，否则需重新检查链路两端模块及查找故障，重新端接相应的模块。

【实训模型四】六类打线式模块端接

打线式模块（又称冲压型模块）需要用打线工具将每个电缆线对的线芯端接在信息模块上。每个模块的两侧都有相应的T568A和T568B接线颜色编码，而且六类打线式模块带有两个小进线孔，把同侧的两对线缆分上下两层压接，通过这些编码和两个小进线孔可以确定双绞线电缆每根线芯的相应位置。

【实训目的和要求】

认识六类打线式模块的结构，熟练掌握110打线工具的使用方法和端接技术。

【实训工具与材料】

综合布线工具箱中的剥线钳一把、110打线工具一把、剪刀一把、长约50cm的六类非屏蔽双绞线一条，六类非屏蔽打线式模块两个。

【实训步骤】

1）用剥线钳将双绞线外皮剥去2～3cm，采用剪刀把双绞线中间的十字架剪除（图2-80）。

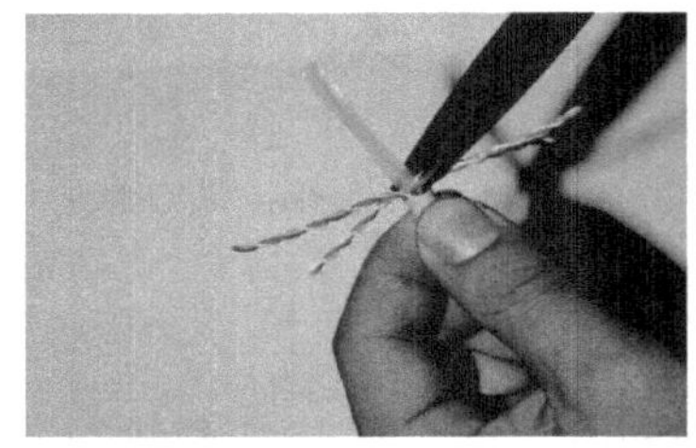

(a)剥皮并剪除隔离架

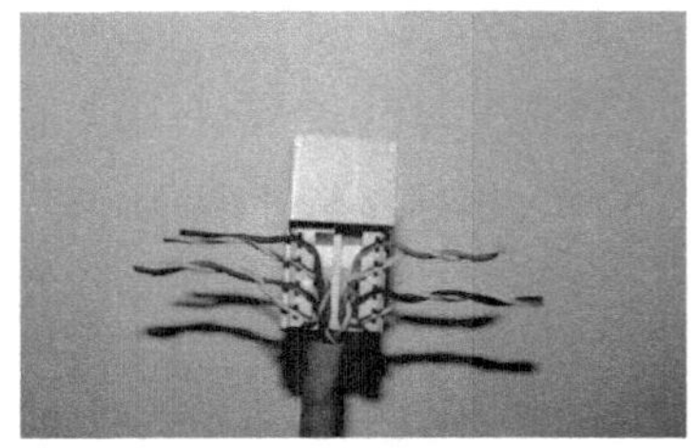

(b)排序、预固定

图2-80

2）按照模块色标线序将线缆分开，将绿色和蓝色线对穿进线孔（线对保持双绞状态）。

3）将线芯按模块色标排序，用手压接到每个IDC卡点进行预固定（开绞距离不超过5mm）。

4）采用110打线工具（刀口向外，垂直用力），将线芯一一压接到槽口的IDC卡点上，同时多余的线头被剪断［图2-81（a）］。

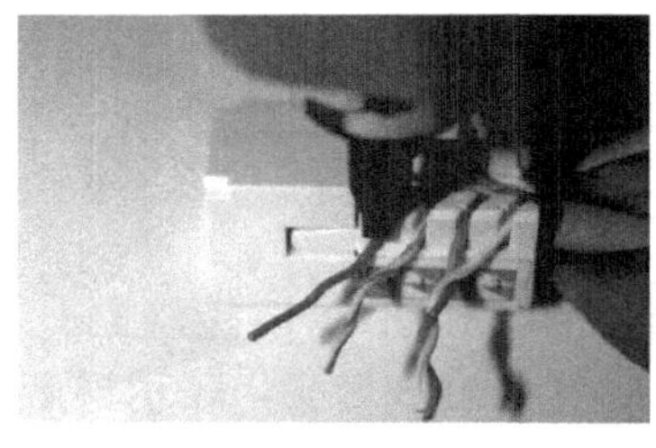

(a)用打线工具压接

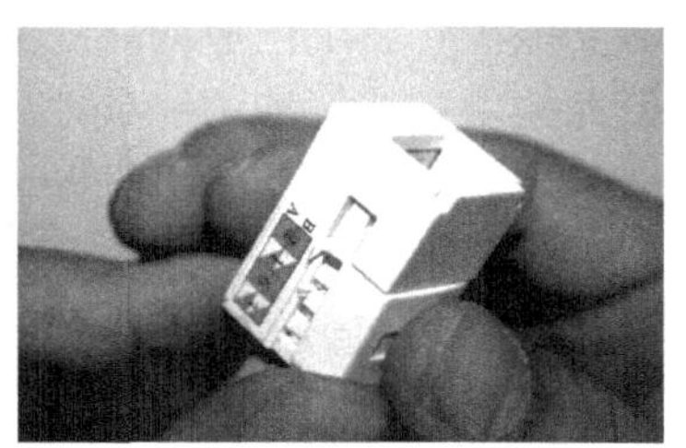

(b)检查、盖上保护帽

图2-81

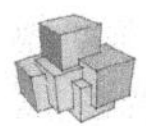

5）把配套的保护帽盖在已经端接好的模块上，起保护作用［图2-81（b）］。

6）重复1）～5）步骤，完成另一端模块端接。

7）采用两条跳线连接两个模块，在操作台测试模组进行测试。

任务2.5 机柜、桥架等安装

【教学目标】

1. 掌握机柜、桥架的安装步骤；
2. 理解机柜、桥架的安装要求。

【技能要求】

1. 能根据所需来选择机柜、桥架并进行正确的安装；
2. 会根据不同的使用环境来选择不同型号的机柜、桥架进行安装并使用。

【任务分析】

通过对机柜、桥架的敷设、安装来完成综合布线线路的敷设。

机柜通常用于配线架、网络设备、通信器材和电子设备的叠放等领域。机柜通常采用全封闭或半封闭结构，具有增强电磁屏蔽、削弱设备工作噪声、减少设备地面面积占用的优点。一些高档机柜还具备空气过滤功能，可提高精密设备工作环境质量。很多机柜的面板宽度都采用19in（1in＝2.543m），所以19in机柜是最常见的一种标准机柜。

标准机柜的结构比较简单，主要包括基本框架、内部支撑系统、布线系统、通风系统等几部分。19in标准机柜外形有宽度、高度和深度3个常规指标。

虽然对于19in面板的安装宽度为465.1mm，但是机柜的物理宽度却通常为600mm，用于提供支架和物理支撑。

机柜的深度一般为600～1000mm，根据机柜内设备的尺寸而定。常见的成品机柜深度为800～1000mm，前者用于安装机架式网络设备，后者用于安装机架式服务器。

机柜高度一般为700～2400mm，根据机柜内设备的数量和规格而定，也可以定制特殊高度。常见成品高度为1600mm和2000mm。机柜内设备安装所占用高度用一个特殊的单位u表示，1u＝44.45mm。使用19in标准机柜的设备面板一般都是按nu规格制造，对于一些非标准设备，大多可以通过附加适配挡板装入19in机箱并固定。常见的机柜规格有20u、30u、35u和40u等几种。

如果信息点数量较少，也可采用壁挂式机柜，直接固定在墙壁上，从而减少对地面空间的占用，非常适用于房间窄小或房租昂贵的环境。

2.5.1 机柜的安装

1. 安装

在各种项目中，机房设备是必不可少的，而机柜又是其中的主要设备之一。下面就机柜的安装举例如下。机柜的外形尺寸为高×宽×深＝1800mm×600mm×800mm。机柜外形如图 2-82 所示。

2. 机柜安装规划

在安装机柜之前首先对可用空间进行规划（图 2-83），为了便于散热和设备维护，建议机柜前后与墙面或其他设备的距离不应小于 0.8m，机房的净高不能小于 2.5m。

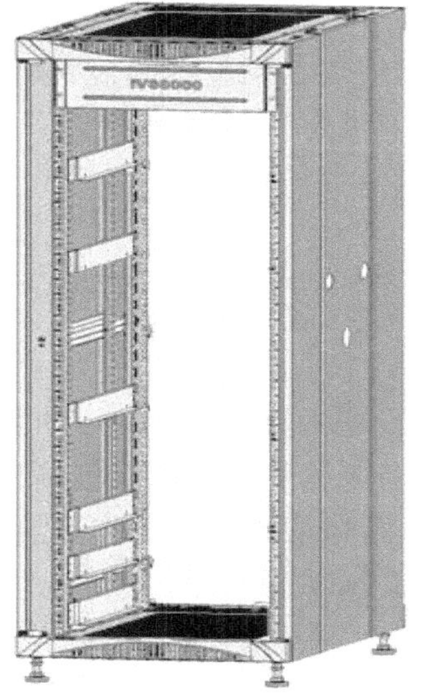

图 2-82 机柜外形图

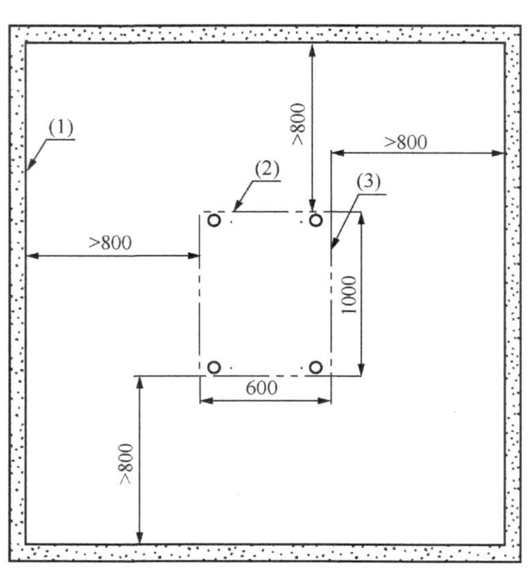

图 2-83 单柜空间规划图（单位：mm）

3. 安装前的准备工作

安装前，场地划线要准确无误，否则会导致返工。按照拆箱指导拆开机柜及机柜附件包装木箱。

4. 安装机柜流程

如果机柜安装在水泥地面上，机柜固定后，则可以直接进行机柜配件的安装。安装 N610-18 机柜的流程如图 2-84 所示。

5. 机柜就位

将机柜安放到规划好的位置，确定机柜的前后面，并使机柜的地脚对准相应的地脚定位标记。

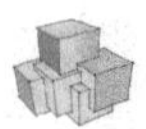

说明：机柜前后面识别方法：有走线盒的一方为机柜的后面。

6. 机柜水平调整

在机柜顶部平面两个相互垂直的方向放置水平尺，检查机柜的水平度。用扳手旋动地脚上的螺杆调整机柜的高度，使机柜达到水平状态，然后锁紧机柜地脚上的锁紧螺母，使锁紧螺母紧贴在机柜的底平面。如图 2-85 所示为机柜地脚锁紧示意图。

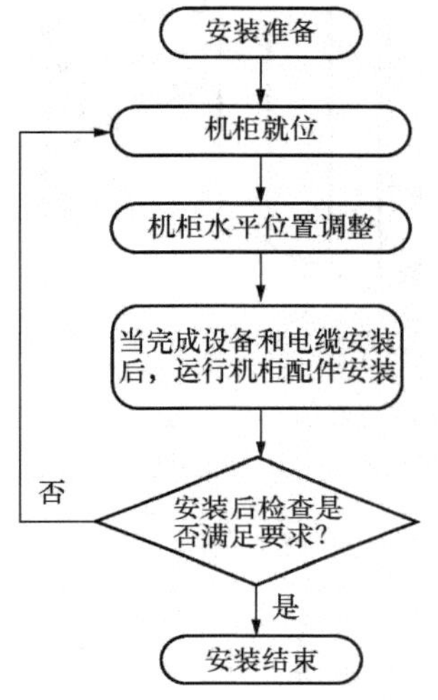

图 2-84　在水泥地面上安装机柜的流程

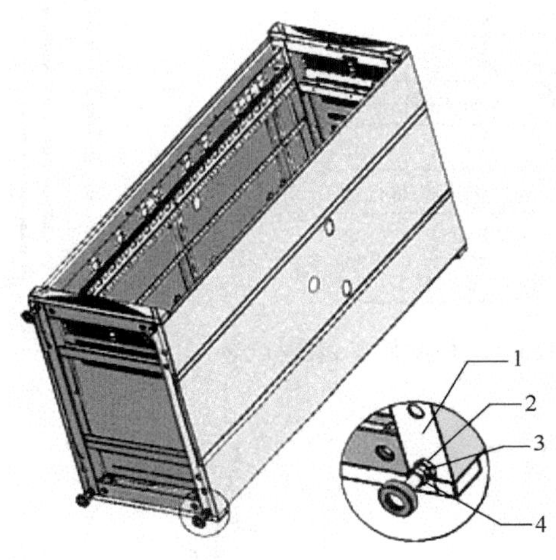

图 2-85　机柜地脚锁紧示意图
1. 机柜下围框；2. 机柜锁紧螺母；3. 机柜地脚；4. 压板锁紧螺母

7. 安装机柜配件

(1) 机柜配件安装流程

机柜配件安装包括机柜门、机柜铭牌和机柜门接地线的安装，流程如图 2-86 所示。

(2) 安装前确认

机柜已经固定；设备已经在机柜上安装完毕；电缆已经安装完毕。

(3) 安装机柜门

机柜前后门相同，都是由左门和右门组成的双开门结构，如图 2-87 所示。

一方面，机柜门可以作为机柜内设备的电磁屏蔽层，保护设备免受电磁干扰。另一方面，机柜门可以避免设备暴露于外界，防止设备受到破坏。

机柜前后门的安装示意图如图 2-88 所示，安装步骤如下：

1）将门的底部轴销与机柜下围框的轴销孔对准，将门的底部装上。

2）用手拉下门的顶部轴销，将轴销的通孔与机柜上门楣的轴销孔对齐。

3）松开手，在弹簧作用下轴销往上复位，使门的上部轴销插入机柜上门楣的对应孔位，从而将门安装在机柜上。

4）按照上面步骤，完成其他机柜门的安装。

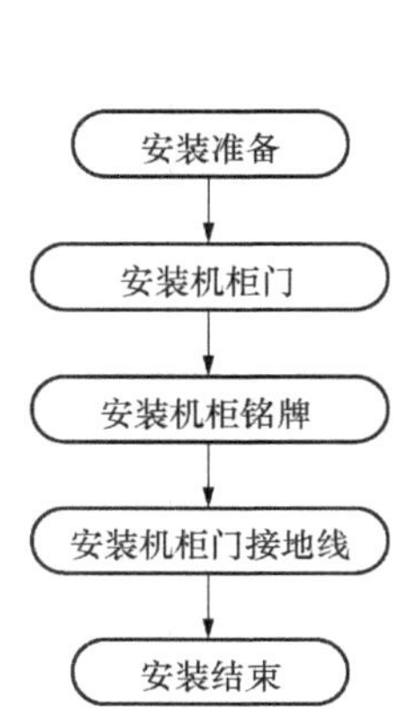

图 2-86　机柜配件安装流程

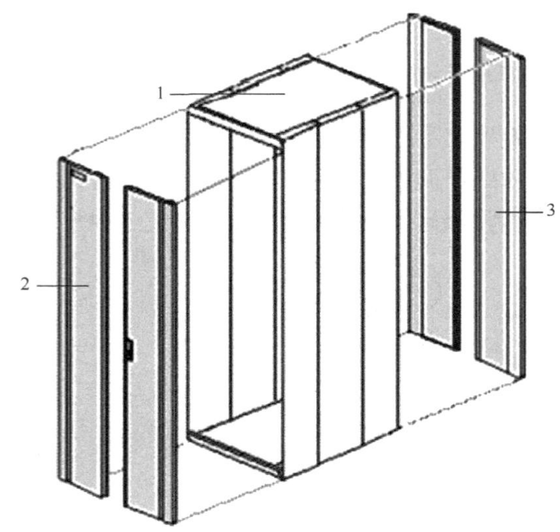

图 2-87　机柜前后门示意图

1. 机柜；2. 机柜前门；3. 机柜后门

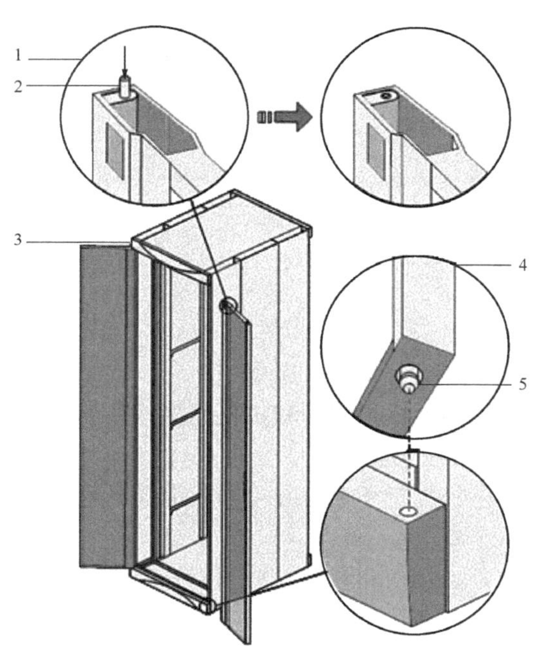

图 2-88　前后门安装示意图

1. 安装门的顶部轴销放大示意图；2. 顶部轴销；3. 机柜上门楣；

4. 安装门的底部轴销放大示意图；5. 底部轴销

说明：活动轴销在出厂前已安装在门板上，在现场安装的时候不用再装。

机柜同侧左右两扇门完成安装后，它们与门楣的之间的缝隙可能不均匀，这时需要调整两者之间的间隙。调解方法：在图 2-88 中机柜的下围框轴销孔和机柜门下端轴

销之间增加垫片（机柜门包装中自带）。

（4）安装机柜铭牌

1）取出机柜铭牌选择门楣位置。

2）撕去铭牌背面的贴纸，将铭牌粘贴在机柜>前门左侧门上部的长方形凹块位置，如图 2-89 所示。

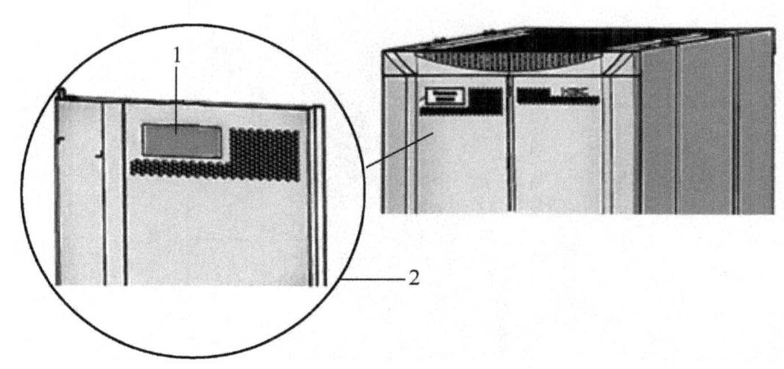

图 2-89　铭牌粘贴位置示意图

1. 铭牌粘贴位置；2. 前门左侧门放大示意图

（5）安装机柜门接地线

机柜前后门安装完成后，需要在其下端轴销的位置附近安装门接地线，使机柜前后门可靠接地。门接地线连接门接地点和机柜下围框上的接地螺钉，如图 2-90 所示。

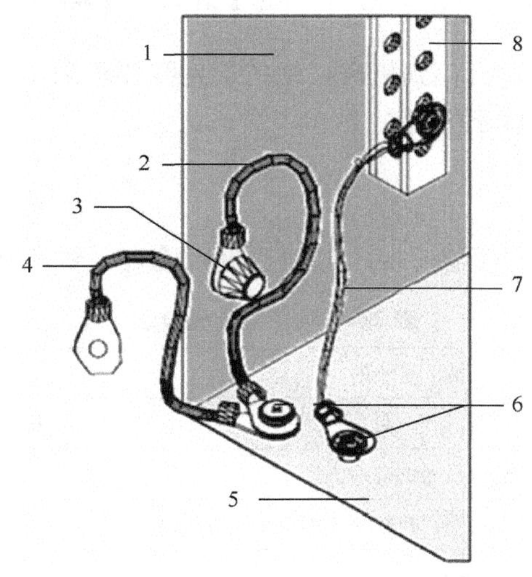

图 2-90　机柜门接地线安装前示意图

1. 机柜侧门；2. 机柜侧门接地线；3. 侧门接地点；4. 门接地线；5. 机柜下围框；6. 机柜下围框接地点；7. 下围框接地线；8. 机柜接地条

1）安装门接地线前，先确认机柜前后门已经完成安装。

2）旋开机柜某一扇门下部接地螺柱上的螺母。

3）将相邻的门接地线（一端与机柜下围框连接，一端悬空）的自由端套在该门的接地螺柱上。

4）装上螺母，然后拧紧，如图 2-91 所示，完成一条门接地线的安装。

5）按照上面步骤的顺序，完成另外 3 扇门接地线的安装。

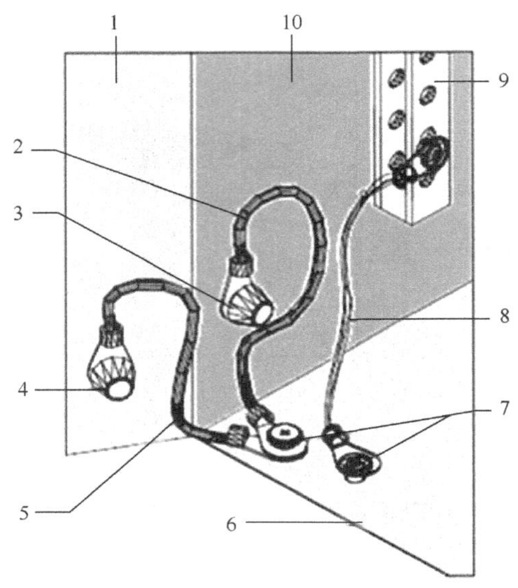

图 2-91　机柜门接地线安装后示意图

1. 机柜前/后门；2. 侧门接地线；3. 侧门接地点；4. 前/后门接地点；5. 门接地线；
6. 机柜下围框；7. 下围框接地点；8. 下围框接地线；9. 机柜接地条；10. 机柜侧门

说明：对于自购机柜，机柜到机房接地的接地线要求采用标称截面积不小于 $6mm^2$ 的黄绿双色多股软线，长度不能超过 30m。

8. 机柜安装检查

机柜安装完成后，请按照表 2-4 中的项目进行检查，要求所列项目状况正常。

表 2-4　机柜安装检查表

检　查　要　素		检查结果			备注
编号	项　　目	是	否	免	
1	正确确认机柜的前后方向				
2	机柜前方留 0.8m 的开阔空间，机柜后方留 0.8m 的开阔空间				
3	机柜调整水平				

2.5.2　桥架的安装

桥架用于水平和主干的架空式布线，适用于信息点数数量较多的布线场合。桥架主要分为两种，即槽式桥架和梯式桥架。

槽式桥架为封闭式结构，适用于无天花板或者电磁干扰比较严重的布线环境，但系统扩充、修改和维护时较为困难。

开放式桥架：扩展、修改和维护时非常方便，但防尘效果比较差，适用于有天花板遮蔽的布线环境。桥架的路由是从配线间沿走廊敷设至各工作间。

工程设计使用说明

1. 电缆桥架型式及品种的选择

1）需屏蔽电气干扰的电缆网路或有防护外部（如有腐蚀性液体、易燃粉尘等环境）影响的要求时，应选用（FB）类槽式复合型防腐屏蔽电缆桥架（带盖）。

2）强腐蚀环境应采用（F）类复合环氧树脂防腐阻燃型电缆桥架。托臂、支架也要选用同样材料，提高桥架及附件的使用寿命，外露螺丝需加防护帽。

3）除上述情况外，可根据现场环境（参照表2-6）及技术要求选用托盘式、槽式、梯级式玻璃钢防腐阻燃电缆桥架或钢质普通型电缆桥架，在容易积灰和其他需遮盖的环境或户外场所宜加盖板。

4）在公共通道或户外跨越道路段，底层梯级的底部宜加垫板或在该段使用托盘。大跨距跨越公共通道时，可根据用户要求提高桥架的载荷能力或选用行架。

5）大跨距（>3m）要选用复合型桥架（FB）。

6）户外要选用复合环氧树脂桥架（F）。

2. 规格选择

1）桥架的宽度（*W*）和高度（*H*）应按表2-5选择，并应符合电缆填充率超过有关标准规范的规定值，动力电缆可取40%～50%，控制电缆可取50%～70%。另外需予留10%～25%的工程发展余量。

2）各种弯通及附件规格应符合工程布置条件并与桥架相配套。

3）支、吊架规格的选择，应按桥架规格、层数、跨距等条件配置，并应满足荷载的要求。

4）桥架横截面积的选择见表2-5。

表2-5 桥架横截面积的选择

桥架上电缆网络中任一线路最大自动过电流保护的额定电流值或整定值/A	桥架横截面允许最小值/mm²
0～60	129
61～100	258
101～200	452
201～400	645
401～600	968

3. 载荷等级的选择

1）工作均布荷载应不大于所选择载荷等级的额定均布荷载（见表2-6）。

表 2-6

载荷等级		A			B		3	D		钢质 最小厚度	复合环氧树脂 最小厚度
额定均布载荷		50			150		200	250			
宽度	高度	40	50	60	70	75	100	150	200		
100		△	△	△	△					1.5	4
200		△	△	△	△	△					
300		△	△	△	△	△	△				
400			△	△	△	△	△	△		2.0	5
500				△	△	△	△	△	△		
600					△	△	△	△	△		
800						△	△	△	△		
1000							△	△	△	2.5	6
1200								△	△		

注：1）符号△表示国家标准中推荐规格。

2）$qG<qE(2/LG)2$ 式中：qG 为工作均布荷载（N/m）；qE 为额定均布荷载（N/m）；LG 为实际跨距。

2）安装、检修可能有附加集中荷载时，工作均布荷载应满足上述条件。

3）电缆桥架不允许作为人们通道或站人平台。

4）特殊荷载条件下（如大于 6m 跨度，户外有风载或雪载作用等）的桥架，应按工程条件进行强度、钢度、稳定性的计算或试验验证。

5）工作均布荷载下的相对拱度不应大于 0.5%。

4. 表面防护处理方式及材质的选择

1）应按工程环境条件重要性、耐久性的要求，并根据桥架适应环境所具有的科学估价以及经济性等因素综合选择适宜的防护处理方式及材质。

2）一般情况宜按下表选择适于工程环境条件的防护处理方式及材质。

3）确经环境条件的长期考核或等价性科学经验，分析总结出相适宜的防护处理方式时，可不受表 2-7 的约束。

表 2-7

环境条件					防护层类别及材质				
类型			代号	等级	D 电镀锌	P 喷塑	DP 多合层	B 玻璃钢	F 复合环氧树脂
户内	一般	普通型	G	$3K_2$	△	△			
	0 类	湿热型	TH	$3K_5L$		△	△		
	1 类	中腐蚀型	F	33_3 $3K_5L$			△	△	△
	2 类	强腐氨蚀型	F	33_4 $3K_5L$				△	△

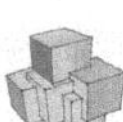

续表

环境条件					防护层类别及材质				
类型			代号	等级	D	P	DP	B	F
					电镀锌	喷塑	多合层	玻璃钢	复合环氧树脂
	0类	轻腐蚀型	W	$4K_1$ 43_2			△	△	△
户外	1类	中腐蚀型	WF	$4K_1$ 43_3				△	△
		强腐蚀型	WF	$4K_2$ 43_4					△

5. 支、吊架的配置

1）户内支、吊短跨距一般采取1.5～3m。户外立柱跨距一般采取6m。

2）非直线段的支、吊配置应遵循下原则。

当桥架宽度<300mm时，应在距非直线段与直线结合处300～600mm的直线段侧设置一个支、吊架。

当桥架宽度>300mm时，除符合上述条件外，在非直线段中部还应增设一个支、吊架。

3）桥架多层设置时层间中心距为200mm、250mm、300mm、350mm。

4）桥架直线段每隔50m应予留伸缩缝20～30mm（金属桥架）。

6. 防火

要求桥架防火的区段，必须采用钢制或不燃、阻燃材料。我公司生产的BJⅢ系列桥架均为防火型桥架。

7. 接地

1）桥架系统应具有可靠的电气连接并接地（只对金属桥架）。

2）当允许利用桥架系统构成接地干线回路时应符合下列要求。

桥架端部之间连接电阻应不大于0.000 33Ω，接地孔应清除绝缘涂层。在1kV及以下中性点直接接地系统中，受电设备的接地与系统中性线接地相连。装有自动切断供电的保护装置时，桥架的级长方向金属横截面积应不小于规定值。

3）沿桥架全长另敷设接地干线时，每段（包括非直线段）桥架应至少有一点与接地干线可靠连接。

4）对于振动场所，在接地部位的连接处应装置弹簧垫圈。

8. 桥架系统设计内容

桥架系统工程设计应与土建、工艺以及有关专业密切相配全以确定最佳布置，其设计内容可含有：

1）桥架系统的平面布置图。

2）桥架系统的有关方面剖面图。

3）桥架系统所需直线段、弯通、支、吊架规格和数量的明细表以及必要的说明。

4）有特殊要求的非标件技术说明或示图。

9. 安装

电缆桥架的安装请参照中国建筑标准设计研究院所发行的分类号为86sD169全国通用建筑标准设计-电气装置标准图集《电缆桥架安装》(JSJT—121)。

10. 设计要求

1）桥架系统的路径平面布置图。

2）桥架系统的有关断面图。

3）桥架系统所用防腐材质及所需直通、弯通、支（吊）架等的规格和数量明细表以及必要的说明，连接板及螺丝、防护帽按以上要求由生产厂家配齐。

4）有特殊要求的非标准技术说明或示图。

任务2.6 光缆的安装

【教学目标】

1. 掌握：光缆的结构、种类、型号等；
2. 理解：光纤的结构和类型、特性。

【技能要求】

1. 能：根据需要确定缆内光纤纤芯序号，同时训练学生的表达能力；
2. 会：区分光缆与光纤及其型号。

【任务分析】

通过对光缆、光纤的认识，学会光纤的熔接方法，来完成综合布线系统的需求。

2.6.1 光缆概述

光缆（optical fiber cable）主要是由光导纤维和塑料保护套管及塑料外皮构成。

光导纤维是一种传输光束的细而柔软的媒质。光导纤维电缆由一捆纤维组成，简称为光缆。光纤是光缆的核心部分，光纤通常是由石英玻璃制成，其横截面积是很小的双层同心圆柱体，又称为纤芯，它质地脆弱，易断裂。

1. 光缆的结构

一根光纤只能单向传输信号，如果要进行双向通信，光缆中至少包括两根独立的光纤，分别用于发送和接收。在一条光缆中可以包裹 2 根、4 根、6 根、8 根、10 根、12 根、24 根，甚至上千根光纤，同时还要加上缓冲保护层和加强件保护，并在最外围加上光缆护套。

光缆一般由缆芯和护套两部分组成。

(1) 缆芯

缆芯通常由涂覆光纤、缓冲器和加强件等部分组成。涂覆光纤是光缆的核心，决定着光缆的传输特性。缓冲器即放置涂覆光纤的塑料缓冲保护层。分为紧套管缓冲和松套管缓冲两种类型。光缆通常包含一个或几个加强件。其功能是为了在牵引时，使光缆有一定的抗拉程度。加强件通常处在缆芯中心。有时配置在护套中。加强件通常用钢丝或非金属材料如芳纶纤维等做成。

(2) 护套

光缆最外层是光缆的护套。它是非金属元件，其作用是将光缆的部件加固在一起，保护光纤和其他光缆部件免受损害。通常的护套由聚乙烯或聚氯乙烯（PE 或 PVC）和铝带或钢带构成。

2. 光缆的种类

由不同类别的成缆光纤、不同的成缆方式，可以构成种类繁多的光缆，以适应不同的使用条件。光缆的种类一般根据光纤的传输模式、缆芯结构、光纤数目、敷设方式等来划分。

(1) 按光纤的传输模式分类

按光纤的传输模式，光纤分为单模光纤和多模光纤。

单模光纤主要用于长距离通信，纤芯直径很小，其纤芯直径为 8～10μm，而包层直径为 125μm。由于单模光纤的纤芯直径接近一个光波的波长，因此光波在光纤中进行传输时，不再进行反射，而是沿着一条直线传输。正由于这种特性使单模光纤具有传输损耗小、传输频带宽、传输容量大的特点。在没有进行信号增强的情况下，单模光纤的最大传输距离可达 3000m，而不需要进行信号中继放大。

(2) 按缆芯结构分类

按缆芯结构不同，光缆分为中心管式、层绞式和骨架式三大类。

1) 中心管（束管）式光缆的松套光纤（单纤芯或多纤芯）无绞合直放在光缆的中心位置，这种位置最有利于减少光缆弯曲造成的损耗。这种光缆的加强构件可以是平行于中心管放置在外护套黑色聚乙烯中的两根平行高碳钢丝，也可以是螺旋绞绕在中心管上的多根低碳钢丝。

2) 层绞式光缆是指紧套光纤或松套光纤螺旋绞合在中心加强元件上的光缆。层绞式光缆与中心管式光缆相比，生产工艺设备相对复杂，纤芯数多（最多 144 芯），缆中光纤余长易控制。

3）骨架式光缆是指一次涂覆光纤或二次被覆紧套光纤轻放入骨架槽中构成的光缆。骨架式光缆的生产工艺设备是这三种结构光缆中最复杂的一种，因为它要多一条生产骨架的生产工艺。骨架式光缆的纤芯数最多为 12 芯。

上述三种结构的光缆，均可以用带状光纤来制成。其中，纤芯数最多的是层绞式光缆，其次是骨架式光缆，最少的是中心管式光缆。

（3）按光纤数目分类

按光纤芯数目不同，光缆可分为单芯光缆和带状（多芯）光缆。带状光缆结构类似于非带状光缆，分为中心管式、松套层绞式和骨架式三大类，其基本单元是由带状光纤构成。

带状光纤是分别由 2 根、4 根、6 根、8 根、10 根、12 根、24 根紫外光固化光纤，按一定色标排列组成的平行的光纤带。

（4）按敷设方式分类

按光缆敷设方式不同，光缆可分为架空光缆、管道光缆、埋式光缆、水底光缆和海底光缆。

由于光缆的敷设方式不同，对光缆提出的机械特性就不同。GB/T 13993.2—1999 中队架空、管道和埋式光缆的机械特性作了精确要求。

3. 光缆的传输特性与测试

光缆的传输特性则主要表现在光纤的损耗和带宽两个方面。

（1）光纤的数值孔径（NA）

它代表光纤芯子与包层之间的折射率差，是光纤一个最重要的基本特性。NA 是反映光纤芯子包层折射率关系的参数，折射率差越大，NA 越大，光纤可以接收并传播的光越多，即与光纤可传播的模数成正比。因此在某种意义上数值孔径表示了光纤集光的能力。

（2）传输损耗

这是光纤一项重要的光学特性，是指光信号的能量从发送端经过光纤传输后到接收端的衰减程度。它很的程度上决定了传输信号所需中继的距离。引起光纤损耗的原因主要有两大类：一类材料吸收、另一类是散射损耗，此外还有光纤的结构缺陷等。

吸收损耗是由 SiO_2 材料的固有吸收和由杂质引起的吸收产生的。散射损耗主要由材料微观密度不均匀引起的 Rayleigh 散射和由光纤结构缺陷（如气泡等）引起的散射产生的。光纤结构缺陷，如芯子包层界面不光滑、气泡、应力、直径的变化和轴线弯曲等也会引起光纤的传输损耗，所以提高光纤结构的完美和一致性是拉纤工艺的重要任务之一。

光纤的损耗是以每公里分贝（dB/km）来计量。石英光纤有 3 个低损耗波长区——0.85μm、1.3μm、1.55μm，氟化物光纤的损耗更低。对应于这些低损耗波长，选用适当的光源可以降低光能的损耗。

（3）传输带宽

它表示光纤的传输速率，主要受到光纤色散的限制。当光脉冲沿光纤传播时，每

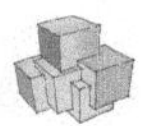

个脉冲都会随着距离的增加而展宽，最后相邻的脉冲发生重迭，这就限制了光纤传送信息的速率，限制了光纤传输带宽，导致光脉冲展宽的机理是光纤的色散，包括材料色散、波导色散和模色散。

材料色散的物理意义是光在介质中的传播速度与折射率成反比，光纤材料的折射率是随波长变化的，因此不同波长的光在光纤中传播的速度不同。波长越短，色散约严重。

波导色散是由于波长不同的光线在光纤中运行的轨迹不同、渡越时间也不同所造成的。对波长变化的，因此不同波长的光在光纤中将走循不同的轨迹，有着不同的渡越时间，引起波导色散。与材料色散相反，波长越长波导色散越严重，同时光纤芯子直径越小，波导色散越严重。

模色散也称模间色散。对于同一波长的入射光，不同入射光的光纤代表不同的模，不同模在光纤中行走的路径不同，渡越时间也不同，从而形成模色散。模色散随着光纤芯子直径的减小而减小，当直径小到一定程度时光纤成为只允许传输一个模的单模光纤，此时不存在模色散。

在1.3μm波长处，光纤的波导色散与材料色散相抵消，因此理论上可以制造1.3μm的零色散单模光纤，如果将石英单模光纤的零色散波长1.3μm移到最低损耗波长1.55μm处，就可以制造色散移位（DS）单模光纤。如果能够在长波长范围内的两个零色散波长，使光纤在宽范围内色散都很低，即可制成色散平坦单模光纤。

光纤的色散与光纤的长度或信号的传输距离有关，因此光纤的传输带宽是传输距离的函数，常用带宽距离乘积来计量光纤的传输带宽，而对单模光纤则常用色散值来表示传输特性。

4. 与光缆相关的网络连接设备

与光缆相连的网络连接设备有光纤连接器、光纤配线架、光信号转换器件等。

(1) 光纤连接器

光纤活动连接器，俗称活接头，一般称为光纤连接器，是用于连接两根光纤或光缆形成连续光通路的可以重复使用的无源器件，已经广泛应用在光纤传输线路、光纤配线架和光纤测试仪器、仪表中，是目前使用数量最多的光无源器件。

光纤连接器的主要用途是用以实现光纤的接续。现在已经广泛应用在光纤通信系统中的光纤连接器，其种类众多，结构各异，但基本结构一致，即绝大多数的光纤连接器的一般采用高精密组件（由两个插针和一个耦合器共三个部分组成）实现光纤的对准连接。

下面对光纤连接器的性能和常用光纤连接器加以介绍。

1）光纤连接器的性能。

首先是光学性能，此外还要考虑光纤连接器的互换性、重复性、抗拉强度、温度和插拔次数等。

① 光学性能，对于光纤连接器的光性能方面的要求，主要是插入损耗和回波损耗这两个最基本的参数。

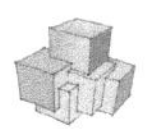

插入损耗（insertion loss）即连接损耗，是指因连接器的导入而引起的链路有效光功率的损耗。插入损耗越小越好，一般要求应不大于0.5dB。

② 互换性、重复性，光纤连接器是通用的无源器件，对于同一类型的光纤连接器，一般都可以任意组合使用，并可以重复多次使用，由此而导入的附加损耗一般都在小于0.2dB的范围内。

③ 抗拉强度，对于做好的光纤连接器，一般要求其抗拉强度应不低于90N。

④ 温度，一般要求，光纤连接器必须在－40～70℃的温度下能够正常使用。

2）部分常见光纤连接器。

按照不同的分类方法，光纤连接器可以分为不同的种类，按传输媒介的不同可分为单模光纤连接器和多模光纤连接器；按结构的不同可分为FC、SC、ST、D4、DIN、Biconic、MU、LC、MT等各种型式；按连接器的插针端面可分为FC、PC、（UPC）和APC；按光纤芯数分还有单芯、多芯之分。

在实际应用过程中，一般按照光纤连接器结构的不同来加以区分。

随着光纤通信技术不断的发展，特别是高速局域网和光接入网的发展，光纤连接器在光纤系统中的应用将更为广泛。同时，也对光纤连接器提出了更多的、更高的要求，其主要的发展方向是：外观小型化、成本低廉化，而对性能的要求越来越高。

（2）光纤配线架

光纤配线架是光缆传输系统中一个重要的配套连续设备，主要功能包括：光缆的固定，保护和接地；光缆纤芯与尾纤的熔接；光路的调配并提供测度端口；冗余光纤及尾纤的存储管理。它对于光缆通信网络安全运行和灵活配置有着重要的作用。

（3）光信号转换器件

光信号转换器件主要有光开关和光纤耦合器。

光开关是一种具有一个或多个可选的传输端口，其作用是对光传输线路或集成光路中的光信号进行相互转换或逻辑操作的光学器件。

光纤耦合器是实现光信号分路/合路的功能器件。它是一种Y型分支，由一根芯线一端输入的光可用它加以等分。当分支器分支路的开角增大时，向包层中泄漏的光将增多以致增加过剩损耗，因此分支器的长度不可能太短。多模光纤与单模光纤均可做成耦合器，通常有拼接式，另一种是熔融拉锥式。

拼接式结构是将光纤埋入玻璃块中的弧形槽中，在光纤侧面进行研磨抛光，然后将经抛磨的两根光纤拼接在一起，靠透过纤芯和包层界面的消逝场产生耦合。

5. 光及其特性

1）光是一种电磁波。可见光部分波长范围是：390～760nm（1nm＝0.001μm）。大于760nm部分是红外光，小于390nm部分是紫外光。光纤中应用的是：850nm、1300nm、1550nm三种。

2）光的折射，反射和全反射。因光在不同物质中的传播速度是不同的，所以光从一种物质射向另一种物质时，在两种物质的交界面处会产生折射和反射。而且，折射光的角度会随入射光的角度变化而变化。当入射光的角度达到或超过某一角度时，折

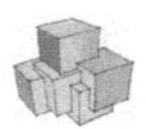

射光会消失，入射光全部被反射回来，这就是光的全反射。不同的物质对相同波长光的折射角度是不同的（即不同的物质有不同的光折射率），相同的物质对不同波长光的折射角度也是不同。光纤通讯就是基于以上原理而形成的。

6. 光纤结构及种类

1）光纤结构：光纤裸纤一般分为三层：中心高折射率玻璃芯（芯径一般为50或62.5μm），中间为低折射率硅玻璃包层（直径一般为125μm），最外是加强用的树脂涂层。

2）数值孔径：入射到光纤端面的光并不能全部被光纤所传输，只是在某个角度范围内的入射光才可以。这个角度就称为光纤的数值孔径。光纤的数值孔径大些对于光纤的对接是有利的。不同厂家生产的光纤的数值孔径不同（AT&TCORNING）。

3）光纤的种类：

① 按光在光纤中的传输模式可分为：单摸光纤和多模光纤。

多模光纤：中心玻璃芯教粗（50μm或62.5μm），可传多种模式的光。但其模间色散较大，这就限制了传输数字信号的频率，而且随距离的增加会更加严重。例如：600MB/km的光纤在2km时则只有300MB的带宽了。因此，多模光纤传输的距离就比较近，一般只有几千米。单模光纤：中心玻璃芯教细（芯径一般为9μm或10μm），只能传一种模式的光。因此，其模间色散很小，适用于远程通讯，但其色度色散起主要作用，这样单模光纤对光源的谱宽和稳定性有较高的要求，即谱宽要窄，稳定性要好。

② 按最佳传输频率窗口分：常规型单模光纤和色散位移型单模光纤。

常规型：光纤生产长家将光纤传输频率最佳化在单一波长的光上，如1300μm。

色散位移型：光纤生产长家将光纤传输频率最佳化在两个波长的光上，如1300μm和1550μm。

③ 按折射率分布情况分：突变型和渐变型光纤。

突变型：光纤中心芯到玻璃包层的折射率是突变的。其成本低，模间色散高。适用于短途低速通讯，如工控。但单模光纤由于模间色散很小，所以单模光纤都采用突变型。

渐变型光纤：光纤中心芯到玻璃包层的折射率是逐渐变小，可使高模光按正弦形式传播，这能减少模间色散，提高光纤带宽，增加传输距离，但成本较高，现在的多模光纤多为渐变型光纤。

4）常用光纤规格：

单模：8/125μm、9/125μm、10/125μm。

多模：50/125μm欧洲标准、62.5/125μm美国标准。

工业、医疗和低速网络：100/140μm、200/230μm。

塑料：98/1000μm用于汽车控制。

7. 光纤制造与衰减

（1）光纤制造

现在光纤制造方法主要有：管内 CVD（化学汽相沉积）法，棒内 CVD 法，PCVD（等离子体化学汽相沉积）法和 VAD（轴向汽相沉积）法。

（2）光纤的衰减

造成光纤衰减的主要因素有：本征、弯曲、挤压、杂质、不均匀和对接等。

本征：是光纤的固有损耗，包括：瑞利散射、固有吸收等。

弯曲：光纤弯曲时部分光纤内的光会因散射而损失掉，造成的损耗。

挤压：光纤受到挤压时产生微小的弯曲而造成的损耗。

杂质：光纤内杂质吸收和散射在光纤中传播的光，造成的损失。

不均匀：光纤材料的折射率不均匀造成的损耗。

对接：光纤对接时产生的损耗，如不同轴（单模光纤同轴度要求小于 0.8μm），端面与轴心不垂直，端面不平，对接心径不匹配和熔接质量差等。

8. 光纤的优点

1）光纤的通频带很宽，理论可达 30 亿 MHz。

2）无中继段长，几十到 100 多千米，铜线只有几百米。

3）不受电磁场和电磁辐射的影响。

4）重量轻，体积小，如通 2 万 1 千话路的 900 对双绞线，其直径为 3in.，重量 8t/km，而通讯量为其十倍的光缆直径为 0.5in.，重量 450P/km。

5）光纤通讯不带电，使用安全可用于易燃，易暴场所。

6）使用环境温度范围宽。

7）化学腐蚀，使用寿命长。

9. 光纤设备术语

IDF：Intermediate Distribution Frame，分配线架。MDF：Main Distribution Frame，主配线架。

OC：（Optical Carrier，光载波）是 SONET 规范中定义的传输速度，OC 定义光设备的传输速度，STS 定义电气设备的传输速度。

SC：Subscriber Connector（Optical Fiber Connector）用户连接器（光纤连接器）。

ONENT：SONET（Synchronous Optical NETwork，光纤同步网络）是一种用于高速数据通信的光纤传输系统。SONET 被电话公司和公用通信公司部署，其速度从 51Mb/s 直到每秒几千兆。SONET 是一种提供先进网络管理和标准光纤接口的智能系统。它采用自恢复环结构，如果一条线路发生故障，它能够改道传送。SONET 干线广泛用于汇集低速 T1 和 T3 线路。SONET 是宽带 ISDN（B-ISDN）标准规定的。欧洲相应的标准是 SDH。SONET 采用时分复用（TDM）技术同时传送多数据流。

ST：Straight Tip，直通式光纤连接器。

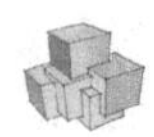

TP：tunst pair，对绞线。

光缆终端盒：主要用于光缆终端的固定，光缆与尾纤的熔接及余纤的收容和保护。

光纤盒：应用于利用光纤技术传输数字和类似语音，视频和数据信号。光纤盒可进行直接安装或桌面安装。特别适合进行高速的光纤传输。

光纤面板：光学纤维面板具有传光效率高，级间耦合损失小，传像清晰，真实，在光学上具有零厚度等特点。最典型的应用是作为微光像增强器的光学输入，输出窗口，对提高成像器件的品质起着重要作用。广泛的应用于各种阴极射线管，摄像管，CCD耦合及其他需要传送图像的仪器和设备中。

光纤耦合器：(coupler) 又称分歧器 (splitter)，是将光讯号从一条光纤中分至多条光纤中的元件，属于光被动元件领域，在电信网路，有线电视网路，用户回路系统，区域网路中都会应用到，与光纤连接器分列被动元件中使用最大项的。光纤耦合器可分标准耦合器（双分支，单位1×2，亦即将光讯号分成两个功率），星状/树状耦合器，以及波长多工器（WDM，若波长属高密度分出，即波长间距窄，则属于DWDM），制作方式则有烧结（fuse）、微光学式（micro optics）、光波导式（wave guide）三种，而以烧结式方法生产占多数（约有90%）。

光纤配线架（柜）：具有如下功能：光缆的固定，保护和接地；光缆纤芯与尾纤的熔接；光路的调配并提供测度端口；冗余光纤及尾纤的存贮管理。

光纤配线箱：特别适合于光纤接入网中的光纤终端点，具有光缆的配线和熔接功能，可以实现光缆纤芯的灵活调线及存储。

跳线：就是不带连接器的电缆线对或电缆单元，用在配线架上交接各种链路。

线头盒：主要适用于架空光缆，直埋光缆，管道井光缆的直通和分歧接头，并对接头起保护作用。

10. 光纤的分类

1）按照传输模式来划分光纤中传播的模式就是光纤中存在的电磁波场场型，或者说是光场场形（HE）。各种场形都是光波导中经过多次的反射和干涉的结果。各种模式是不连续的离散的。由于驻波才能在光纤中稳定的存在，它的存在反映在光纤横截面上就是各种形状的光场，即各种光斑。若是一个光斑，我们称这种光纤为单模光纤，若为两个以上光斑，我们称之为多模光纤。

单模光纤(single-mode) 只传输主模，也就是说光线只沿光纤的内芯进行传输。由于完全避免了模式射散使得单模光纤的传输频带很宽因而适用与大容量，长距离的光纤通迅。单模光纤使用的光波长为1310nm或1550nm。

多模光纤（Multi-Mode）在一定的工作波长下（850nm/1300nm），有多个模式在光纤中传输，这种光纤称之为多模光纤。由于色散或像差，因此，这种光纤的传输性能较差频带比较窄，传输容量也比较小，距离比较短。

2）按照纤芯直径来划分：50/125（μm）缓变型多模光纤、62.5/125（μm）缓变增强型多光纤、8.3/125（μm）缓变型单模光纤。

备注：50/62.5/8.3（μm）均为光纤光芯直径数，125（μm）均为光纤玻璃包层的直径数。

3）按照光纤芯的折射率分布来划分：阶越型光纤（Step index fiber），简称 SIF；梯度型光纤（Graded index fiber），简称 GIF；环形光纤（ring fiber）；W 形光纤。

备注：50/62.5/8.3（μm）均为光纤的光芯直径数，125（μm）均为光纤玻璃包层的直径数。

2.6.2 光缆线路敷设

点对点光纤传输系统是通过光缆进行连接。光缆可包含 1 根光纤（有时称单纤）或 2 根光纤（有时称双纤），或者甚至更多（48 纤，1000 纤）。

人类从未放弃过对理想光传输介质的寻找，经过不懈的努力，人们发现了透明度很高的石英玻璃丝可以传光。这种玻璃丝称为光学纤维，简称“光纤”。人们用它制造了在医疗上用的内窥镜，如做成胃镜，可以观察到距离 1m 左右的体内情况。但是它的衰减损耗很大，只能传送很短的距离。光的损耗程度是用每千米的 dB 为单位来衡量的。直到 20 世纪 60 年代，最好的玻璃纤维的衰减损耗仍在每千米 1000dB 以上。每千米 1000dB 的损耗是什么概念呢？每千米 10dB 损耗就是输入的信号传送 1km 后只剩下了十分之一，20dB 就表示只剩下百分之一，30dB 是指只剩千分之一……1000dB 的含意就是只剩下亿百分之一，是无论如何也不可能用于通信的。因此，当时有很多科学家和发明家认为用玻璃纤维通信希望渺茫，失去了信心，放弃了光纤通信的研究。

激光器和光纤的发明，使人们看到了光通信的曙光。而要实现光纤通信，还需要在激光器和光纤的性能上有重大的突破。但是在这两方面的突破遇到了许多困难，尤其是光纤的损耗要达到可用于通信的要求，从每千米损耗 1000dB 降低到 20dB 似乎不太可能，以致很多科学家对实现光纤通信失去了信心。就在这种情况下，出生于上海的英籍华人高锟博士，通过在英国标准电信实验室所作的大量研究的基础上，对光波通信作出了一个大胆的设想。他认为，既然电可以沿着金属导线传输，光也应该可以沿着导光的玻璃纤维传输。1966 年 7 月，高锟就光纤传输的前景发表了具有重大历史意义的论文，论文分析了玻璃纤维损耗大的主要原因，大胆地预言，只要能设法降低玻璃纤维的杂质，就有可能使光纤的损耗从每千米 1000dB 降低到 20dB/km，从而有可能用于通信。这篇论文使许多国家的科学家受到鼓舞，加强了为实现低损耗光纤而努力的信心。

世界上第一根低损耗的石英光纤——1970 年，美国康宁玻璃公司的三名科研人员马瑞尔、卡普隆、凯克成功地制成了传输损耗每千米只有 20dB 的光纤。用它和玻璃的透明程度比较，光透过玻璃功率损耗一半（相当于 3dB）的长度分别是：普通玻璃为几厘米，高级光学玻璃最多也只有几米，而通过每千米损耗为 20dB 的光纤的长度可达 150m。这就是说，光纤的透明程度已经比玻璃高出了几百倍！在当时，制成损耗如此之低的光纤可以说是惊人之举，这标志着光纤用于通信有了现实的可能性。

2.6.3　光纤熔接技术介绍

1. 熔接的基本原理

熔接机的熔接原理比较简单，首先熔接机要正确地找到光纤的纤芯并将它准确地对准，然后通过电极间的高压放电电弧将光纤熔化再推进熔接。

（1）对准原理（PAS 制）

大圆为光纤包层，小圆为光纤纤芯；f 为光纤包层焦点，f' 为纤芯的焦点；直线 L 为物镜的焦距所在位置。

（2）损耗估算原理

熔接损耗的估算是根据纤芯接头的错位，变形，端面切割角度，是否有气泡等因素计算出来的。而真正的损耗还是要通过光源、光功率计或 OTDR 等专用光表测量。

2. 光纤熔接技术

（1）熔接工具的准备

光纤熔接过程中使用的主工具要有：光纤熔接机、光纤切割刀、剥线钳、热缩套管、酒精和脱脂棉球、卫生纸、标签。另外辅助工具有：十字螺丝刀、笔、尾纤盒、剪刀等。它们的作用如下：

光纤熔接机——用来熔接光纤。

光纤切割刀——用来制作光纤端面。

剥线钳——用来剥去光纤束管和涂覆层。

热缩套管——放在光纤熔接处保护光纤。

酒精棉球——用来清理光纤。

卫生纸——用来清理光纤上的油层。

标签——给光缆和尾纤做标记。

十字螺丝刀——用来拆卸尾纤盒。

尾纤盒——用来盘放熔接好的尾纤，起保护作用。

笔——用来写标签。

剪刀——用来剪去光缆和尾纤中的保护丝线等。

工具准备好后，我们把熔接机放到整洁水平的地面上，准备开始熔接（图 2-92）。

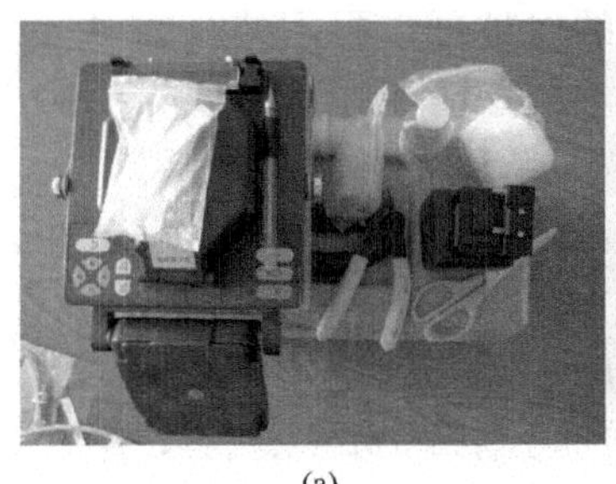

(a)

(b)

图 2-92

(2) 尾纤盒的连接及开纤

熔接工具准备好后，我们把光缆穿进尾纤盒，尾纤和光纤先在尾纤盒内比划好后，开出尾纤所需长度，一般情况为 1m 左右（图 2-93）。

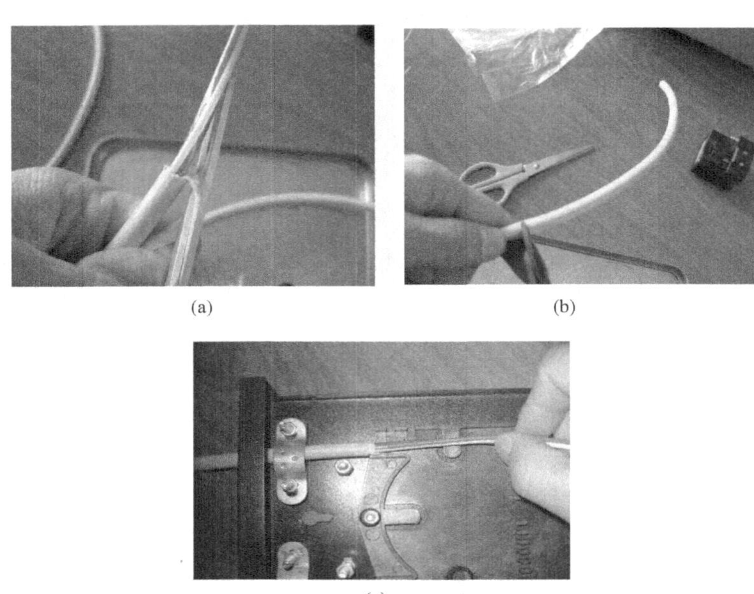

(a) (b) (c)

图 2-93

开纤前，先按照工程中制定标准，做好标签，贴到尾纤上，一般标签位置在里接头 50mm 处。

在开纤时应用剥线钳的前端口剥去光缆中光纤外束管，用钳子剪得时候一定注意不要把光纤给剪断了，剥去束管后用卫生纸把光纤上的油层擦拭干净。

普通光缆内光纤没有束管保护，开纤时应注意不要用劲过大以防剪断外包管内的光纤。光纤开出来后，在要熔接的其中一根纤上套上热缩套管，一便在光纤熔接好后保护接头（图 2-94）。

(3) 光纤熔接端面的制作

光纤端面制作的好坏将直接影响接续质量，所以在熔接前一定要做好合格的端面。对普通尾纤，先用剥线钳后端口去掉光纤上的保护层，再用的剥线钳后端口剥去涂覆层；而光缆中的光纤直接剥涂覆层即可。剥涂覆层时用力一定要适中，用力过轻涂覆层不容易去掉，用力过大会把纤芯刮坏，去掉的涂覆层长度大约要 30mm，去掉涂覆层后，再用沾酒精的清洁棉在裸纤上擦拭几次，用力要适度，然后用精密光纤切割刀切割光纤（图 2-95 和图 2-96）。

在切割裸纤时应注意：第一，在放光纤时先把割刀位置推好；第二，光纤要放到 V 形槽内，不能偏差；第三，涂覆层前端距离切割刀 10mm 左右；第四，切割刀的右侧紧固压件一定要压紧；第五，切割时，推刀要果断。第六，切割完成后拿光纤时注意切割面不要碰任何东西，不要在空气中放置时间过长，直接放到熔纤机中，另一端

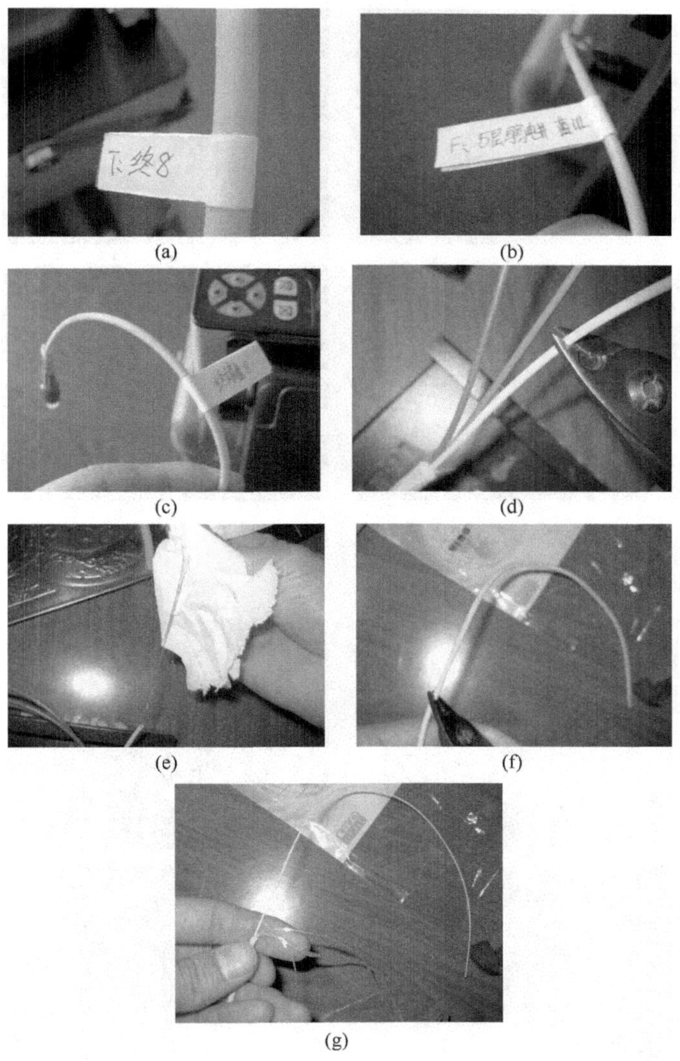

(a) (b) (c) (d) (e) (f) (g)

图 2-94

也要赶紧做好，因为切割端面在空气中暴露时间过长会影响溶接质量；第七，切割掉的废光纤头要放到安全的地方，以防扎到人。

光纤切割好要立即放到熔纤机中，融纤机平台要保正洁净无灰尘，如有灰尘要用酒精棉球擦拭干净；放置光纤时要放到 V 形槽内，光纤的前端要平稳，不能翘起，距离电极约 2mm，放好后压下紧固件，盖好防风盖。等另一端也放好后开始熔接（图 2-97）。

（4）光纤的熔接

光纤熔接过程中影响接续损耗的因素有以下几种：

1）轴心错位：单模光纤纤芯很细，两根对接光纤轴心错位会影响接续损耗。当错位 1.2μm 时，接续损耗达 0.5dB。

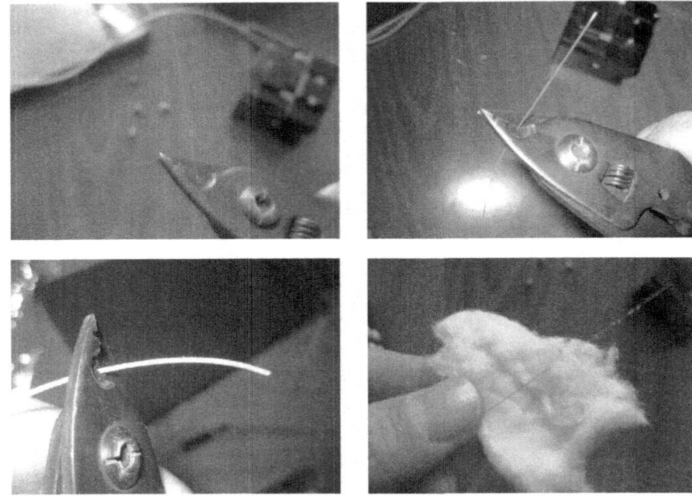

图 2-95

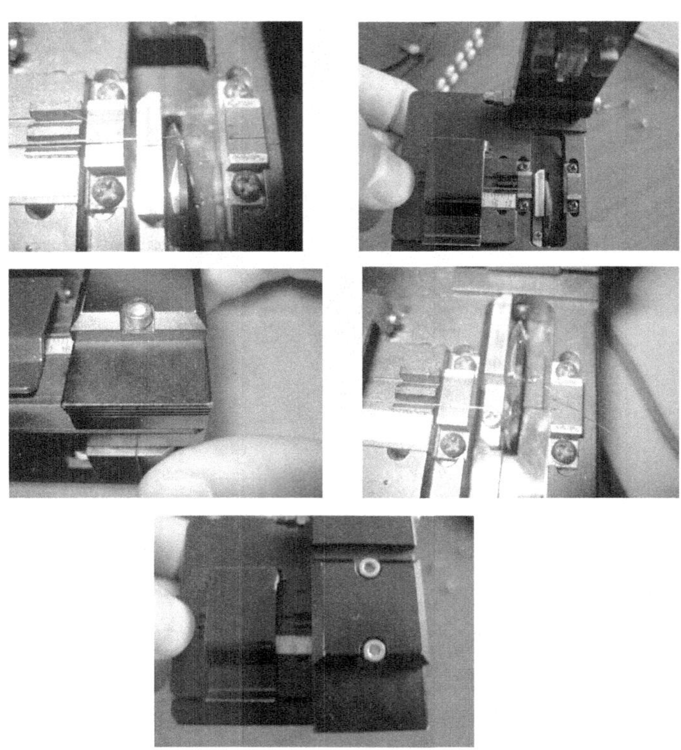

图 2-96

2）轴心倾斜：当光纤断面倾斜 1°时，约产生 0.6dB 的接续损耗，如果要求接续损耗≤0.1dB，则单模光纤的倾角应为≤0.3°。

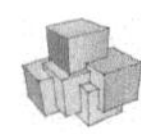

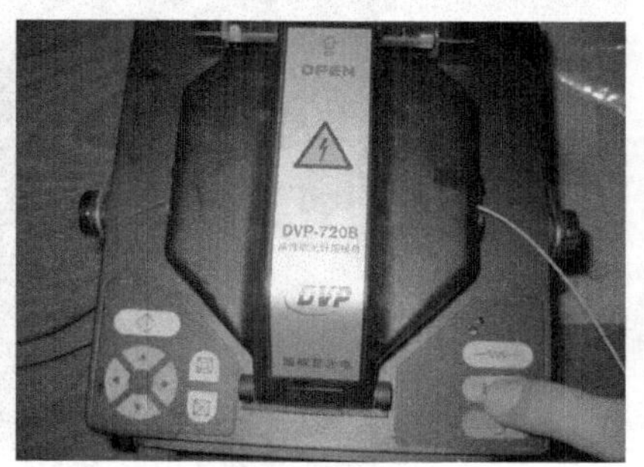

图 2-97

3）端面分离：活动连接器的连接不好，很容易产生端面分离，造成连接损耗较大。当熔接机放电电压较低时，也容易产生端面分离，此情况一般在有拉力测试功能的熔接机中可以发现。

4）端面质量：光纤端面的平整度差时也会产生损耗，甚至气泡。

5）接续点附近光纤物理变形：光缆在架设过程中的拉伸变形，接续盒中夹固光缆压力太大等，都会对接续损耗有影响，甚至熔接几次都不能改善。

在光纤熔接过程中，我们一般选择自动熔接，即放好光纤后，按熔接机右侧带箭头的绿色按键，光纤熔接机会自动对准，在精确对准后，自动放电熔接并计算熔接损耗（图 2-98）。

光纤熔接好后，按右侧红色按键复位。然后打开防风盖，轻轻拿出熔接好的光纤，把热缩套管轻轻放到接头处（注意热缩管一定要包含光纤的保护层），然后放到加热机中（热缩管要放在加热机上所画白线之内），放置放好后按熔接机右侧上端的黄色按键开始自动加热，大约 40～60s 就会加热好，加热指示灯会自动熄灭。加热好后不要急着拿出，热缩管晾一会定型后在取出。如此这般，可以熔接另一根光纤。

（5）尾纤盒内的盘纤

光纤熔接好后我们要把尾纤盘到尾纤盒中。先将进出口地光缆和尾纤的固定好，使其不能来回拉动，以防在拉动时造成光纤的折断；把电源线接好穿出尾纤盒，以备接设备。在盘纤时，盘圈的半径越大，弧度越大，整个线路的损耗越小。所以一定要保持一定的半径，使激光在纤芯里传输时，避免产生一些不必要的损耗。尾纤盘好后，上好尾纤盒的盖子，至此，熔纤结束（图 2-99）。

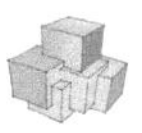

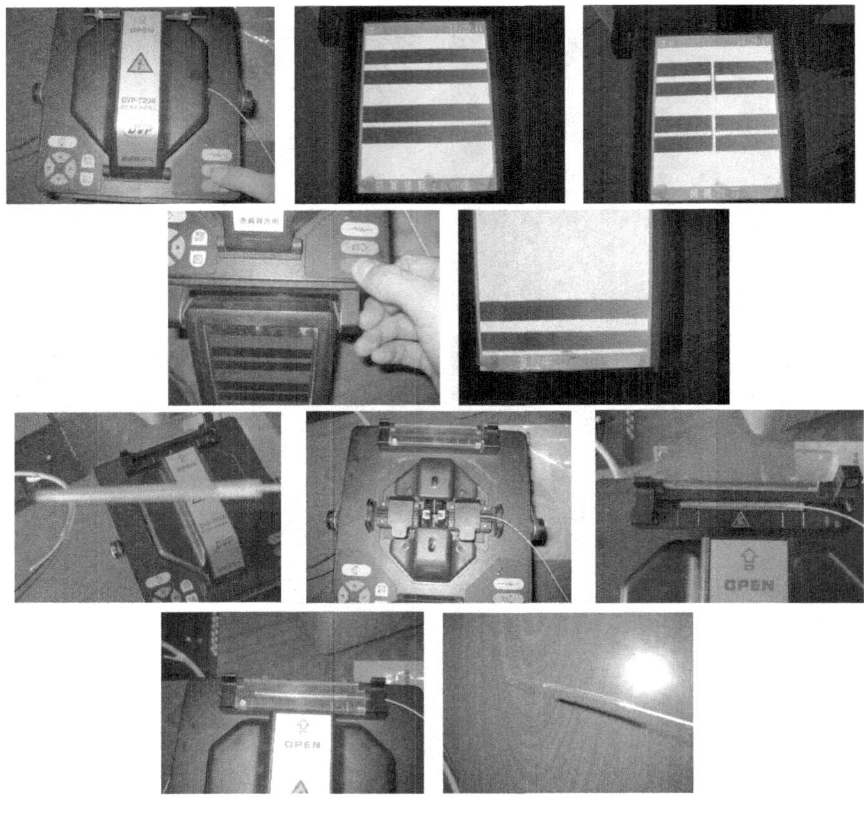

图 2-98

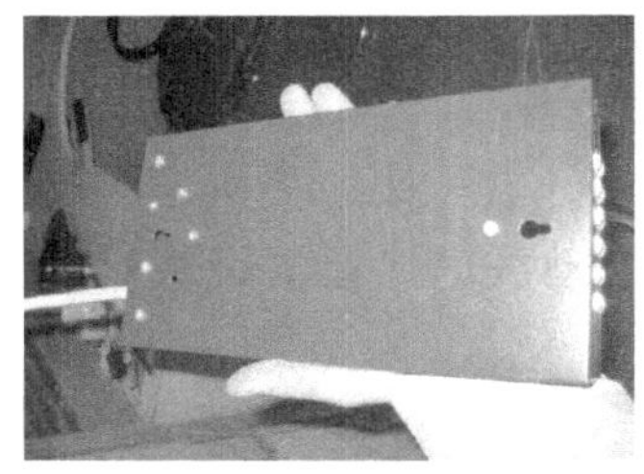

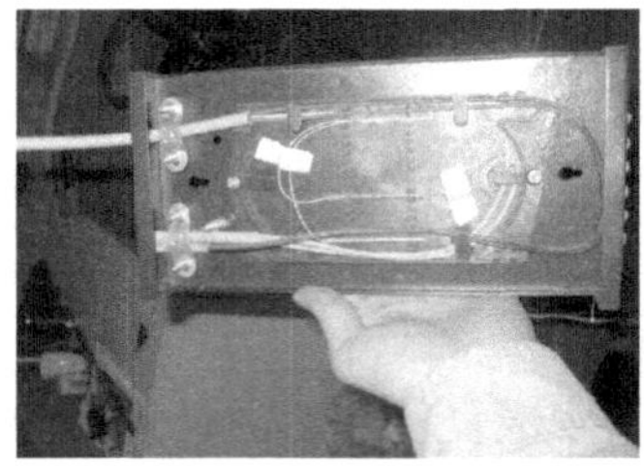

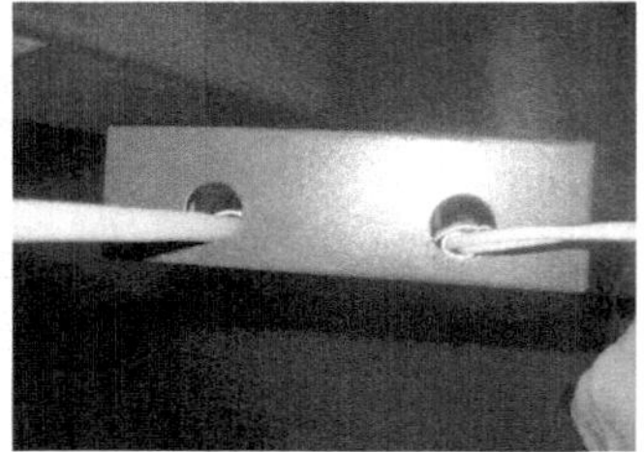

图 2-99

任务2.7 竣工文档编制

【教学目标】

1. 掌握：工程竣工文档的编制规范并完成表格以记录工程的进度及验收；
2. 理解：工程竣工文档的编制方法的要求。

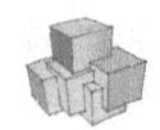

【技能要求】

1. 能制作竣工文档所需所有表格；

2. 会完成工程进度及验收表的填写规范。

【任务分析】

通过对竣工文档的编制来监督完成综合布线工程的具体实施情况。

2.7.1 竣工报告编制要求

1. 图纸

1）按照工程制图的要求绘制底图，蓝晒为图，蓝白分明，页面整洁，线条流畅，书写规范，使用标准仿宋体，标注明确，文字工整，字迹清晰，通篇不允许有模糊不清之处，禁止使用二底图翻晒。

2）施工过程中若使用定型图、通用图，则所涉及的图纸内容须一并绘制归档。

3）晒完的图纸须裁剪至标准绘图线，裁剪后，图框线与图纸边缘距离：左边25mm，其余三边5mm。

4）图纸扇形折叠，折叠后页面尺寸符合A4版要求：210mm（宽）×297mm（高）（边框线上下各留5mm），图框标题栏一页在上面，图框标题栏外露。

5）图面变更内容未超过30％时，可以直接用施工图改绘竣工图，保留原图标，并在其上方（上方无空白处时，可在其他适当位置）加盖红色竣工章，式样如图2-100所示。

<table>
<tr><td colspan="4">竣工图</td></tr>
<tr><td colspan="4">（编制单位名称）</td></tr>
<tr><td>制图人</td><td></td><td>技术负责人</td><td></td></tr>
<tr><td>审核人</td><td></td><td>监理工程师</td><td></td></tr>
<tr><td colspan="4">开、竣工日期：　　年　　月　　日</td></tr>
</table>

图2-100　竣工图

6）直接用施工图改绘竣工图时，若有设计变更，只需在变更处将原内容用红笔杠掉，在原图说明处注明变更内容，并且从修改位置引出说明（原则上应使用黑笔，京秦工程中，为醒目，可以使用红笔）。

7）重新绘制竣工图时，若涉及变更，应依据实际变更内容绘图，并在图纸说明中写明“本页有设计变更，变更内容见×××（填写设计变更单完整编号）”字样，图标式样如图2-101所示。

<table>
<tr><td colspan="3">（施工单位名称）</td><td>工程名称</td><td></td></tr>
<tr><td>制图人</td><td></td><td rowspan="4">××至××段
竣工图
施工里程 DK××+××
施工里程 K××+××
（单位工程名称及图名）</td><td>图号</td><td></td></tr>
<tr><td>审核人</td><td></td><td>比例</td><td></td></tr>
<tr><td>技术负责人</td><td></td><td>开、竣工日期</td><td></td></tr>
<tr><td>监理工程师</td><td></td><td>第　张　共　张</td><td></td></tr>
</table>

图 2-101

注：××工程大多为即有线改造，施工里程应为“K××+××”，只有新建线部分，施工里程为“DK××+××”。

8）图标栏相关人员签字规范齐全，不允许代签。

2. 文字表格

1）文字表格资料（以下简称文字资料）纸张统一为 A4 纸（210mm×297mm），40g 以上，韧性强，不浸渍，使用京秦线统一工程表格，无相关表格时，可印刷原有适用表格并除去原表格编号（此编号已作废）。

2）凡在京秦线统一工程表格目录里的资料用表，不允许打印，印刷排版时注意留下装订线位置；但施工小结、工程竣工验收报告可以打印，施工小结的内容不可过简，主要应包括这些内容：工程概况（可包括工程建设、设计、施工、监理单位），单位工程开、竣工日期，设计变更，施工技术方案和施工组织方法（包括主要工序的开、竣工日期，主要施工机具设备，主要材料的检、试验，隐蔽工程施工及检查情况），“四新”技术应用，以及工程施工质量和自检评定等级等。

3）文字内容使用碳素墨水笔填写，严禁用圆珠笔、铅笔、红笔、纯蓝色笔填写。

4）工程表格中工程名称和施工单位名称要填写全称，一行填写不下时，可以分作两行，“工程项目”一栏填写“京秦客运通道提速改造工程”，也可以刻章印盖。

5）表格中不允许有空白栏，多功能表中，某栏无填写内容时，可用斜直线从左下角到右上角杠除，但需要文字性说明的栏目必须有文字表述，严禁“有”、“无”、“是”、“否”、“好”、“坏”、“优”、“良”等简单描叙性词语出现，工程检查证必须有检查依据和结论，并写明检查人员对进行下步工序施工的决定或意见。

6）需要签章的文字资料，法律签署必须完备，签章必须清晰齐全。

3. 材质试验和合格证

1）自行进行的材质试验和工地试验，试验报告必须文字工整、字迹清晰、填写规范、签章清晰齐全，并且注明试验操作者、技术负责人、试验日期、试验依据和结论。

2）外来材质合格证、试验报告字迹或签章不清晰，可以在其背面加盖项目部材料章，由材料员签字并注明进货日期、批量、用处。

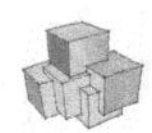

4. 组卷

1）按专业和单位工程（复杂单位工程为单项工程）组成保管单位（卷），先按专业区分，再按单位工程组成保管单位（即盒），一个文件盒是一个保管单位，分属不同维修使用单位的工程，按管辖区段划分情况分别编制，站和区间的文件分开编制。

2）原则上，每卷文字资料装订厚度不超过2.5cm，图纸装订厚度不超过3.5cm。

3）线路、涵渠等工程，如果一个单位工程文件材料（包括图纸）很少，不足以组成一个保管单位，可将一个区间（从甲站中心到乙站中心）的同类单位工程按照从小里程到大里程的顺序组成一卷，但各单位工程的资料间要保持相对独立，并在卷内目录的“备注”栏注明；共用的资料，原件集中放到一个单位工程的资料中，其他单位工程使用复印件，并在备考表中说明。

4）文字资料与图纸混合组成一卷时，文字资料在前面，图纸在后面。

5）小于A4纸幅面（有些资料折叠后小于A4纸幅面）的资料，下面要用A4白纸衬托并粘贴四角。

6）文字资料组卷顺序，原则上按资料的重要程度排序，依次为“开工报告”、“竣工验收报告”、“施工小结”、“工程数量表”、“变更设计通知单”、相关建交表（共28个）以及其他工程记录（材质合格证、试验报告、工程检查证等），同类资料按照工号次序、时间先后排序组卷。

7）外来的材质合格证、试验报告字迹、签章不清晰，或者用圆珠笔填写以及字迹颜色不符合标准时（要求字迹为黑色），必须跟一页复印件；双面有字的合格证，要活粘贴，并加跟件。

8）部档案馆要特大桥、大桥的底图（俗称蜡底图），部、局、分局三级档案馆不要工程日志，工程日志组在送交站段的竣工文件里。

9）卷内目录以盒（卷）为单位，目录内容不同于明细表，填注不需过细，“档案号”一栏不填。

10）备考表要加盖公章（章盖在“组卷人”等栏的上面），“日期”栏填写工程初验前的日期，“组卷人”和“职务”栏填写实际组卷人姓名和职称，“组卷单位负责人”填写组卷人的直接领导人；“说明”栏用途：若卷中的资料不是原件，注明原件的存放卷目或去向；若几个单位工程的资料汇总为一卷，注明各个单位工程的名称、里程和各自的资料数（分类写明文字材料、图样等的张数）。

5. 封面

1）软封面，需要填写的位置和内容依次为：“案卷标题”分两行，上行填写“京秦客运通道提速改造工程”，下行填写单位（单项）工程名称，“施工里程”填写设计施工图上的里程，“竣工里程”填写消除长、短链以后的统一里程，注意将施工图上的“DK”字样换成“K”（本工程中施工里程和竣工里程填写同一数字），“形成单位”和“形成日期”填写具体的组卷单位（项目部）和组卷日期，其他栏不填写。

2）软封面右下角（稍微压在“形成日期”栏右下角）加盖施工单位（指挥部）

公章。

3）不使用硬封面（牛皮纸封面），文件直接装入档案盒，所有档案盒外部均无需填写，只将盒内内容用铅笔填写在档案盒下底的“标题”处。

6. 装订

1）装订孔：距文件页面左边15mm，设4个孔，上下两孔距页面上下两边都是15mm，四孔均匀分布。

2）装订线：使用细尼龙线，结不得外露，粘贴封面后，表面平整，无线痕，无明显凹凸感。

3）装订：横表的表头在装订线一侧；文字资料和图纸以下边和右边取齐；每个保管单位（盒）内，卷内目录在前、备考表在后，散装；除通信、信号专业图纸必须装订成册外，其余专业图纸也散装，图纸与其他资料统一编号；需装订的图纸，折叠后左侧装订位置要增加纸垫，使左侧与右侧图纸厚度一致，如果图纸装订成卷宗后厚度比较大，封面不能将卷宗完全包裹住，则保证软封面在卷宗前面的部分符合标准尺寸要求，不考虑后面；注意，装订后，文字资料或图纸边框线不得压入装订线下。

4）页码：用钢笔或打码机编码，字迹为黑色，每卷单独编注页码，流水号从“1”开始“1、2、3、…”依次编注，文字资料在卷宗的右上角编注，用小1号数字，图纸在图标右上角编注，用大1号数字，卷内目录和备考表不编号，一页纸上双面都有资料时，只编注正面，原件后面附有复印跟件时，只在原件编注。

5）可以对文件进行裁剪，但裁剪后的尺寸必须满足归档要求（A4版），而且，要保证资料内容的完整性，即不能有文字、表格等内容因裁剪而缺失不全或只剩一部分的现象，严格杜绝一个字被切去半边留下半边的情况发生。

6）文件资料装订好后，再粘贴封面，封面应根据资料厚度折叠，粘贴好后，整册棱角分明，表面整洁美观，无褶起皱纹。

7. 组卷份数

竣工文件正本、第一副本、第二副本共计三份，部、路局、分局三级档案馆各一套；其他副本，相关站段各一套、留存一套、创集团公司优质工程至少增加一套；通信、信号工程按有关要求办理。

8. 档案文件移交

1）竣工文件立卷后，应由监理单位进行核实，确认无漏项、缺项时，签章完毕，方可移交。

2）档案文件移交前填写“工程竣工验收报告”（各单位工程分别填写）、“档案（文件）移交目录”、“档案（文件）移交清册”、“工程项目竣工文件交接证明书”，都是一式12份，其中“档案（文件）移交目录”可以复写或复印，但要鲜章。

3）档案（文件）移交目录：“案卷编号”填写流水号“1、2、3、…”，“形成单位”填写“济南铁路局京秦提速改造工程指挥部”（可用简称），“形成日期”填写具体

的组卷日期，“案卷标题或内容”填写文件名。

4）档案（文件）移交清册：“项目”分两行填写，上行填写“京秦客运通道提速改造工程”，下行填写“××××（专业名称）工程”，“卷、册、件、张”只需填写卷（站段签章时不填），其他栏不填写内容。

5）工程项目竣工文件交接证明书：横杠处填写“京秦客运通道提速改造工程B3合同段”，其他栏暂时不填写。

6）文件移交时，将上述资料交接签章手续办齐全。

7）征地拆迁资料另行组卷，按有关要求办理。

9. 其他要求

1）任务划分。

① 各单位负责各自管内独立担当的工程项目的图纸、文字和表格等资料的整理完善工作。

② 施工内容交叉项目：文字和表格等基础资料各单位自行整理完善；区间新建路基图纸由机械化项目部完成，线路图纸由徐州公司项目部完成，但K372＋000～K376＋600段（含昌黎站）线路图纸由泰安公司项目部完成，水泥土挤密桩和桥梁梁端横向限位加固图纸也由泰安公司项目部完成。

2）洋河大桥工程按照复杂单位工程的组卷要求办理，下部工程按墩台号分别组卷，上部工程组成一卷。

3）送交相关站段的竣工文件，2003年4月11日前办理完成相关手续，包括工程竣工验收报告、档案（文件）移交清册和工程项目竣工文件交接证明书的签章；送交资料时，若涉及同一站段，各项目部要相互协调，统一办理相关手续。

4）送交档案馆的竣工文件，2003年4月28日前完善，暂时只用铅笔编写页码，不打页码，各单位指派专人到施工指挥部统一组卷装订，并配合施工指挥部向建设指挥部（或档案馆）移交。

5）填写卷内目录和文件软封面、备考表的人员，文字要漂亮工整。

2.7.2　竣工报告的编写内容

通常的竣工报告编写内容包括以下文档（格式）。

工程编号：

竣工报告

类　　别＿＿＿＿＿＿＿＿竣工文档＿＿＿＿＿＿＿＿

案卷题名＿＿＿＿＿＿＿＿＿＿＿＿＿＿＿＿＿＿＿＿

编制单位＿＿＿＿＿＿＿＿＿＿＿＿＿＿＿＿＿＿＿＿

编制日期＿＿＿＿＿＿＿＿＿＿＿＿＿＿＿＿＿＿＿＿

保管期限＿＿＿＿＿＿＿＿＿＿＿＿＿＿＿＿＿＿＿＿

密　　级＿＿＿＿＿＿＿＿＿＿＿＿＿＿＿＿＿＿＿＿

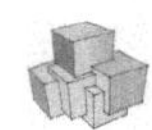

文件目录

工程名称：________

序号		文件标题名称	页数	备注
一	交工技术文件	工程说明		
		开工报告		
		施工组织设计方案报审表		
		开工令		
		材料进场记录表		
		设备进场记录表		
		工程材料报审表（附材料数量清单）		
		工程材料报审表（附材料数量清单）		
		已安装工程量总表		
		工程交接书（一）		
		工程交接书（二）		
		工程竣工验收报告		
二	验收技术文件	已安装设备清单		
		设备安装工艺检查情况表		
		综合布线系统线缆穿布检查记录表		
		信息点抽检电气测试验收记录表		
		综合布线光纤抽检测试验收记录表		
		综合布线系统机柜安装检查记录表		
三	施工管理	项目联系人列表		
		管理结构		
		施工进度表		
四	竣工图纸	综合布线信息点布放图		
		综合布线桥架走向图		
		系统图		
		综合布线信息点布放图		
		综合布线信息点排序图		
		楼层配线架标识图		

竣工技术文件

密级：

建设项目名称：____________________

单项工程名称：综合布线工程

建 设 单 位：____________________

施 工 单 位：____________________

监 理 单 位：____________________

年 月 日

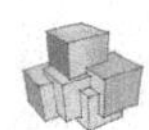

竣工技术文件目录

序号	文件名称	制作单位	制作日期	页数
1	工程说明			
2	开工报告			
3	施工组织设计方案报审表			
4	开工令			
5	材料进场记录表			
6	设备进场记录表			
7	设计变更报告			
8	工程临时延期申请表			
9	工程最终延期审批表			
10	隐蔽工程报验申请表			
11	工程材料报审表（附材料数量清单及厂家提供证明文件）			
12	工程材料报审表（附材料数量清单及厂家提供证明文件）			
13	以安装工程量总表			
14	重大工程质量事故报告			
15	工程交接书（一）			
16	工程交接书（二）			
17	工程竣工初验报告			
18	工程验收终验报告			
19	工程验收证明书			

工程说明

一、工程概况

本工程为贵州省电子工业学校园网综合布线工程位于贵阳市花溪区上板桥，本次施工是校园内实验楼、教学楼、图书馆、招待所、学生寝室的综合布线工程，共计218个信息点。

二、工程项目内容

本工程于2013年×月×日开工，工程中主干网由高速千兆光纤骨干以太网组成，网络分布呈星型拓扑结构，水平布线子系统采用百兆主干网络、10/100兆自适应到桌面的校园网络方案，把学校的各个资源联系起来，另外，学校通过电信宽带线路把互联网系统接入到校园网内。综合布线部分包括水平线管安装（PVCϕ32、ϕ20、ϕ25暗埋于各楼层墙体内）水平线槽安装（安装在综合楼各教室天花上）；楼墙开孔10个，楼板开孔6个；超五类双绞线布放（布放218条）；光纤布放（布放12条）；底合安装（安装578个）；网络面板安装（安装218套）；白面板安装（300套）；150×75水平主干桥架安装（中央机房——对面分机柜）150×75竖井垂直主干桥架安装（中央机房——A区各楼层分机柜）；100×80×1水平主干桥架安装（主干桥架至分机柜）；主干光纤布放（布放8条）；机柜安装共9个，（安装在3楼中央机房42U落地式机柜、其他9U挂墙式分机柜安装在楼层办公室内）；配线架安装（共8个：超五类24口配线架2个、超五类48口配线架6个、1U绕线架8个）光纤盒安装（共9个：24口光纤盒2个、12口光纤盒7个）；配线架线缆端接（226条）；模块端接218个；超五类线缆测试218条；光纤测试6条。

三、项目组织系统

建设项目名称：
建设单位名称：
监理单位名称：
施工单位名称：

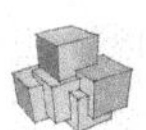

工程开工报告

工程名称：

<table>
<tr><td>施工单位</td><td></td><td>施工地点</td><td></td></tr>
<tr><td>建设单位</td><td></td><td>监理单位</td><td></td></tr>
<tr><td>施工负责人</td><td></td><td>手机号码</td><td></td></tr>
<tr><td>计划开工日期</td><td></td><td>计划竣工日期</td><td></td></tr>
<tr><td colspan="4">工程准备情况及存在地主要问题：
施工人员、材料、施工器具已经按时到位，施工现场具备施工条件。申请本工程于20　年　月　日正式开工，特此报告。

施工单位（签章）：＿＿＿＿＿＿
日　　　　期：20　年　月　日</td></tr>
<tr><td colspan="4">监理单位意见：

监理单位（签章）：＿＿＿＿＿＿
日　　　　期：＿＿＿＿＿＿</td></tr>
<tr><td colspan="4">建设单位意见：

建设单位签章：＿＿＿＿＿＿
日　　　　期：＿＿＿＿＿＿</td></tr>
</table>

注：本报告一式三份，建设单位、监理单位、施工单位各一份。

施工组织设计（方案）报审表

工程名称：

项目编号：

<table>
<tr><td>
致：________（监理单位）
我方已根据施工合同的有关规定完成了综合布线工程施工组织设计（方案）的编制，并经我单位上级技术负责人审查批准，请予以审查。
附：施工组织设计（方案）

承包单位（章）______________
项目经理______________
日　期______________
</td></tr>
<tr><td>
专业监理工程师审查意见：

专业监理工程师______________
日　期______________
</td></tr>
<tr><td>
总监理工程师审核意见：

项目监理机构______________
总监理工程师______________
日　期______________
</td></tr>
</table>

注：本报告一式三份，建设单位、监理单位、施工单位各一份。

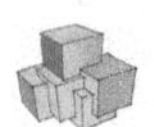

开　工　令

项目名称：

项目编号：

<table>
<tr><td>
致：
　　经审核，我方认为你方已经完成了________________工程实施前的准备工作，满足了开工条件，同意你方于______年______月______日起开始实施______的项目建设。

建设单位（盖章）____________
项 目 工 程 师：____________
日　　　　期：____________
</td></tr>
</table>

注：本报告一式三份，建设单位、监理单位、施工单位各一份。

材料进场记录表

项目名称：

项目编号：

序号	材料名称	型号/规格	生产厂家	性能参数	数量
1					
2					
3					
4					
5					
6					
7					
8					
9					
10					
11					
12					
13					
14					
15					
16					
17					
18					

记录人：　　　　　　　　　　监督人：　　　　　　　　　　日期：

注：本报告一式三份，建设单位、监理单位、施工单位各一份。

设备进场记录表

项目名称：

项目编号：

序号	设备名称	设备型号	生产厂家	数量	备注
1					
2					
3					
4					
5					
6					
7					
8					
9					
10					

记录人：　　　　　接收人：　　　　　监督人：　　　　　日期：　　　　　设备所在地：

注：本报告一式三份，建设单位、监理单位、施工单位各一份。

已安装工程量总表

项目名称：

项目编号：

建设地点：

序号	项　　目	单位	数量	备注
1				
2				
3				
4				
5				
6				
7				

注：1. 本报告一式三份，建设单位、监理单位、施工单位各一份。

2. 工程简要内容：安装 PVC 线管线槽，安装机柜，敷设光纤、超五类线缆，端接测试。

工程交接书（一）

项目名称：

建设地点：

序号	项　　　目	单位	数量	备注
1				
2				
3				
4				
5				
6				
7				

注：1. 本报告一式三份，建设单位、维护单位、施工单位各一份。

2. 工程简要内容：安装 PVC 线管线槽，镀锌铁桥架，电教平台布线，安装机柜，敷设光纤、超五类线缆，端接测试。

工程交接书（二）

<table>
<tr><td colspan="3">验收情况：
本工程于20　年　月　日开工20　年　月　日完工。经建设单位、维护单位、施工单位三方检查，工程质量符合要求。
附件：
1. 竣工图纸
2. 测试报告
3. 竣工验收资料</td></tr>
<tr><td colspan="3">工程交接意见：</td></tr>
<tr><td colspan="3">验收人员（签名）：</td></tr>
<tr><td>建设单位（盖章）：

项目负责人：

日期：</td><td>维护单位（盖章）：

维护负责人：

日期：</td><td>施工单位（盖章）：

项目负责人：

日期：</td></tr>
</table>

注：本报告一式三份，建设单位、维护单位、施工单位各一份。

工程竣工验收报告

<table>
<tr><td>建设项目名称</td><td colspan="2"></td><td>建设单位</td><td colspan="2"></td></tr>
<tr><td>单位工程名称</td><td colspan="2"></td><td>施工单位</td><td colspan="2"></td></tr>
<tr><td>建设地点</td><td colspan="2"></td><td>维护单位</td><td colspan="2"></td></tr>
<tr><td>开工日期</td><td></td><td>竣工日期</td><td></td><td>终验日期</td><td></td></tr>
<tr><td>工程内容</td><td colspan="5">详见安装工程量总表</td></tr>
<tr><td colspan="6">验收意见及施工质量评语：</td></tr>
<tr><td colspan="6">施工单位代表：
施工单位签章：
日　　　期：　　年　　月　　日</td></tr>
<tr><td colspan="6">维护单位代表：
维护单位签章：
日　　　期：　　年　　月　　日</td></tr>
<tr><td colspan="6">建设单位代表：
建设单位签章：
日　　　期：　　年　　月　　日</td></tr>
</table>

注：本报告一式三份，建设单位、监理单位、施工单位各一份。

工程验收证书

项目名称：

项目编号：

验收日期：

<table>
<tr><td>工程名称</td><td colspan="3"></td></tr>
<tr><td>工程地址</td><td colspan="3"></td></tr>
<tr><td>工程总投资</td><td>元</td><td>合同工期</td><td>天</td></tr>
<tr><td>施工日期</td><td>开工日期：　　年　月　日</td><td colspan="2">完工日期：　　年　月　日</td></tr>
<tr><td colspan="4">工程内容简述：</td></tr>
<tr><td colspan="4">验收意见及评定等级：</td></tr>
<tr><td colspan="4">验收人员签名：</td></tr>
</table>

建设单位： （盖章）	施工单位： （盖章）	维护单位： （盖章）

注：本报告一式三份，建设单位、维护单位、施工单位各一份。

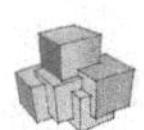

验收技术文件

建设项目名称：________________________________

建设单位：

监理单位：

施工单位：

年　　月　　日

验收技术资料总目录

工程名称：

序号	目　　　录	页数	备注
1			
2			
3			
4			
5			
6			
7			

已安装设备清单

项目名称：

项目编号：

序号	设备名称及型号	单位	数量	安装地点	备注
1					
2					
3					
4					
5					
6					
7					

注：1. 本报告一式三份，建设单位、监理单位、施工单位各一份。

2. 工程简要内容：中心机房、配线间终端设备安装。

设备安装工艺检查情况表

项目名称：

项目编号：

序号	检查项目	检查情况
1		
2		
3		
4		
5		
6		
7		
8		
9		
10		
11		
12		

检查人员：　　　　　　　　　　　　　　　　日　　期：

注：1. 本报告一式三份，建设单位、维护单位、施工单位各一份。

2. 工程简要内容：安装 PVC 线管，镀锌铁桥架，安装机柜，敷设光纤、超五类线缆，端接测试。

综合布线系统线缆穿布检查记录表

项目名称：

项目编号：

<table>
<tr><td>施工单位</td><td colspan="2"></td><td>施工负责人</td><td></td><td>完成日期</td><td>2003-8-28</td></tr>
<tr><td colspan="7">工程完成情况</td></tr>
<tr><td>序号</td><td colspan="2">线缆品牌、规格型号</td><td>根数</td><td>均长</td><td colspan="2">备注</td></tr>
<tr><td>1</td><td colspan="2"></td><td></td><td></td><td colspan="2"></td></tr>
<tr><td>2</td><td colspan="2"></td><td></td><td></td><td colspan="2"></td></tr>
<tr><td>3</td><td colspan="2"></td><td></td><td></td><td colspan="2"></td></tr>
<tr><td>4</td><td colspan="2"></td><td></td><td></td><td colspan="2"></td></tr>
<tr><td>⋮</td><td colspan="2"></td><td></td><td></td><td colspan="2"></td></tr>
<tr><td></td><td colspan="2"></td><td></td><td></td><td colspan="2"></td></tr>
<tr><td></td><td colspan="2"></td><td></td><td></td><td colspan="2"></td></tr>
<tr><td></td><td colspan="2"></td><td></td><td></td><td colspan="2"></td></tr>
<tr><td></td><td colspan="2"></td><td></td><td></td><td colspan="2"></td></tr>
<tr><td colspan="7">检查情况</td></tr>
<tr><td colspan="2">两端预留长度有无编号</td><td colspan="3"></td><td colspan="2"></td></tr>
<tr><td colspan="2">线缆弯折有无情况</td><td colspan="3"></td><td colspan="2"></td></tr>
<tr><td colspan="2">线缆外皮有无破损</td><td colspan="3"></td><td colspan="2"></td></tr>
<tr><td colspan="2">松紧冗余</td><td colspan="3"></td><td colspan="2"></td></tr>
<tr><td colspan="2">槽、管利用率</td><td colspan="3"></td><td colspan="2"></td></tr>
<tr><td colspan="2">过线盒安装是否符合标准</td><td colspan="3"></td><td colspan="2"></td></tr>
</table>

检查人员：　　　　　　　　　　　日期：20　年　月　日

注：本报告一式三份，建设单位、维护单位、施工单位各一份。

综合布线信息点抽检电气测试验收记录表

项目名称：

项目编号：

抽验日期：20　年　月　日

信息点总数		其中	数据点		配线间数（设备间）		拟抽检点数
			语音点				
线缆厂家型号		模块厂家型号		配线架厂家型号			
测试标准	TIA/EIA568A、ISO/IEC11801 标准	使用的测试仪器	FLUKE				
设计单位			施工单位				

选点及抽检结果										
序号	配线间	信息点编号	长度	接线图	工作电容	绝缘电阻	近端串扰	直流电阻	回波损耗	结果
1										
2										
3										
4										
5										

测量人员：　　　　监视人员：　　　　记录人员：　　　　日期：

注：本报告一式三份，建设单位、监理单位、施工单位各一份。

综合布线光纤抽检测试验收记录表

项目名称：

项目编号：

抽验日期：20　年　月　日

<table>
<tr><td colspan="2">光纤总根数
（段数）</td><td></td><td>其中室内
（分芯数）</td><td></td><td>室外
（分芯数）</td><td></td><td colspan="2">拟抽检根数</td><td></td></tr>
<tr><td colspan="2">光纤厂家型号</td><td colspan="5"></td><td colspan="2">端接设备
厂家型号</td><td></td></tr>
<tr><td colspan="2">测试标准</td><td colspan="3">YD/T901—2001 国际标准</td><td colspan="2">使用的测试仪器</td><td colspan="3"></td></tr>
<tr><td colspan="2">设计单位</td><td colspan="3"></td><td colspan="2">施工单位</td><td colspan="3"></td></tr>
<tr><td colspan="10">选点及抽检结果</td></tr>
<tr><td colspan="4"></td><td></td><td></td><td></td><td></td><td></td><td></td></tr>
<tr><td>序号</td><td>起始配线间
（设备间）</td><td>端止
配线间</td><td>光纤类型
编号</td><td>典型插入
损耗</td><td>最大回波
损耗</td><td>插入
损耗</td><td>回波
损耗</td><td>震动</td><td>结果</td></tr>
<tr><td>1</td><td></td><td></td><td></td><td></td><td></td><td></td><td></td><td></td><td></td></tr>
<tr><td>2</td><td></td><td></td><td></td><td></td><td></td><td></td><td></td><td></td><td></td></tr>
<tr><td>3</td><td></td><td></td><td></td><td></td><td></td><td></td><td></td><td></td><td></td></tr>
<tr><td>4</td><td></td><td></td><td></td><td></td><td></td><td></td><td></td><td></td><td></td></tr>
</table>

测量人员：　　　　　　　　监视人员：　　　　　　　　记录人员：　　　　　　　　日期/时间：

注：本报告一式三份，建设单位、维护单位、施工单位各一份。

综合布线系统机柜安装检查记录表

项目名称：

项目编号：

日　　期：20　年　月　日

<table>
<tr><td>施工单位</td><td colspan="3"></td><td>施工负责人</td><td></td><td>完成日期</td><td></td></tr>
<tr><td colspan="8">工程完成情况</td></tr>
<tr><td>序号</td><td>机柜型号</td><td>台数</td><td colspan="2">生产厂家</td><td>安装地点</td><td>安装方式</td><td>备注</td></tr>
<tr><td>1</td><td></td><td></td><td colspan="2"></td><td></td><td></td><td></td></tr>
<tr><td>2</td><td></td><td></td><td colspan="2"></td><td></td><td></td><td></td></tr>
<tr><td>3</td><td></td><td></td><td colspan="2"></td><td></td><td></td><td></td></tr>
<tr><td>4</td><td></td><td></td><td colspan="2"></td><td></td><td></td><td></td></tr>
<tr><td>5</td><td></td><td></td><td colspan="2"></td><td></td><td></td><td></td></tr>
<tr><td colspan="8">检查情况</td></tr>
<tr><td colspan="2">机柜稳固情况</td><td colspan="4"></td><td colspan="2"></td></tr>
<tr><td colspan="2">水平度垂直度</td><td colspan="4"></td><td colspan="2"></td></tr>
<tr><td colspan="2">外观损坏、地脚锈蚀和清洁情况</td><td colspan="4"></td><td colspan="2"></td></tr>
<tr><td colspan="2">接线配线工作方便情况</td><td colspan="4"></td><td colspan="2"></td></tr>
<tr><td colspan="2">电源与接地情况</td><td colspan="4"></td><td colspan="2"></td></tr>
</table>

检查人员：　　　　　　　　　　　　　　　　　　　　日期：

注：本报告一式三份，建设单位、监理单位、施工单位各一份。

项目联系人列表

序号	姓名	职务	联系电话（办公电话）	联系电话（手机）
1				
2				
3				
4				

综合布线工程项目管理结构

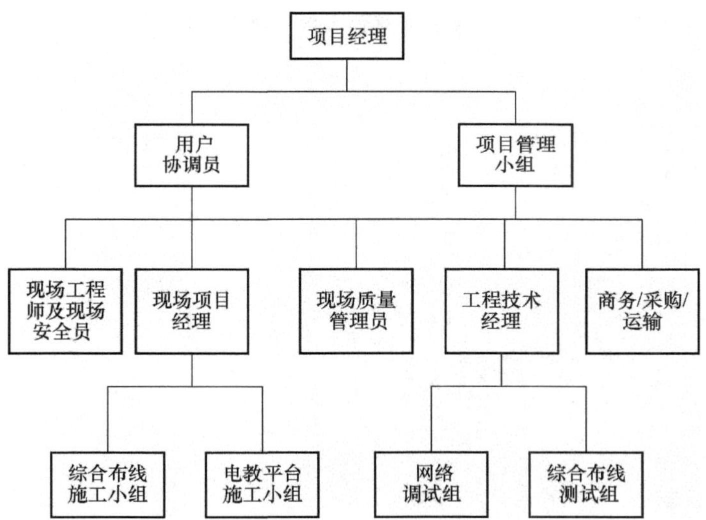

项目3 综合布线工程维护

项目目标

知识目标

理解综合布线工程竣工文档管理，综合布线常见故障及原因，故障排查技术和方法，熟悉相关仪器设备。

能力目标

熟练查阅使用竣工文档，掌握故障排查及解决技术，熟练使用相关仪器设备。

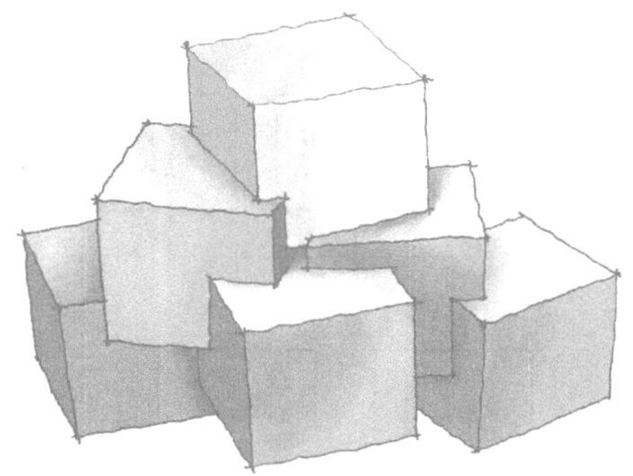

任务3.1　综合布线常见测试仪器使用

【教学目标】

理解相关测试仪器种类。

【技能要求】

能熟练使用相关测试仪器。

【任务分析】

理解常见测试仪器种类，适用环境，使用方法。

综合布线工程项目中经常会使用各种测试仪器对综合布线系统的通信质量进行测试，在工程维护工作中，也经常会借助测试仪器对系统进行测试以定位系统中出现的故障及排除这些故障。

在综合布线工程项目中常见的测试仪器通常有两种。

1. 普通网线测试仪器

普通网线测试仪器如图 3-1 所示。

图 3-1　普通网线测试仪

2. 专业测试仪

综合布线专业认证测试仪主要有美国 FLUKE DTX-1800 和美国理想 NTF350 等（图 3-2）。

下面以普通网线测试仪和 FLUKE、DTX-1800 为例说明测试仪的使用方法。

3.1.1　普通网线测试仪的使用

以普通手持式线路测试仪为例说明网线测试仪的使用方法。

(a)FLUKE DTX-1800

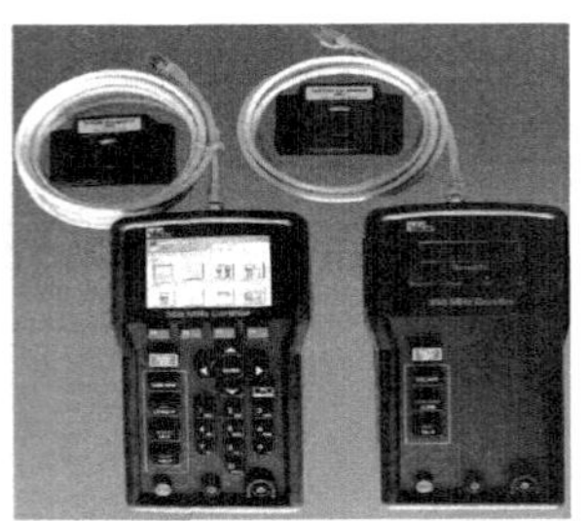
(b)美国理想NTF350

图 3-2 综合布线专业认证测试仪

1. 功能

1）对双绞线 1.2.3.4.5.6.7.8.G 线对逐根（对）测试，并可区分判定哪一根（对）错线，短路和开路。

2）NS-468B 能测试 BNC.RJ11.RJ45、NS-测试 RJ11 RJ45，NS-468N 测 RJ45 BNG，ST-248 测 RJ45 BNC。

2. 双绞线测试

打开电源至 ON（S 为慢速测试挡，M 为手动挡）将网线插头分别插入主测试器和远程测试端。主机指示灯从 1～G 逐个顺序闪亮，例如：

主测试器：1-2-3-4-5-6-7-8-G

远程测试端：1-2-3-4-5-6-7-8-G（RJ45）

1-2-3-4-5-6…（RJ12）

1-2-3-4…（RJ11）

若接线不正常，按下述情况显示：

1）当有一根网线如 3 号线断路，则主测试仪和远程测试端 3 号灯饰都不亮。

2）当有几条线不通，则几条线都不亮，当网线少于 2 根线联通时，灯都不亮。

3）当两头网线乱序，例 2.4 线乱序，则显示如下：

主测试器不变：1-2-3-4-5-6-7-8-G

远程测试端为：1-4-3-2-5-6-7-8-G（RJ45）

4）当网线有 2 根短路时，则主测试器显示不变，而远程测试端显示短路的两根线灯都微亮，若有 3 根以上（含 3 根）短路时，则所有短路的几条线号的灯都不亮。

5）若测配线架和墙座模块，则需二根匹配跳线引到测试仪上。

6）同轴电缆测试：如果电缆是好的，则两端 BNC 灯同时闪绿灯。

3.1.2 FLUKE 网络测试仪的使用

1. 初始化步骤

1）充电：将 fluke dtx 系列产品主机、辅机分别用变压器充电，直至电池显示灯转

为绿色。

2）设置语言。

操作：将fluke dtx系列产品主机旋钮转至“SET UP”挡位，按右下角绿色按钮开机；使用“↓”箭头；选中第三条“Instrument setting”（本机设置）按“ENTER”进入参数设置，首先使用“→”箭头，按一下；进入第二个页面，“↓”箭头选择最后一项Language按“ENTER”进入；“↓”箭头选择最后一项Chinese按“ENTER”选择。将语言选择成中文后才进行以下操作。

3）自校准：取fluke dtx系列产品Cat 6/Class E永久链路适配器，装在主机上，辅机装上Cat 6/Class E通道适配器。然后将永久链路适配器末端插在Cat 6/Class E通道适配器上；打开辅机电源，辅机自检后，“PASS”灯亮后熄灭，显示辅机正常。“SPECIAL FUNCTIONS”挡位，打开主机电源，显示主机、辅机软件、硬件和测试标准的版本（辅机信息只有当辅机开机并和主机连接时才显示），自测后显示操作界面，选择第一项“设置基准”后（如选错用“EXIT”退出重复），按“ENTER”键和“TEST”键开始自校准，显示“设置基准已完成”说明自校准成功完成。

2. 设置参数

操作：将fluke dtx系列产品主机旋钮转至“SET UP”挡位，使用“↑”、“↓”来选择第三条“仪器值设置”，按“ENTER”进入参数设置，可以按“←”、“→”翻页，用“↑”、“↓”选择你所需设置的参数，按“ENTER”进入参数修改，用“↑”、“↓”选择你所需采用的参数设置，选好后按“ENTER”选定并完成参数设置。

1）新机第一次使用需要设置的参数，以后不需更改。（将旋钮转至“SET UP”档位，使用“↓”箭头；选中第三条：仪器设置值按“ENTER”进入如果返回上一级请按“EXIT”）：

① 线缆标识码来源：（一般使用自动递增，会使电缆标识的最后一个字符在每一次保存测试时递增一般不用更改）。

② 图形数据存储：（是）（否）通常情况下选择（是）。

③ 当前文件夹：DEFAULT可以按“ENTER”进入修改其名称（你想要的名字）。

④ 结果存放位置：（使用默认值“内部存储器”假如有内存卡的话也可以选择“内存卡”）。

⑤ 按“→”进入第2个设置页面，操作员：You Name按“ENTER”进入按F3删除原来的字符“← →↑↓”来选择你要的字符，选好后按“ENTER”确定。

⑥ 地点：Client Name是你所测试的地点，可以依照地点进行修改。

⑦ 公司：You Company Name，你公司的名字。

⑧ 语言：Language，默认是英文。

⑨ 日期：输入现在日期。

⑩ 时间：输入现在时间。

⑪ 长度单位：通常情况下选择米（m）。

2）新机不需设置采用原机器默认值的参数：

① 电源关闭超时：默认 30 分钟。

② 背光超时：默认 1 分钟。

③ 可听音：默认是。

④ 电源线频率：默认 50Hz。

⑤ 数字格式：默认是 00.0。

⑥ 将旋钮转至“SET UP”档位，选择双绞线，按“ENTER”进入后。

NVP：不用修改。

⑦ 光纤里面的设置，在测试双绞线是不须修改。

3. 使用过程中经常需要改动的参数

将旋钮转至“SET UP”挡位，选择双绞线，按 ENTER 进入；线缆类型：按 ENTER进入后按↑↓选择要测试的线缆类型。例如，要测试超 5 类的双绞线，在按 ENTER进入后选择“UTP”，按“ENTER”“↑↓”选择“Cat 5e UTP”，按 ENTER 返回。

测试极限值：按“ENTER”进入后按“↑↓”选择与你要测试的线缆类型相匹配的标准，按 F1 选更多进入后一般选择 TIA 里面的标准。例如，测试超 5 类的双绞线，按“ENTER”进入后看看在上次使用里面有没有“TIA Cat 5e channel?”，如果没有，按 F1 进入更多，选择“TIA”按“ENTER”进入，选择“TIA Cat 5e channel”按 ENTER 确认返回。

NVP：不用修改使用默认。

插座配置：按“ENTER”进入。

一般使用的 RJ45 的水晶头是使用的“568B”的标准。其他可以根据具体情况而定。可以按“↑↓”选择要测试的打线标准。

地点 Client Name：是你所测试的地点。一般情况下是每换一个测试场所就要根据实际情况进行修改，具体方法请看上面的第一大点的第 6 小点。

4. 测试

1）根据需求确定测试标准和电缆类型：通道测试还是永久链路测试？是 CAT5E 还是 CAT6 还是其他？

2）关机后将测试标准对应的适配器安装在主机、辅机上，如选择“TIA CAT5E CHANNEL”通道测试标准时，主辅机安装“DTX-CHA001”通道适配器，如选择“TIA CAT5E PERM. LINK”永久链路测试标准时，主辅机各安装一个“DTX-PLA001”永久链路适配器，末端加装 PM06 个性化模块。

3）再开机后，将旋钮转至“AUTO TEST”挡或“SINGLE TEST”。选择“Auto TEST”是将所选测试标准的参数全部测试一遍后显示结果；“SINGLE TEST”是针对测试标准中的某个参数测试，将旋钮转至“SINGLE TEST”，按“↑↓”，选择某个参数，按“ENTER”再按“TEST”即进行单个参数测试。

4）将所需测试的产品连接上对应的适配器，按“TEST”开始测试，经过一阵后显示测试结“PASS”或“FAIL”。

5. 查看结果及故障检查

测试后，回自动进入结果。使用“ENTER”按键查看参数明细，用F2键“上一页”，用“F3”翻页，按“EXIT”后按F3查看内存数据存贮情况；测试后，通过“FAIL”的情况，如需检查故障，选择X的查看具体情况。

6. 保存测试结果

1）刚才的测试结果选择“SAVE”按键存贮，使用“←→↑↓”键、“←→”移动光标（F1和F2号按键）或（减少，F3号按键）来选择你想使用的名字，比如“FAXY001”按“SAVE”，来存贮。

2）更换特测产品后重新按“TEST”开始测试新数据，再次按“SAVE”存贮数据时，机器自动取名为上个数据加1，即“FAXY002”，如同意再按再存储。一直重复以上操作，直至测试完所需测试产品或内存空间不够，需下载数据后再重新开始以上步骤。

7. 数据处理

1）安装Linkware软件：至www. langkun. com/down软件下载栏目中下载电缆管理软件Link ware V6版本或更高版本，并安装好。

2）将界面转换为中文界面：运行Linkware软件，点击菜单“options”，选择“language”中的“Chinese（simplified)”，则软件界面转为中文简体。

3）从主机内存下载测试数据到电脑：在Linkware软件菜单“文件”中点击“从文件导入（选择DTX CableAnalyzer”，很快就可将主机内存储的数据输入电脑。

4）数据存入电脑后可打印也可存为电子文档备用。

转换为“PDF”文件格式：在“文件”菜单下选择“PDF”，再选“自动测试报告”，则自动转为“PDF”格式，以后可用。

转换为“TXT”文件格式：在“文件”菜单下选择“输出至文件”，再选“自动测试报告”则转化为“TXT”格式，以后可用Acrobat Reader软件直接阅读、打印。

3.1.3　巩固训练

1）常见测试仪有哪些？

2）双绞线跳线连通性测试。

任务3.2 综合布线工程日常维护与管理

【教学目标】

理解相关工程文档管理。

【技能要求】

能熟练进行布线系统日常维护。

【任务分析】

理解常见工程文档的管理方法，熟练进行布线系统日常维护。

3.2.1 综合布线文档管理

工程文档是整个工程项目施工维护必不可少的依据，为确保工程档案的齐全、完整、准确、系统，确保档案案卷合格率，工程档案的管理必须达到《建设工程文件归档整理规范》(GBT/50328—2001) 的要求。所以，在文档管理过程中必须规范进行并制定相关规章制度。

对与工程建设有关的重要活动、记载工程建设主要过程和现状、具有保存价值的各种载体的文件，均应收集齐全，整理立卷后归档。通常综合布线工程文档包括整个招投标过程文件、设计方案、施工方案、设计图纸、竣工图纸等。详细规范见《建设工程文件归档整理规范》(GBT/50328—2001)。

3.2.2 日常管理与维护

日常维护是指综合布线系统在正常运行期间，定期进行保养和检查。一般每隔数月就应该进行一次，而不是等到出现问题在进行维护。

1. 制定相关日常维护制度

为保证布线系统正常运行，日常维护工作顺利进行，应制定相关制定对日常维护管理进行规范，确保系统分区责任到人，定期巡查等。

2. 日常维护主要内容

日常维护可以做的事情很多，其中主要包括：

1）清除机柜内外综合布线系统上的灰尘。

2）检查综合布线桥架的平整度，如果发生变形、支架螺丝脱落等与安装图纸不相符合的情况应立即修复。以免桥架断裂或脱落致使信息业务突然中断。

3）检查机房内双绞线上、面板上、配线架、跳线上的标签，将脱落的标签补全，将粘连不牢的标签固定好，更换有损伤的标签。

4）使用性能测试仪对铜缆信道和未使用的光纤信道（由于光纤信道比较娇嫩，容易受磨损和灰尘的影响。所以对于正在使用的光纤信道，不建议进行抽检，以免因测试而损坏光纤信道或网络设备的光纤模块）进行抽检，测试方法为永久链路测试和所用跳线的性能测试，并与原始记录进行核对。

5）电子配线架系统同样应进行抽样检查，检查可人为设置故障，检查实时报警的响应时间和报警音响；同理，综合布线管理软件（含电子配线架中的软件）应对电子记录进行人工检查，检查范围包含施工记录和上次维护至今的日常记录。施工记录应检查其完整性，不应发生遗失或损坏。

日常维护工作的目的只有一个：将隐患消除在萌芽状态。只有这样，才能确保综合布线系统始终处于经久耐用的水平上。

3.2.3　巩固训练

1）查阅《建设工程文件归档整理规范》(GB/T 50328—2001)。

2）校园网络布线系统日常巡查。

任务3.3　综合布线故障诊断与排除

【教学目标】

理解布线系统故障类型及原因。

【技能要求】

能熟练进行布线系统常规故障排除方法。

【任务分析】

通过查阅相关文档，准确判断布线系统故障类型及原因并及时排除。

3.3.1　故障类型及原因的分析

无论什么样的系统，都有出现故障的可能，理解综合布线系统故障的类型及原因对于故障的排除有着至关重要的作用。

布线系统常见故障类型及原因有以下几种。

1. 常见电缆故障

网络电缆故障有很多种，概括起来可以将网络电缆故障分为连接故障和电气特性故障两类。连接故障多是由于施工的工艺或对网络电缆的意外损伤所造成的，如接线错误、短路、开路等；而电气特性故障则是电缆在信号传输过程中达不到设计要求。影响电气特性因素除电缆材料本身的质量外，还包括施工过程中电缆的过度弯曲、电缆捆绑太紧、过力拉伸和过度靠近干扰源等。

2. 常见光链路故障

光链路中常见的故障有以下几类。

(1) 常见故障

1) 根据故障的现象，常见故障可分为四类。

2) 光纤故障，如断纤、弯曲等。

3) 光纤衰减异常。

4) 光纤连接异常，包括连接头脱落、连接头松动/受污、冷热熔接点受损等。

5) 器件故障，包括光分路器故障、活动连接器故障、现场连接器故障、冷接点故障等。

(2) 光模块故障

光模块故障即收发机故障。

收发机的常见故障包括：发射光功率异常、工作温度异常、工作电压异常、掉电等。

光链路出现故障的主要原因有：

1) 光缆过长。光缆过长会造成光链路衰减异常。

2) 弯曲过度。

3) 光缆受压或者断裂。

4) 熔接不良。

5) 光缆活动连接中核心直径不匹配。

6) 光缆续接中填充物直径不匹配。

7) 接头污染。

8) 接头抛光不良。

9) 接头处接触不良。

3.3.2 故障测试与排除

1. 双绞线链路测试的标准及参数

一般测试标准采用EIA/TIA-568A的TSB-67为标准。它全面包括了电缆布线的现场测试内容、方法及对测试仪器的要求。测试主要内容包括下列测试参数：

接线图：这是确认链路连接完整性，主要检查8芯双绞线中每对线是否符合EIA/TIA-568A规定的标准。如果接错，便有开路、短路、反向、交错和串对等五种情况出现。

链路长度(m)：主要检查链路的物理长度，链路的最大长度是90m，外加4m的测试仪误差，专用电缆区的长度为94m。若考虑到测试仪器的校正误差，对应链路最

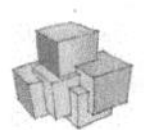

大长度为108m。如果长度超过指标，则信号损耗较大。衰减（dB）：是信号沿着一定长度的电缆传输所产生损失的度量。衰减与电缆的长度有着直接关系，并随着频率的上升而增加。衰减的测量单位是“分贝（dB）”，主要表示初始传送端信号与接受信号强度的比值。近端串扰（dB）：主要检查双绞线链路中从一对线到另一对线的信号泄漏。这个参数是决定链路传输能力的最重要的参数，会随着传输速率的增加而增大，它与布线的走向、线的端接、干扰源的隔离等诸多因素有关其单位是“分贝（dB）”，主要表示传输信号与串扰的比值，绝对值越大，串扰越低。

2. 故障排除

再好的系统都有出现故障的可能性，在机房运行之初就有必要制定周全的故障排除预案，当然在机房运行的任何时候制定故障排除预案也都是有价值的。

在网络管理系统、电子配线架软件报警或接到故障投诉后，当班管理人员应立即进行故障确认并将故障对机房运行的影响降至最低。在故障发生后，至少需完成以下工作：

1）确认故障现象，初步判定故障所发生的位置（精确至链路/信道），并将故障缩小至综合布线范围，通知相应的代维机构/部门来修理。

2）在代维人员尚未到达前，根据预案使用备品备件进行线路应急修复，先保障信息传输畅通无阻再交给维护人员予以完善的修复。

3）对故障情况及时进行记录，记录手段包括文字及故障位置的照片。这些记录需长期保存，并定期进行统计和分析，确定综合布线系统的整改计划。

在故障排除过程中，当班管理人员的综合布线水平对于排除故障是至关重要的。养兵千日用兵一时，如果在平日里对机房管理人员进行综合布线水平和故障排除技能的反复训练，并备足所需的备品备件，准备好必要的应急工具和材料，就能大大缩短故障定位时间和平均无故障时间，并为专业维护人员修复线路提供有价值的参考意见。

以下就几种常见故障的查找与修复进行简单介绍。

3.3.3　查找定位未知双绞线

查找定位未知双绞线是在布线系统中常见的维护工作。在布线系统管理过程中，由于种种原因导致了管理员不清楚部分或者全部布线系统结构，每个工作区与配线间线缆之间不能一一对应，这时候就需要管理技术员对所有未知的线缆进行查找并编号。

这里介绍使用简单网线测试仪来查找定位双绞线的方法：

1）技术人员：2名。

2）所需设备：网线测试仪1台、通讯工具2台（对讲机、手机电话等）、跳线两根。

3）步骤：

① 一名技术员在配线间，一名技术员去工作区，将网线测试仪拆开一人一半。一人一台通信工具，一人一根跳线。

② 首先确定配线间里某个配线架连接的大致区域：方法一人在配线间拔掉所有线缆只留一根跳线，另一人去找出某个区域某个信息点网络通信不正常或者正常就以此判断此配线间大致区域。如果对信息点通信正常正好确定此配线架端口对应的信息点，编号打上标签。

③ 确定大致区域后，基本上在配线间的此配线架所有端口应该对应相关区域的信息点。此后，工作区技术员将跳线接入其他信息面板，跳线另外一端接入测试仪，配线间技术员也将跳线接入此配线架上端口，跳线一端插入测试仪进行尝试。测试仪显示接通就可以确定配线架端口与信息点的对应关系。同样，编号，打标签，记录。

反复以上查找方法，最后将所有未知线缆一一对应，打上标签，记录。最后制作完整信息点对应表格保存。

3.3.4 查找并修复双绞线链路故障

双绞线链路故障查找与修复主要步骤：

1）确定故障链路。

2）通过测试确定故障类型及原因。

3）修复故障。

3.3.5 查找并修复光纤链路故障

1）确定故障链路。

2）通过测试确定故障类型及原因。

3）修复故障。

任务3.4 综合布线系统整改

【教学目标】

理解布线系统整改内容。

【技能要求】

能熟练进行布线系统整改。

【任务分析】

通过需求分析，正确进行布线系统整改。

3.4.1 综合布线系统整改内容

系统整改是指增加、减少和更改综合布线缆线。这一阶段的工作类似于在信息机

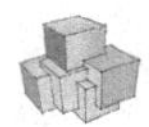

房内进行一次新的综合布线工程，难度高在系统整改还不能影响机房的正常工作。为此，有必要按照参照综合布线工程的管理方法进行施工准备和安装调试：

1）综合布线系统在整改前应填写变更单，附施工图纸后报批，在获得批准后整改方可实施。

2）在整改过程中，应先抽出所有的废弃缆线（包括双绞线和光缆）和跳线，然后添加新的缆线和跳线。

3）施工人员应事先制定完善的施工方案，在尽量短的时间内完成自己的工作，把对机房内温湿度、粉尘等因素的影响降至最低。

4）施工完毕应立即组织验收，对整改线路及相邻线路的综合布线系统进行性能测试。其中相邻线路是指在整改时被波及的线路。如将24口配线架取出进行整改其中的一条链路，则该配线架上的24条链路均属于相邻线路；如果使用4联装的前翻式模块框架，则4条链路均属于相邻线路（因为在处理一根线路时，其他线路已经产生了位移）；如果使用的是单模块前拆式配线架结构（即单个模块可以从配线架正面取出，进行维护。它不会波及旁边的线路），则没有相邻线路。

5）整改完毕后，应按工程要求保留实施过程中所有的图纸、变更单、日志、检测报告、检测记录和相关文件，在有条件时，使用照片作为日志的基本内容。

3.4.2　系统整改注意事项

1. 施工时间

系统整改要保证不影响现有系统工作，所以在施工时间的确定上要以系统应该为主，不能让整个系统全面或者大面积关闭。

2. 施工环境

系统整改是对系统进行部分改变，所以施工过程中要注意周围设备的保护，以防影响周围设备的正常运行。

3. 整改记录

对现有系统进行整改势必会影响现有系统的结构，所以整个整改过程必须详细进行记录，以便于系统今后的运行与维护。

3.4.3　巩固训练

校园网络布线系统整改方案制定。

项目4 综合布线工程测试与验收

项目目标

知识目标

理解综合布线常见测试模型、测试标准、综合布线工程验收标准及要求、验收内容。

能力目标

理解掌握常见测试技术和方法。熟练使用常见测试仪器、编制测试报告、验收文档。

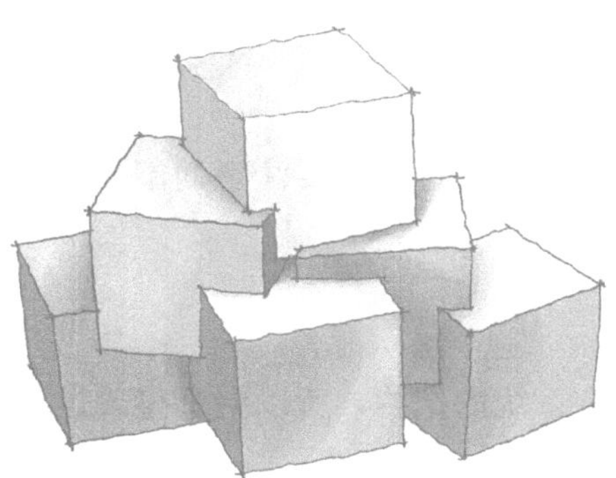

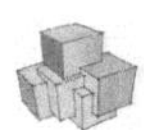

任务 4.1　综合布线工程测试

【教学目标】

1. 理解常见测试参数、标准；
2. 理解常见测试模型；
3. 理解常见测试参数、标准；
4. 理解掌握常用测试方法与技术。

【技能要求】

1. 永久链路进行测试方法；
2. 根据设计方案及标准对信道测试方法；
3. 根据设计方案及标准对布线工程进行测试方法。

【任务分析】

理解常见测试仪器种类，适用环境，使用方法。能熟练进行系统测试。

在综合布线工程的测试里我们主要接触到永久链路测试和信道测试两种测试过程。目前我国综合布线系统工程使用的标准为 GB 50311—2007。

4.1.1　永久链路模型测试

永久链路测试（permanent link test）一般是指从配线架上的跳线插座算起，到工作区墙面板插座位置，对这段链路进行的物理性能测试，如图 4-1 所示。

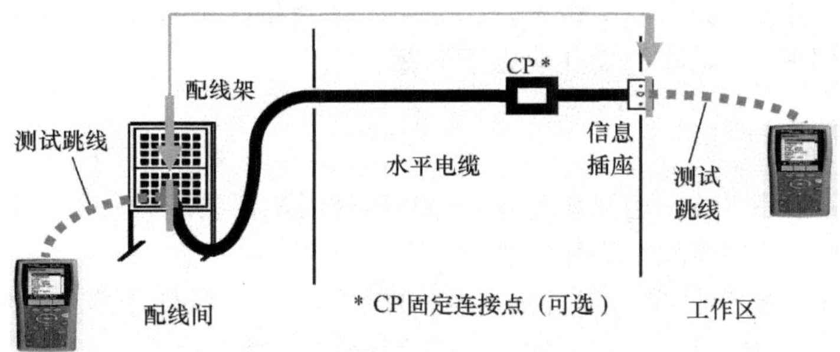

图 4-1　永久链路测试

一般来说等级越高需要测试的参数种类就越多。但也不总是这样，如 Cat6A 电缆链路需要测试外部串扰 ANEXT 等参数，而 Class F（7 类）链路就不需要测试外部串扰参数。以下所列是数据电缆需要测试的主要参数，不同类型的电缆参数数量有所取舍。

① Wire Map 接线图（开路/短路/错对/串绕）。

② Length 长度。

③ Propagation Delay 传输时延。

④ Delay Skew 时延偏离。

⑤ Insertion Lose 插入损耗/Attenuation 衰减。

⑥ NEXT 近端串扰。

⑦ PS NEXT 综合近端串扰。

⑧ Return Loss 回波损耗。

⑨ ACR/ACR-N 衰减串扰比。

⑩ EL FEXT/ACR-F 等效远端串扰。

⑪ PS ELFEXT/PSACR-F 综合等效远端串扰。

⑫ ANEXT/PSANEXT 外部近端串扰。

如果选用布线系统厂商提供的设备跳线来做永久链路的测试跳线，则因为此测试跳线的抗弯折寿命很短（50～400 次），测试跳线的 RJ-45 水晶插头与仪器的测试插座配合度因测试磨损和机械连接角度出现波动和劣化，需要经常校准测试跳线的误差，建议弯折 50 次左右就要校准一次，或者经常更换测试跳线，否则就可能出现因测试跳线本身参数和两端水晶头配合参数出现漂移和波动带来的“不可重复性问题”——例如，本次的测试结果：NEXT 余量为－1.2dB，RL 为－0.7dB，不合格，和两个月前的测试结果：NEXT 余量为 1.8dB，RL 为 3.4dB，合格。可能存在较大误差，而被测链路在这两个月内根本就无人触动过它，无论甲方乙方都不可能接受这样的测试结果。这是在更换了测试跳线后成这样的，建议使用测试仪器厂商随机提供的永久链路测试适配器进行测试。适配器上的测试跳线是特制的，参数漂移的抗弯折性能极佳，测试跳线与测试仪器是“固化连接”的非 RJ-45 连接方式，不存在配合度误差和参数漂移的问题，只需要每半年校准一次即可，寿命几乎可以达到“永久使用”的程度——只需适时更换另一端的耐磨水晶头组件，如 PM06 个性化模块即可，无需更换测试跳线。

在测试永久链路时，我们要注意以下问题：

1. 如何选择测试标准

最常用的标准是“通用型测试标准”，少部分用户还要求使用“应用型测试标准”或者“供应商自定义型标准”进行测试。

通用标准是直接跟电缆物理性质相关的标准，一般都高于应用标准。其中 TIA 568B、ISO 11801、和 GB 50312—2007 是使用最多的测试标准，基本涵盖了被检测链路总数的 99%以上。这些标准要求对电缆链路本身的物理参数进行测试，例如线序、长度、串扰、衰减、回波损耗 RL、衰减串扰比 ACR 等参数。

应用性标准则检验是否支持某种特定应用，比如需要检验某条 Cat5e 电缆链路是否能支持 1000 Base-Tx。实际上，应用型标准都是基于通用型标准来开发的，所以开发人员在设定此标准是就限定它不能超过 Cat5e 甚至高规格的 Cat5 链路（TSB-95）通用型标准。也就是说，使用 1000Base-T 检验合格的电缆链路，用 Cat5e 的链路标准检测

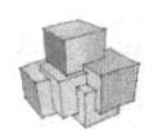

则可能不通过或者勉强通过（Pass＊）。

2. 如何读取仪器存储的数据

请用基于 PC 的通信和数据管理软件“Link Ware”从仪器中取出测试后存储的数据。并用此软件来管理测试数据。也可以用此软件将数据输出为多种报告格式供用户使用：文本格式、CSV 格式、PDF 格式等。软件可以从网站上免费下载安装使用（语言可选）。

仪器操作程序提示：

仪器一般的操作程序是，开机，选择测试标准（Setup），安装测试适配器（信道或永久链路），实施测试（按测试键），存数据（取文件名字），测试下一条链路，用计算机（或读卡器）取出仪器当中存储的结果（使用 LinkWare 软件），管理（整理、分析、输出、打印）报告等。

3. 如何判读带星号“＊”的检测结果

由于任何仪器都有测试的精度范围，故靠近精度边沿的数据将会被标注为带星号的数据。例如，仪器在 100MHz 的测试精度是±0.2dB，当测试结果为＋0.5dB 时，测试结果肯定是合格的，而当测试结果为＋0.1 分贝（合格）时，实际的真实值是－0.05dB（不合格），此时就会将测试结果作为可疑结果，标注为＋0.1dB（pass＊）。如果一项综合布线工程测试结果有比较多的“＊”，通常表示此工程的“余量”比较小。

4. 如何测试含 110 配线架的永久链路

可以在永久链路测试适配器上更换个性化模块。

5. 如何测试测试 Class F 链路（俗称 7 类链路）

由于 7 类链路模块与 6 类完全不兼容，是非 RJ-45 结构，目前已被 TIA 标准委员会批准的是 Siemon 公司的 Tera F 结构和 Nexans 公司的 GG-RJ 结构，此时需要使用 7 类测试适配器（比如 DTX-PLA011）来进行测试。

6. 如何测试 Cat6A 或者 Class EA 链路

如果被测链路使用屏蔽电缆（FTP），则可以直接使用支持 Cat6A 或者 Class EA 的永久链路适配器即可进行测试。如果是非屏蔽电缆（UTP）链路，则还需要增加测试电缆之间的干扰，参见图 4-2 所示。电缆束中心的一根电缆会最大强度地被周围的六根电缆工作时间辐射出来的电磁波干扰（外部串扰），这些干扰会破坏中心电缆中传递的信号，导致误码率上升。

测试外部串扰方法是：用一个仪器单元在周围电缆中仿真发送信号，然后用另一个仪器单元在中心电缆中接收感应到的外部串扰信号，两个仪器单元之间使用同步模块连接起来，如图 4-2 所示。

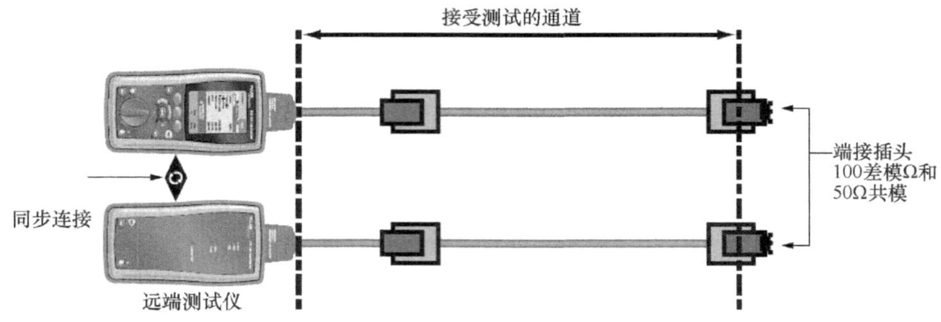

图 4-2

一个（主机）单元所连接的链路就是 6 包 1 电缆束的中心电缆，负责感应接收来自于另一个（远端）单元所连接的链路辐射出的“外来干扰”信号。当六根外包电缆依次将干扰信号都传递给主机单元所连接的中心电缆后，测试工作就基本结束，接着使用 AXTALK 软件（基于 PC）将干扰信号“求和”即可得出外部串扰的各种参数（PS NEXT、PSACR-F 等。）由于外部串扰的测试工作量大，测试速度慢，所以不是所有链路都做这种测试，而是抽样进行测试。抽样的对象就是符合 6 包 1 结构的电缆链路。抽样的比例在 5%～10%左右，如果测试合格，则其他非 6 包 1 链路被认定合格。

另一种测试外部串扰的方法，此方法使用已有的链路作为同步链路（不使用同步模块），适合仪器分值与链路两端的测试模式。测试结果仍然使用 AXTALK 软件进行分析和输出报告，如图 4-3 所示。

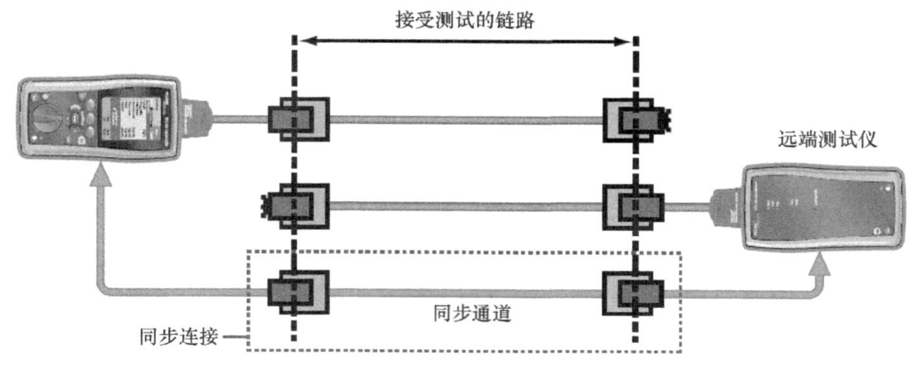

图 4-3

7. 如何确定外部串扰链路的测试数量

上面介绍的外部串扰测试方法是以 6 包 1 为例来进行测试的，这种测试被较多地运用在生产测试当中。在实际链路的测试当中则很可能超过 6 包 1 的数量，比如施工中常将线槽或桥架中的每 12 根电缆打成一捆，或者将 24 根、48 根电缆打成一捆。测试时将测试仪主机用来接收干扰信号（信号接收机），测试仪副机（远端机）作为干扰信号发送源（信号发生器）。那么，如何选择被干扰链路，测试多少数量才算合适呢？

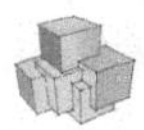

由于测试工作量较大，不会将所有电缆都进行外部干扰测试，否则测试总量将是一个天文数字。先说说如何选择被干扰链路。首先，在链路中选择比较长的被干扰链路，其次，从配线架处目视观察后选择比较容易被干扰的链路（基本上就是居中的链路），再次，选择比较“粗壮”电缆捆（12、24 甚至 48 根/捆）的最差被干扰链路，这些链路如果测试均合格，则一般不再进行更多链路的选择测试。

选定了被干扰链路，就可以方便地选择干扰链路了。方法一，与被干扰链路同在“一捆”的链路可以作为干扰链路；方法二，由于配线架处是干扰密度最大、干扰进入最多的地方，所以被干扰链路周围上下几个插座链连接的链路也可以作为干扰链路。

4.1.2　信道测试

信道测试（channel test）又译作通道测试，一般是指从交换机端口上设备跳线的 RJ-45 水晶头算起，到服务器网卡前用户跳线的 RJ-45 水晶头结束，对这段链路进行的物理性能测试，如图 4-4 所示。

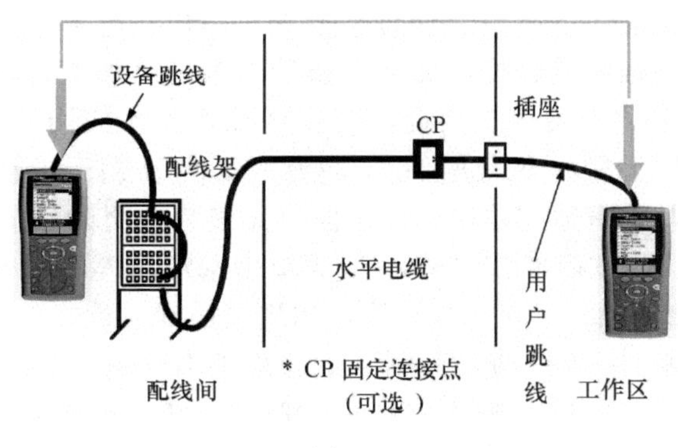

图 4-4

一条链路中连接的“元器件”越多，链路质量就越差。每增加一个连接器件，比如增加一根跳线，整个链路的参数都会向下降一些。信道是在永久链路的基础上增加两端的设备跳线和用户跳线后构成的真实链路，所以信道的测试参数“标准”要比永久链路低一些。

通常，用户最终使用的链路都是信道，但在系统刚建成的时候，多数链路还是永久链路而非信道——只有当设备投入使用后信道才会成立。构建信道的方法异常简单，只需要在永久两路的基础上增加设备跳线和用户跳线就可以。如果准备使用的跳线不合格，即便在合格的永久链路上增加跳线，也可能不能构建成合格的信道。有趣的是，少数不合格的永久链路在加上高质量的跳线后有可能刚好能构建成一条合格的信道。所以，需要控制链路质量的用户会格外关注永久两路的质量检查。然后，只需要增加合格的跳线，就可以基本上 100％地保证构建一条合格的信道。

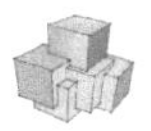

4.1.3 综合布线系统工程的测试

综合布线系统工程的测试主要针对各个子系统，如水平布线子系统、垂直布线子系统等，当中的物理链路进行质量检测。测试的对象有电缆和光缆。系统设备开通时部分用户会选择进行“信道测试”或者“跳线测试”。以上讨论或涉及的这些测试对象均可以在测试仪器中选定对应标准进行。

综合布线系统中使用的水平光纤以多模为主，骨干链路光纤则多模和单模均占一定比例。据 2007 年的全球统计，新建系统中，50μm 规格的多模光纤使用量已经达到多模光纤使用量的 50%，其余不足 50%的是 62.5μm 的多模光纤。光纤的测试分为一类测试和二类测试（tier1/tier2）。所以，整个综合布线系统工程的测试包括以下几个方面。

1. 如何测试电缆跳线

永久链路作为质量验收的必测内容被广泛使用，信道的测试多数在开通应用的链路中会被使用。为了保证信道质量总能合乎要求，用户只需要重点把握好跳线的质量就可以了。因为只要跳线质量合格，那么合格的永久链路加上合格的跳线就几乎能保证由此构成的信道百分之百合格。为此，需要对准备投入使用的跳线进行质量检测，有时候这种测试还是以批量的方式进行的，这都需要使用专门的跳线测试适配器。

跳线适配器外观与信道适配器很相像，但上面安装的测试插座是 TIA 标准委员会指定的“SMP 插座”。测试标准在“Setup”菜单中选定“Patch Cord（跳线）”后，还要选定对应的跳线等级（如 Cat5、Cat6 等）和跳线长度。跳线的长度从 0.5m 到最长 20m，要与被测试的跳线长度对应，否则测试的结果不准确。虽然 TIA 的标准中定义最大的跳线长度为 20m，不过，超过 20m 的“跳线”仍可以使用 20m 作为对应长度，这是因为超过 20m 以后重要参数 NEXT、RL 等收长度变化的影响变得不敏感，可以忽略这种误差。测试结果的存取方式与永久链路和信道的存取方式相同。

2. 如何测试光纤

光纤的现场工程测试测试分一级测试（tier1）和二级测试（tier2），一级测试是用光源和光功率计测试光纤的衰减值，并依据标准判断是否合格，附带测试光纤的长度，二级测试是“通用型”测试和“应用型”测试。通用型测试在诸如 TIA568B、ISO 11801 和 GB 50312 等常用标准中都有明确定义。主要就是测试光纤的衰减值和长度是否符合标准规定的要求，一次判断安装的光纤链路是否合格。在仪器中先选择上述某个测试标准，按后安装光纤测试模块后即可进行测试。测试结果存入仪器中或稍后用软件导入计算机中进行保存和处理。仪器会根据选择的标准自动进行判定是否合格。

3. 如何测试综合布线的接地

综合布线系统的接地主要是机架接地和屏蔽电缆接地，机架接地和一般的弱电设备接地方式和接地电阻要求是相同的，一般使用接地电阻测试仪进行测试。屏蔽电缆

的接地端一般与机架或者机架接地端相连，对于屏蔽层的直流连通性测试，则标准当中没有数值要求，只要求连通即可。测试方法：在电缆认证测试仪设置菜单中选择测试电缆类型为FTP，即可在测试电缆参数的同时自动增加对屏蔽层连通性的测试，结果自动合并保留在参数测试报告中。

4. 如何测试含防雷器的电缆链路

为了防止服务器和交换机端口不被雷击感应电压和浪涌电压损坏，可以在电缆连路中串入防雷器。串入的位置一般在被保护的端口附近，如服务器一般安装在网卡前，交换机端口则安装在端口前端，防雷器的接地与机架接地或者服务器接地相连。由于防雷器的串入会增加通道链路中的连接点数量，导致电缆链路结构参数（主要是近端串扰NEXT和回波损耗return loss）的改变，所以通常会降低链路的质量。对于本身连接点（比如模块）数量少且比较短的链路，由于连接参数本身余量大，接入防雷器的影响会小一些。接入防雷器的链路一般按照通道模式进行测试——多数防雷器产品设计成“跳线”形状。某些特殊的防雷器是按照固定安装模式接入链路的，这种防雷器则可以纳入永久链路的测试模式。建议用户见对无防雷器的链路进行测试，然后在对加装防雷器后的链路进行测试，测试参数合并或并列到验收测试报告中。

4.1.4　巩固训练

1. 用130m长的6类线跑百兆网能通过FLUKE测试吗？
2. 综合布线时为什么要重视综合串扰、平衡性和回波损耗。

任务4.2　综合布线工程验收

【教学目标】

1. 理解工程验收的内容、标准；
2. 理解工程验收的过程。

4.2.1　依据资料验收

1. 验收内容

是否按综合布线系统图、综合布线系统施工平面图进行施工，所用材料是否为材料统计表中材料，是否存在调换材料的现象。标签是否完整是否符合规范。走线是否正确是否符合端口对照表。

2. 使用工具验收

使用尺子、对所暗装的模块进行测量，模块的安装高度为离地30cm。水平倾斜度<30°，强弱电是否分管分槽，间隔是否为>30cm。

3. 使用 FLUKE 网络测试仪测试

1）链路长度的测量。

包括两端的测试接线、长度为绕线的长度（并非物理距离）、绕对之间长度可能有细微差别（对绞绞距的差别）。

2）测试极限。

允许的最大长度加10%。长度测试通过失败的参数为：基本链路为94m+94m×10%=103.4m，永久链路为90m+90m×10%=99m，通道为100m+100m×10%=110m。当测试仪以“*”显示长度时，则表示为临界值，表明在测试结果接近极限时长度测试结果不可信，要引起用户和施工者注意。

—计算最短的电气时延

3）长度的标准为100m（端至端）。

—不要安装超过100m的站点

—特殊情况要有记录

4）所有测试报告结果是否满足设计要求，如近端串扰测试必须符合表4-1。

表 4-1

频率/MHz	最小近端串音/dB					
	A级	B级	C级	D级	E级	F级
0.1	27.0	40.0				
1		25.0	39.1	60.0	65.0	65.0
16			19.4	43.6	53.2	65.0
100				30.1	39.9	62.9
250					33.1	56.9
600						51.2

回波损耗（RL）只在布线系统中的C、D、E、F级采用，在布线的两端均应符合回波损耗值的要求，布线系统信道的最小回波损耗值应符合表4-2的规定。信道回波损耗值。

表 4-2

频率/MHz	最小回波损耗/dB			
	C级	D级	E级	F级
1	15.0	17.0	19.0	19.0
16	15.0	17.0	18.0	18.0
100		10.0	12.0	12.0
250			8.0	8.0
600				8.0

永久链路中插入损耗应符合表 4-3。

表 4-3

频率/MHz	最大插入损耗/dB					
	A 级	B 级	C 级	D 级	E 级	F 级
0.1	16.0	5.5				
1		5.8	4.0	4.0	4.0	4.0
16			12.2	7.7	7.1	6.9
100				20.4	18.5	17.7
250					30.7	28.8
600						46.6

4.2.2 综合布线工程验收汇总

根据我国 GB 50311—2007 对综合布线系统工程永久链路布放进行验收。

1. 验收内容

1）永久固定链路布放敷设。
2）设备机柜。
3）配线架。
4）理线架。
5）底盒模块安装。

2. 验收基本标准

（1）永久固定链路的布放于敷设原则

口诀是“横平竖直，暗线穿管，明线走槽，转弯拐角有弧度，线管留空三分之一，线路两头打标签”。

（2）模块安装原则

cat5e 线路模块安装时，不得出现线压线的情况，模块左右两边各四根线。四根线需要一次排序，根据模块内图形图像提示用打线刀将线压入模块。网线保护皮在模块内的 1/3 位置。

（3）底盒安装原则

通常情况下，底盒安装在距离地面 30cm 处。底盒内的螺丝必须拧紧。拧螺丝的力度为一只手的力度，拧紧即可。验收时可用手轻轻的摇动底盒。若发生松动则不合格。

（4）机柜安装原则

1）机柜安装前必须检查机柜排风设备是否完好，设备托板数量是否齐全以及滑轮、支撑柱是否完好等。

2）机柜型号、规格，安装位置，应符合设计要求。

3）机柜安装垂直偏差度应不大于3mm，水平误差不应大于2mm。几个机柜并排在一起，面板应在同一平面上并与基准线平行，前后偏差不得大于3mm；两个机柜中间缝隙不得大于3mm。对于相互有一定间隔而排成一列的设备，其面板前后偏差不得大于5mm。

4）机柜的各种零件不得脱落或碰坏，漆面如有脱落应预以补漆，各种标志应完整、清晰。

5）机柜安装应牢固，有抗震要求时，按施工图的抗震设计进行加固。

6）机柜不宜直接安装在活动地板上，宜按设备的底平面尺寸制作底座，底座直接与地面固定，机柜固定在底座上，然后铺设活动地板。

7）安装机柜面板，架前应预留有800mm空间，机柜背面离墙距离应大于600mm，以便于安装和施工。

8）壁挂式机柜距地面宜为1200mm。

9）机柜内的设备、部件的安装，应在机柜定位完毕并固定后进行，安装在机柜内的设备应牢固。

10）机柜上的固定螺丝、垫片和弹簧垫圈均应按要求紧固，不得悬挂式壁挂安装，应安装在平整坚固的墙面上，距离地面至少300mm，保持与墙面水平、垂直，垂直偏差应小于3mm。

11）墙体上开孔应避免破坏墙体内管线，开孔深度不得低于70mm，固定机柜所用膨胀螺丝钉不得少于4个（悬挂式C型机柜为6个）。必要时须在机柜下放置支撑物，以保证机柜的安全稳固。

12）落地式柜体安装，安装基座时要综合考虑机柜的开门方向和操作便利性，优先考虑配线舱的开门方向。设备舱门和配线舱门必须能完全开启。

13）机柜要做好防雷接地保护。

14）柜体安装完毕应做好标识，标识应统一、清晰、美观。机箱安装完毕后，柜体进出线缆孔洞应采用防火胶泥封堵。做好防鼠、防虫、防水和防潮处理。

（5）机柜内设备安装原则

机柜内的设备从上往下主要有：交换机、路由器、服务器、配线架、理线架电源等。在安装设备时应该注意，重的设备除安装固定螺丝以外必须安装托盘。主设备（交换机、路由器等）下应配有配线架和理线架。交换机配线架、理线架称之为一组设备。每组设备之间应该空1U的空间。

主要参考文献

中华人民共和国信息产业部．2007. 综合布线系统工程验收规范（GB 50312—2007）．北京：中国计划出版社．

黎连业．2005. 综合布线系统工程设计与施工技术．北京：电子工业出版社．

杜司深．2010. 综合布线．2 版．北京：清华大学出版社．

单广庆．2009. 综合布线．2 版．北京：北京邮电大学出版社．